D1753369

Nikon-Kamerageschichte! Zu sehen sind die Nikon I, Nikon S, S3, SP, Nikon F Eyelevel, die erste F-Photomic, eine Nikon F mit dem TN-Photomic, die populäre Nikon F Photomic FTN, eine Nikkormat FTN, die erste F2, Nikons erste Elektronik-Kamera Nikkormat EL und als Abschluß die Nikon F2A.

Sehr selten und speziell bei den Nikon-Sammlern begehrt: die Nikon M aus dem Jahre 1949 mit dem zusammenschiebbaren Normalobjektiv Nikkor 2/50 mm.

Nikons professionelle Meßsucher-Kamera, die SP, bekam mit dem S36 den ersten serienmäßigen Elektrokameramotor der Welt. Links das separate Energieteil.

Eine S3, ausgestattet mit dem ultralichtstarken Objektiv Nikkor 1.1/50 mm.

Konsequent lieferte Nikon für die F-Kameras auch einen Motoransatz. Für wissenschaftliche Arbeiten oder für die Seriendokumentation baute Nikon einen Motor mit integriertem Filmmagazin für 250 Aufnahmen.

Eine blendengesteuerte Nikon F2S und eine F2 Photomic, motorisiert mit MD-2 und MD-3 und eine Auswahl von Nikkor-Objektiven vom 20-mm-Superweitwinkel bis zum 500-mm-Spiegel-Teleobjektiv.

Die Nikon F-801, die Kamera mit allen Möglichkeiten. Zu ihr passen die Autofokus-Nikkore sowie extreme Vertreter aus dem Nikon-Objektivprogramm für die manuelle Fokussierung.

Die Ahnenreihe der professionellen Nikon-Spiegelreflexkameras. Von links: Die Nikon F Photomic FTN, dann die Nikon F2 mit Motor MD-2, rechts die Nikon F3 mit Motor MD-4 und im Vordergrund die moderne F4s.

Peter Braczko
Das Nikon Handbuch

Peter Braczko

Das Nikon Handbuch

Die gesamte Nikon-Produktion:
Kameras, Objektive, Motoren
und Blitzgeräte

Mit 460 Schwarzweiß- und 8 Farbfotos

Wittig Fachbuch

CIP-Titelaufnahme der Deutschen Bibliothek
Braczko, Peter:
Das Nikon Handbuch : die gesamte Nikon-Produktion: Kameras, Objektive, Motoren und Blitzgeräte / Peter Braczko.
- 1. Aufl. - Hückelhoven : Wittig, 1990.
(Wittig-Fachbuch)
ISBN 3-88984-111-2

Für meinen Sohn
Felix Nikon

1. Auflage 1990
Alle Rechte vorbehalten
© Rita Wittig Fachbuchverlag, Hückelhoven 1990.

Kein Teil des Werkes darf in irgendeiner Form (Druck, Mikrofilm oder einem anderen Verfahren) ohne schriftliche Genehmigung des Verlages reproduziert oder unter Verwendung elektronischer Systeme verarbeitet, vervielfältigt oder verbreitet werden. Trotz größter Sorgfalt kann bei diesem Buch eine absolute Fehlerfreiheit nicht garantiert werden. Für Folgen, die sich aus fehlerhaften Angaben ergeben, übernehmen Verlag und Verfasser keine Haftung oder juristische Verantwortung.

Printed in Germany

Rita Wittig Fachbuchverlag
D-5142 Hückelhoven, Chemnitzer Straße 10
Telefon 02433-84412, Telefax 02433-86356

ISBN 3-88984-111-2

Vorwort

Kameras der Marke Nikon und Objektive mit der Bezeichnung Nikkor sind in der Kleinbildfotografie zum Synonym für Zuverlässigkeit und hervorragende Abbildungsleistung geworden. Die Ingenieure der früheren Nippon Kogaku und heutigen Nikon Corporation haben sich sehr früh auf die Ansprüche der professionellen Fotografen eingestellt und immer bessere Kameras und Objektive entwickelt. So gehört der erste serienmäßige Elektromotor für eine Kleinbildkamera zu den Nikon-Innovationen, dazu kommen die ersten Fischaugenobjektive, das erste 28-mm-Perspektiv-Korrekturobjektiv und aufsehenerregende Konstruktionen im Bereich der Vario-Objektive, so z. B. das erste Weitwinkel-Zoom. Mittlerweile tragen weltweit über 17 Millionen Objektive die Bezeichnung Nikkor. Über 60 verschiedene Nikon-Kameras, von dem Debüt-Modell, der Meßsucherkamera Nikon I aus dem Jahre 1948 bis zur High-Tech-Spiegelreflex-F4 mit Autofokus gingen in die Serienproduktion, dazu kommen Unterwasser-Fotosysteme und Spezialkameras, wie z. B. für die Mikroskop-Fotografie und - nicht zu vergessen - vollautomatische Kompaktkameras.

Die Produktvielfalt ist für Fotografinnen und Fotografen aus dem Profi- und Amateurlager schon lange unübersichtlich geworden. Dieses Buch soll einen Systemüberblick ermöglichen. Alle jemals hergestellten Nikon-Kameras und Nikkor-Objektive sind hier aufgeführt und in allen Varianten beschrieben. Ein spezieller und für dieses Buch entwickelter Nummern-Code (BCO = Braczko-Code) soll Nikon-Fotografen und -Sammlern, aber auch Foto-Händlern und Foto-Historikern die Suche im größten Kamera-System der Welt erleichtern. Bei dem aus drei Zahlengruppen bestehenden Code beziehen sich die ersten beiden Ziffern auf die Kapitelnummern dieses Buches. So haben die Meßsucherkameras die Kennung "01", SLR-Kameras eine "03", SLR-Objektive eine "04", und Sondermodelle sind unter "08" eingeordnet. Die erste Ziffer der folgenden dreistelligen Zahl kennzeichnet die Gerätegruppe, beispielsweise "0" für Superweitwinkel-Objektive (wie beim Nikkor 2.8/20 mm mit dem BCO 04 021), "1" für Weitwinkel-, "2" für Normalobjektive, "3" für Zooms, "4" für Teleobjektive, "6" für Spezialobjektive und "8" für Nikkore an Gehäusen anderer Hersteller. Sind mehrere Versionen eines Gerätes bekannt, so wird dies durch eine oder zwei zusätzliche Ziffern (die dritte Zahlengruppe des Codes) kenntlich gemacht. So gibt es z. B. vom 2.0/135-mm-Objektiv drei Versionen des Grundtyps mit den BCOs 04 421-1 bis 04 421-3. Wesentlich veränderte Typen erhielten einen eigenen Code.

Ergänzt wird das Handbuch von einer Liste mit Richtwerten für die derzeit auf dem Kameramarkt geltenden Preise. Diese Liste ist direkt vom Verlag zu beziehen (siehe Gutschein am Ende des Buches) und wird in regelmäßigen Abständen aktualisiert.

Der größte Teil der Abbildungen stammt vom Autor. Fotografiert wurde mit den Kameras Nikon F3, Nikon FA und Nikkormat FT3. Das Titelbild wurde mit einer Zenza-Bronica mit Nikkor 2.8/75 mm aufgenommen. Als Filmmaterial diente Kodak Technical Pan, Ilford Pan F und Kodak T-MAX 400.

Bei den langwierigen Recherchen für dieses Buch haben mich viele Nikon-Freunde unterstützt. Mein ganz besonderer Dank gilt Herbert Blaum und Alfons Lenssen, die das Buch mit ihren eigenen Daten verglichen haben. Dank auch den Nikon- und Bronica-Sammlern, die mir ihre Kameras und Objektive für Foto-Aufnahmen überlassen haben, dazu gehören: Jan Bartels (Groningen), Per Kullenberg (Kibaek/Dänemark), Detlev Eckendorf (Hannover), Michael Eichert (Ludwigsburg), Hans-Michael Gemsa (Essen), Eberhard Kleine (Münster), Ulrich Koch (Stuttgart), Pit Lownds (Rotterdam), Bernd Mühring (Neuss), Burton Rubin (New York), Christoph Trestler (London), Miroslaw Wielgus (Hamburg) und Mattes Zipfel (Gladbeck). Fotos haben mir zur Verfügung gestellt: Tsuyoshi Konno (Tokio), und Tony Hurst (Dublin). Mein Dank gilt ebenfalls der Firma Nikon in Düsseldorf, hier besonders Frau Eva-Maria Schulz und Herrn Hartmut Bauer von der Nikon-Presseabteilung.

Gladbeck, im Sommer 1990.

Peter Braczko

Inhalt

Einführung

1. Nikon-Meßsucherkameras 1-1

Nikon I 1-2
Nikon M 1-3
Nikon L 1-4
Nikon S 1-5
Nikon S2 1-6
Nikon S2-E 1-6
Nikon SP 1-7
Nikon SP Experimental 1-7
Nikon S3 1-8
Nikon S3 Spezial 1-8
Nikon S4 1-9
Nikon S3M 1-10

2. Objektive für Nikon-Meßsucherkameras 2-1

Nikkor 4/21 2-2
Nikkor 4/25 2-3
Nikkor 3.5/28 2-4
Nikkor 3.5/35 2-5
Stereo-Nikkor 3.5/35 2-6
Nikkor 2.5/35 2-7
Nikkor 1.8/35 2-8
Nikkor 1.1/50 (Innenbajonett) 2-9
Nikkor 1.1/50 (Außenbajonett) 2-10
Nikkor 1.4/50 (Tokyo) 2-11
Nikkor 1.5/50 2-12
Collapsible-Nikkor 50 mm 2-13
Micro-Nikkor 3.5/50 2-15
Nikkor 1.5/85 2-16
Nikkor 2.0/85 2-17
Nikkor 2.5/105 2-18
Nikkor 4/105 2-19
Nikkor 3.5/135 2-20
Nikkor 4/135 2-22
Nikkor 4-4.5/85-250/S-Anschluß 2-23
Nikkor 2.5/180 2-24
Nikkor 4/250 2-25
Nikkor 4.5/350 2-26
Nikkor 5/500 2-27
Spiegel-Nikkor 6.3/1000 2-28
Meßsucher-Objektive für die Canon 2-29
Objektivkopf 4/135 2-30

3. Nikon-Spiegelreflexkameras 3-1

Nikon F-Kameraserie 3-2
Nikon F 3-2
Nikon F Photomic 3-4
Nikon F Photomic T 3-5
Nikon F Photomic TN 3-6
Nikon F Photomic FTN 3-7
Nikon F Photomic FTN (letzte Version) 3-7
Nikon F Prototyp I 3-8
Nikon F Prototyp II 3-8
Nikon F HighSpeed Sapporo 3-8
Nikon F Hand-Fundus Camera 3-9
Nikon F Screen (Mattscheibenkamera) 3-9
Nikon F Motor Pellicle 3-9
Nikon F NASA 3-10
Nikon F Gold 3-10
Nikon F KS 80-A 3-10
Nikon F M39 3-10

Nikkormat-Kameraserie 3-12
Nikkormat FT 3-12
Nikkormat FT-Vorserie 3-12
Nikkormat FS 3-13
Nikkormat FTN 3-14
Nikkormat FT2 3-15
Nikkormat FT3 3-16
Nikkormat EL 3-17
Nikkormat ELW 3-18
Nikon EL2 3-19

Nikkorex-Kameraserie 3-20
Nikkorex 35 3-20
Nikkorex 35-2 3-21
Nikon Auto-35 3-22
Nikkorex Auto-35 3-22
Vorsatzlinsen für die Nikon- und Nikkorex-Kameras 35, 35-2 und Auto-35 3-23
Nikkorex-Zoom 35 3-24
Nikkorex F 3-25
Nikkorex F Modell II 3-25
Nikkorex F Spezial 3-25
Nikkor J 3-25
Ricoh Singlex mit Nikon-Bajonett 3-26
Nikkorex M-35 3-27
Nikkorex M-35 S 3-27

Nikon F2-Kameraserie 3-28
Nikon F2 Photomic 3-28

Nikon F2 Eyelevel 3-28
Nikon F2S Photomic 3-29
Nikon F2S Photomic Prototyp 3-29
Nikon F2SB 3-30
Nikon F2A 3-31
Nikon F2AS 3-32
Blendensteuerungen für F2-Kameras 3-32
Nikon F2 HighSpeed Modell I 3-33
Nikon F2 HighSpeed Modell II 3-33
Nikon F2 Data 3-34
Nikon F2 Titan 3-35
Nikon F2 Screen 3-36

Nikon Kompakt-Spiegelreflexkameras 3-37

Nikon FM 3-37
Nikon FE 3-38
Nikon FE Action 3-38
Nikon FM2 3-39
Nikon FE2 3-40
Nikon FA 3-41
Nikon FA Gold 3-41
Nikon EM 3-42
Nikon EM Mikroskopkamera 3-42
Nikon FG 3-43
Nikon FG-20 3-44

Nikon F3-Kameraserie 3-45

Nikon F3 3-45
Nikon F3 HP 3-45
Nikon F3AF 3-46
Nikon F3 NASA 3-47
Nikon F3 Titan 3-48
Nikon F3P 3-49
Nikon F3 Screen 3-50

Nikon Spiegelreflexkameras mit eingebautem Motor 3-51

Nikon F-301 3-51
Nikon F-501 3-52
Nikon F-801 3-53
Nikon F-401 3-54
Nikon F-401 Quartz Date 3-54
Nikon F-401s 3-54
Nikon F-401s Quartz Date 3-54
Nikon F4 3-55
Nikon F4s 3-55

Nikon F-601 3-56
Nikon F-601 Quartz Date 3-56
Nikon F-601M 3-57

Nikon-Unterwasserkameras 3-58

Nikonos I 3-58
Nikonos II 3-59
Nikonos III 3-60
Nikonos IVa 3-61
Nikonos V 3-62
Unterwasser- und Allwetterobjektive 3-63
Unterwasser-Blitzgeräte 3-65

4. **Nikkor-Objektive für Nikon-Spiegelreflexkameras 4-1**

Superweitwinkelobjektive 4-2

Fisheye-Nikkor 2.8/6 4-2
Fisheye-Nikkor 5.6/6 4-2
Fisheye-Nikkor 5.6/7.5 4-4
Fisheye-Nikkor 2.8/8 4-5
Fisheye-Nikkor 8/8 4-6
Fisheye-Nikkor 5.6/10 OP 4-7
Nikkor 5.6/13 4-8
Nikkor 3.5/15 4-9
Nikkor 5.6/15 4-10
Fisheye-Nikkor 2.8/16 4-11
Fisheye-Nikkor 3.5/16 4-12
Nikkor 3.5/18 4-13
Nikkor 4/18 4-14
Nikkor 2.8/20 (Prototyp) 4-15
Nikkor 2.8/20 4-16
AF-Nikkor 2.8/20 4-17
Nikkor 3.5/20 UD 4-18
Nikkor 3.5/20 4-19
Nikkor 4.0/20 4-20
Nikkor 4/21 4-21

Weitwinkelobjektive 4-22

Nikkor 2/24 4-22
Nikkor 2.8/24 4-23
AF-Nikkor 2.8/24 4-24
Nikkor 2.0/28 4-25
Nikkor 2.8/28 4-26
Nikon 2.8/28 Series-E 4-27
AF-Nikkor 2.8/28 4-28
Nikkor 3.5/28 4-29
PC-Nikkor 3.5/28 4-30

PC-Nikkor 4/28   4-31
Nikkor 1.4/35   4-32
Nikkor 2/35   4-33
AF-Nikkor 2.0/35   4-34
Nikon 2.5/35 Series-E   4-35
Nikkor 2.8/35   4-36
PC-Nikkor 2.8/35   4-37
PC-Nikkor 3.5/35   4-38

Normalobjektive   4-39
GN-Nikkor 2.8/45   4-39
Nikkor 1.2/50   4-40
Nikkor 1.4/50   4-41
AF-Nikkor 1.4/50   4-43
Nikkor 1.8/50   4-44
AF-Nikkor 1.8/50   4-45
Nikon 1.8/50 Series-E   4-46
Nikkor 2/50   4-47
UV-Nikkor 4.5/50   4-49
Nikkor 1.2/55   4-50
Micro-Nikkor 2.8/55   4-52
Micro-Nikkor 3.5/55 (Blendenvorwahl)   4-53
Micro-Nikkor 3.5/55   4-54
Noct-Nikkor 1.2/58   4-55
Nikkor 1.4/58   4-56
AF-Nikkor 2.8/60   4-57

Teleobjektive   4-58
AF-Nikkor 2.8/80   4-58
AF-Nikkor 4.5/80   4-59
Nikkor 1.4/85   4-60
Nikkor 1.8/85   4-61
AF-Nikkor 1.8/85   4-62
Nikkor 2.0/85   4-63
Nikon 2.8/100 Series-E   4-64
Nikkor 1.8/105   4-65
Nikkor 2.5/105   4-66
Micro-Nikkor 2.8/105   4-67
Nikkor 4/105   4-68
Micro-Nikkor 4/105   4-69
Bellows-Nikkor 4/105   4-70
UV-Micro-Nikkor 4.5/105   4-71
Medical-Nikkor 4/120   4-72
Nikkor 2/135   4-73
Nikkor 2.8/135   4-74
Nikon 2.8/135 Series-E   4-75
Nikkor 3.5/135   4-76
Bellows-Nikkor 4/135   4-77
Nikkor 2.8/180   4-78

AF-Nikkor 2.8/180   4-79
Nikkor 2.0/200 ED   4-80
Nikkor 2/200 IF-ED   4-81
AF-Nikkor 3.5/200 IF-ED   4-82
Nikkor 4/200   4-83
Micro-Nikkor 4/200 I   4-84
Medical-Nikkor 5.6/200   4-85
Nikkor 2/300 IF-ED   4-86
Nikkor 2.8/300   4-87
Nikkor 2.8/300 ED   4-88
Nikkor 2.8/300 IF-ED   4-89
AF-Nikkor 4/300 IF-ED   4-90
Nikkor 4.5/300   4-91
Nikkor 4.5/300 ED   4-92
Nikkor 4.5/300 IF-ED   4-93
Nikkor 2.8/400 IF-ED   4-94
Nikkor 3.5/400 IF-ED   4-95
Objektivkopf Nikkor 4.5/400   4-96
Nikkor 5.6/400   4-97
Nikkor 5.6/400 IF-ED   4-98
Nikkor 4/500 IF-ED P   4-99
Spiegel-Nikkor 5/500   4-100
Spiegel-Nikkor 8/500   4-101
Spiegel-Nikkor 8/500 (Typ 2)   4-102
Nikkor 4/600 IF-ED   4-103
Nikkor 5.6/600   4-104
Nikkor 5.6/600 ED   4-105
Nikkor 5.6/600 IF-ED   4-106
Nikkor 5.6/800 IF-ED   4-107
Nikkor 8/800   4-108
Nikkor 8/800 ED   4-109
Spiegel-Nikkor 6.3/1000   4-110
Spiegel-Nikkor 11/1000·   4-111
Nikkor 11/1200   4-112
Nikkor 11/1200 IF-ED   4-113
Spiegel-Nikkor 11/2000   4-114

Telekonverter   4-115
Nikon-Telekonverter TC-1   4-115
Nikon-Telekonverter TC-2   4-115
Nikon-Telekonverter TC-200   4-116
Nikon-Telekonverter TC-201   4-116
Nikon-Telekonverter TC-300   4-116
Nikon-Telekonverter TC-301   4-117
Nikon-Telekonverter TC-14   4-117
Nikon-Telekonverter TC-14 A   4-117
Nikon-Telekonverter TC-14 B   4-118
Nikon-Telekonverter TC-14 C   4-118

Nikon-Telekonverter TC-16   4-118
Nikon-AF-Telekonverter TC-16 A   4-119

Zoomobjektive   4-120
AF-Zoom-Nikkor 3.3-4.5/24-50   4-120
Zoom-Nikkor 4/25-50   4-121
Zoom-Nikkor 4.5/28-45   4-122
Zoom-Nikkor 3.5/28-50   4-123
Zoom-Nikkor 3.5-4.5/28-85   4-124
AF-Zoom-Nikkor 3.5-4.5/28-85   4-125
AF-Zoom-Nikkor 2.8/35-70   4-126
Zoom-Nikkor 3.5/35-70   4-127
Zoom-Nikkor 3.5/35-70   4-128
==Zoom-Nikkor 3.3-4.5/35-70==   4-129
AF-Zoom-Nikkor 3.3-4.5/35-70   4-130
AF-Zoom-Nikkor 3.3-4.5/35-70   4-131
Zoom-Nikkor 2.8/35-85   4-132
Zoom-Nikkor 3.5-4.5/35-105   4-133
AF-Zoom-Nikkor 3.5-4.5/35-105   4-134
Zoom-Nikkor 3.5-4.5/35-135   4-135
AF-Zoom-Nikkor 3.5-4.5/35-135   4-136
Zoom-Nikkor 3.5-4.5/35-200   4-137
Nikon-Zoom 3.5/36-72 Series-E   4-138
==Zoom-Nikkor 3.5/43-86==   4-139
Zoom-Nikkor 3.5/50-135   4-140
Zoom-Nikkor 4.5/50-300   4-141
Nikon-Zoom 4/70-210 Series-E   4-142
AF-Zoom-Nikkor 4/70-210   4-143
AF-Zoom-Nikkor 4-5.6/70-210   4-144
Nikon-Zoom 3.5/75-150 Series-E   4-145
AF-Zoom-Nikkor 4.5-5.6/75-300   4-146
Zoom-Nikkor 2.8/80-200 ED (Prototyp)   4-147
Zoom-Nikkor 2.8/80-200 ED   4-148
AF-Zoom-Nikkor 2.8/80-200 ED   4-149
Zoom-Nikkor 4/80-200   4-150
==Zoom-Nikkor 4.5/80-200==   4-151
Zoom-Nikkor 4-4.5/85-250   4-152
Zoom-Nikkor 5.6/100-300   4-153
Zoom-Nikkor 8/180-600 ED   4-154
Zoom-Nikkor 4/200-400 ED   4-155
Zoom-Nikkor 9.5-10.5/200-600   4-156
Zoom-Nikkor 11/360-1200   4-157

5. **Nikkor-Objektive für Zenza-Bronica-Mittelformat-Kameras   5-1**

6x6-Nikkor 4/30   5-2
6x6-Nikkor 4/40   5-2
6x6-Nikkor 2.8/50   5-3
6x6-Nikkor 3.5/50   5-3
6x6-Nikkor 2.8/75   5-4
6x6-Nikkor 2.8/75 (Zentralverschluß)   5-5
6x6-Nikkor 3.5/100   5-5
6x6-Nikkor 3.5/135   5-5
6x6-Nikkor 4/200   5-6
6x6-Nikkor 4/250   5-6
6x6-Nikkor 5.6/300   5-7
6x6-Nikkor 4.5/400   5-7
6x6-Nikkor 5.6/600   5-8
6x6-Nikkor 8/800   5-8
6x6-Nikkor 11/1200   5-8

6. **Kameras mit fest eingebauten Nikkor-Objektiven   6-1**

Nikon-Mini-Autofokuskameras   6-2
Nikon L35AF   6-2
Nikon L35AD   6-2
Nikon L135AF   6-3
Nikon Nice-Touch   6-3
Nikon L35AF-2   6-3
Nikon One-Touch   6-3
Nikon L35AD-2   6-3
Nikon One-Touch Quartz-Date   6-3
Nikon L35TW-AF   6-4
Nikon Tele-Touch   6-4
Nikon L35TW-AD   6-4
Nikon Tele-Touch Quartz-Date   6-4
Nikon L35AW-AF   6-4
Nikon Action-Touch   6-4
Nikon L35AW-AD   6-5
Nikon Action-Touch Quartz-Date   6-5
Nikon AF-3   6-5
Nikon New One-Touch   6-5
Nikon New One-Touch Quartz-Date   6-5
Nikon AD-3 Data   6-5
Nikon RF   6-6
Nikon Fun-Touch   6-6
Nikon RD-Data   6-6
Nikon Fun-Touch Quartz-Date   6-6
Nikon RF-2   6-6
Nikon RD-2 Quartz-Date   6-6
Nikon One-Touch 100   6-6
Nikon One-Touch 100 Quartz   6-6
Nikon TW-Zoom   6-7
Nikon TW-Zoom Quartz-Date   6-7

Nikon Zoom-Touch 500 6-7
Nikon TW2 6-7
Nikon Tele-Touch DeLuxe 6-7
Nikon TW2D 6-7
Nikon Tele-Touch DeLuxe Data 6-7
Nikon TW20 6-8
Nikon TW20 Quartz-Date 6-8
Nikon Tele-Touch 300 6-8
Nikon Tele-Touch 300 Date 6-8
Nikon TW-Zoom 35-70 6-8
Nikon TW-Zoom 35-70 Quartz Date 6-8
Weitere Kameras mit fest eingebauten Nikkor-Objektiven 6-9

7. **Lemix-Nikon: Lizenzproduktion für den südkoreanischen Markt 7-1**

   Lemix-Nikon FM-2 (Korea) 7-2
   Lemix-Nikon F-801 (Korea) 7-2
   Lemix-Nikon F-401s SQD (Korea) 7-2
   Lemix-Nikon F-301 (Korea) 7-3
   Lemix-Nikon RD-2 (Korea) 7-3
   Lemix-Nikon RD-Quartz-Date (Korea) 7-3
   Lemix-Nikon TW-2D (Korea) 7-3
   Lemix-Nikon TW-20 (Korea) 7-3
   Lemix-Auto AD301 (Korea) 7-3
   Lemix Auto Compact AA303D (Korea) 7-3

8. **Nikon-Sondermodelle 8-1**

   Nikon EM Schnittmodell 8-2
   Nikon FA Schnittmodell 8-2
   Nikkor 8/500 Schnittmodell 8-2
   Nikon F-Photomic TN mit einem eingesetzten
       Nikkor 1.4/50 8-2
   Nikkor 2.8/35 Schnittmodell 8-2
   Nikon-Zoom 3.5/75-150 Serie-E, Schnittmodell in Acryl 8-3
   Nikkor 4.5/80-200 Schnittmodell 8-3
   PC-Nikkor 3.5/28 Schnittmodell 8-3
   F-501 Demonstrationsmodell 8-3
   Nikon Fisheye-Kamera 8-3
   Nikon-Minikamera 8-3
   Nikon-Handmikroskop Modell H 8-3

9. **Nikkor-Objektive für Spezialaufgaben 9-1**

   Nikkor-Objektive für Großformat-Kameras 9-3
   Nikkor-Makro-Objektive 9-4
   Nikon-Vergrößerungsobjektive 9-5
   Nikon-Prismenfernrohre (Fieldscopes) 9-6

10. **Nikon Film und Video 10-1**

    Nikon- und Nikkorex-Filmkameras 10-2
    Nikon Video-Kameras 10-6
    Nikon Cine- und TV-Nikkore 10-8
    Nikon Still-Video 10-10
    Nikkor-Objektive für die Projektion 10-11
    Reproduktions-Nikkor 10-11
    Mikroskop-Nikkore 10-11
    Oszilloskop-Nikkor 10-11

11. **Nikon-Sucher 11-1**

    F-Prismensucher 11-2
    F-Prismensucher mit Sucherschuh 11-2
    F-Lichtschacht 11-2
    F-Sportsucher 11-2
    F2-Prismensucher DE-1 11-2
    F2-Lichtschachtsucher DW-1 11-2
    F2-Lupensucher DW-2 11-2
    F2-Sportsucher DA-1 11-3
    F3-Sucher DE-2 11-3
    F3-Sucher DE-3 11-3
    F3-Sucher DE-4 11-3
    F3-Sucher DE-4 schwarz 11-3
    F3-Lichtschachtsucher DW-3 11-3
    F3-Vergrößerungssucher DW-4 11-3
    F3-Sportsucher DA-2 11-3
    F4-Multi-Meßsucher 11-4
    F4-Sportsucher 11-4
    F4-Lupensucher 11-4
    F4-Lichtschachtsucher 11-4

12. **Nikon-Motorantriebseinheiten 12-1**

    Kameramotor S-36 12-2
    Kameramotor S-250 12-2
    Kameramotor F-36 12-2
    F-36 Powerpack 12-2
    Kameramotor F-250 12-2
    Kameramotor S-72 12-3

Kameramotor MD-1   12-3
Kameramotor MD-2   12-3
Kameramotor MD-3   12-3
Kameramotor MD-100   12-3
Magazin-Rückwand MF-1   12-3
Magazin-Rückwand MF-2   12-4
Kameramotor MD-4   12-4
Magazin-Rückwand MF-4   12-4
Auto-Winder AW-1   12-4
Kameramotor MD-11   12-4
Kameramotor MD-12   12-4
Motorwinder MD-14   12-5
Winder MD-E   12-5
Kameramotor MD-15   12-5
Magazin-Rückwand MF-24   12-5

13. Nikon-Blitzgeräte, Adapter und Verbindungskabel   13-1

Kolbenblitzgeräte   13-3
Stabblitzgerät BC-B1   13-3
Stabblitzgerät BC-3   13-3
Fächerblitzgerät BC-4   13-3
Fächerblitzgerät BC-5 für Blitzlampen   13-3
Blitzlampengerät BC-6   13-3
Fächerblitzgerät BC-7   13-3

Elektronenblitzgeräte   13-4
Nikon-Speedlight SB-1   13-4
Ringblitz SR-1   13-4
Ringblitz SM-1   13-4
Stroboskop-Blitzgerät Modell I   13-4
Stroboskop-Blitzgerät Modell II   13-4
Nikon-Blitz SB-2   13-5
Nikon-Blitz SB-3   13-5
Nikon-Blitz SB-4   13-5
Nikon-Stabblitzgerät SB-5   13-5
Nikon-Stroboskopblitzgerät SB-6   13-5
Nikon-Blitz SB-7E   13-6
Nikon-Blitz SB-8E   13-6
Nikon-Miniblitzgerät SB-9   13-6
Nikon-Blitz SB-E   13-6
Ringblitz SR-2   13-6
Ringblitz SM-2   13-6
Nikon-Blitz SB 10   13-7
Nikon-Stabblitzgerät SB-11   13-7
Nikon-Blitz SB-12   13-7
Nikon-Stabblitzgerät SB-14   13-7
Nikon-Infrarot-Blitzgerät SB-140   13-7
Nikon-Kompaktblitzgerät SB-15   13-8
F3-Blitz SB-16A   13-8
Nikon SB-16B   13-8
F3-Blitzgerät SB-17   13-8
Nikon-Blitz SB-18   13-8
Nikon-Blitz SB-19   13-8
Nikon AF-Blitzgerät SB-20   13-8
Makroblitzgerät SB-21   13-9
Nikon AF-Blitzgerät SB-22   13-9
Nikon AF-Blitzgerät SB-23   13-9
Nikon AF-Blitzgerät SB-24   13-9

Blitzadapter   13-10
Blitzverbindungskabel   13-12

Erläuterungen zu den Abkürzungen

Durch einen umklappbaren Nocken lassen sich alte Nikkore auch an der F4 verwenden.

Einführung

Das Nikon-System ist sehr verbraucherfreundlich aufgebaut. Seit dem Erscheinen der ersten Nikon-Spiegelreflexkamera, der Nikon F im Jahre 1959, ist das Kamerabajonett im Grundsatz beibehalten worden. Das heißt, an einer Nikon F4 kann schnell der Urahn aller Nikkor-Reflexobjektive, das Normalobjektiv S-Auto 2.0/50 mm angeschlossen werden. Über den Kameraadapter N/F ist es sogar möglich, die Teleobjektive 2.5/180, 4/250, 4.5/350 und 5/500 aus der Meßsucherzeit mitzuverwenden - das spricht für Kontinuität!

Einschränkung: dieser Vorteil gilt nur für Kameras vor der AI-Einführung, also alle Nikon F-Typen, die Nikkormat-Baureihe, die Nikkorex F, die F2-Kameras F2-Photomic, F2S und F2SB. An die Belichtungsmesser dieser Kameras mußte mit einer Rechts-/Links-Bewegung die Mitnehmergabel des Nikkor-Objektivs angeschlossen werden. Dieses war einigen Verbrauchern zu umständlich. Nikon entschloß sich 1977, das AI-System einzuführen. AI steht für "Automatic Maximum Aperture Indexing". Nikon versah von nun an die Nikkore mit einer Steuerung auf der Objektiv-Unterseite, der Mitnehmerzinken wurde für die Kameras FM, FE, F2AS, EL-2, EM, F3 usw. überflüssig. Nikon verhielt sich bei dieser Umstellung wiederum konsumentenfreundlich. Objektive, die vor 1977 produziert wurden, ließen sich meist zu AI-Nikkoren umbauen, sie erhielten einen anderen Blendenring mit der AI-Steuerung, dazu kam ein geänderter Mitnehmer für die Verwendung der AI-Nikkore an älteren Nikon-Kameras.

Anders herum: auch das modernste Autofokus-Nikkor paßt an Kameras vom Typ F, Nikkormat und F2. Allerdings muß hier beim Meßvorgang gleichzeitig der Abblendknopf gedrückt werden - Messen bei Arbeitsblende.

Eine weitere und geringe Veränderung kam mit den Nikon-Kameras, die eine Programmautomatik vorweisen können (FG, F-301, F-801 oder F4). Für diese Steuerung kam eine zusätzliche Kerbe in den Metallring auf der Objektiv-Unterseite, damit nannten sich die Objektive "Nikkore vom Typ AIS". Für ernsthafte Fotografinnen und Fotografen ist diese Verbesserung aber unwichtig, sie betrifft nur die Programmautomatik.

Zusammengefaßt: alle modernen AI- und AIS-Nikkore lassen sich an frühen Nikon-Kameras vor 1977 ansetzen. Nikkore vor 1977 sollten einen AI- oder AIS-Ring besitzen, damit sie an modernen Nikon-Kameras arbeiten. Ergänzung: die professionellen F3- und F4-Kameras besitzen einen kleinen Arretierknopf, damit können alte Nikkore, die nicht umgebaut wurden, eingesetzt werden, ein großer Vorteil für Nikon-Fans, die noch Objektiv-Veteranen aus der Anfangszeit besitzen.

Einige Nikkor-Objektive sind nicht mit automatischer Steuerung ausge-rüstet, dazu gehören die Spiegelobjektive 500, 1000 und 2000 mm, einige extreme Zoom-Objektive und langbrennweitige Objektive mit der alten Einstellfassung. Hierbei empfiehlt sich ein Belichtungsabgleich durch das Verstellen der Verschlußzeit (bei den Spiegelobjektiven) oder das Messen mit Arbeitsblende.

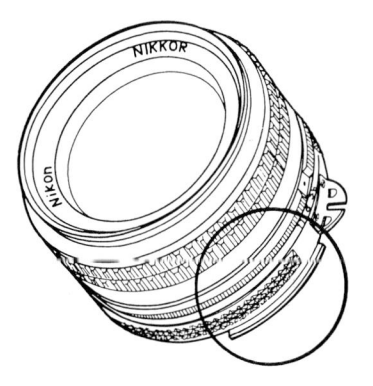

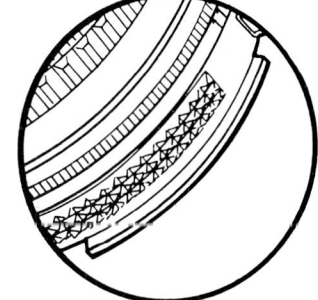

Die Steuerkurve eines AI-Nikkors

1.
Nikon-Meßsucherkameras

Meßsucherkameras

Nikon I Prototyp

Nikon I

Nikon I

Typ: 24x32-Meßsucherkamera mit Entfernungsmesser
Belichtungszeiten: 1 bis 1/20 und 1/30 bis 1/500, T und B.
Verschluß: Tuchschlitzverschluß
Blitzsynchronisation: nicht vorhanden
Motoranschluß: nicht vorhanden
Erscheinungsdatum: März 1948 (gebaut bis April 1949)
Gewicht: 740 g

Die erste serienmäßig gefertigte Nikon-Kleinbildkamera bekam das Format 24x32, um ein günstigeres Seitenverhältnis zu erreichen und das Fotopapier besser auszunutzen. Sie brachte 40 Belichtungen auf einem 36er Kleinbildfilm. Technik: eingebauter Entfernungsmesser, Innenbajonettsteuerung über Entfernungsrad, zweiter Außenbajonettanschluß, Tuchverschluß, abziehbare Rückwand, Rückspuldrehknopf, herausnehmbare Filmspulenrolle, Umschalter für A (normaler Betrieb) und R (Rückspulung), alte Verschlußzeiten mit 1/20, 1/40, 1/100 und 1/200, Nippon Kogaku-Warenzeichen auf der Oberseite, einfacher Zubehörschuh, Gravur MADE IN OCCUPIED JAPAN auf der Unterseite. Insgesamt wurden nur 739 Gehäuse von der ersten Nikon-Kleinbildkamera angefertigt. Produktion von Nr. 609 1 bis 609 759.
Nikon I: BCO 01 001-1. *15.000,-*

Von einer schwarzen Version der Nikon I ist nur eine Kamera bekannt, sie trägt die Nummer 609 431 und gehört einem japanischen Sammler.
Nikon I schwarz: BCO 01 001-2.

Im Oktober 1947 wurde eine Studie der ersten Nikon-Kleinbildkamera vorgestellt - diese Versuchsversion unterscheidet sich von der Serienkamera durch ein deutlich kleiner graviertes Nikon-Emblem auf der Frontseite und einen zweizeilig gravierten Hinweis NIPPON KOGAKU TOKYO statt des später verwendeten Warenzeichens. Zusätzlich fallen stärkere Einrahmungen der beiden Sucherfenster auf.
Von diesem Vorgänger der Nikon I wurden zwanzig Prototypen hergestellt, sie erhielten die Nummern 609 1 bis 609 20.
Nikon I (Prototyp): BCO 01 001-3.

Nikon I schwarz

Nikon M

Typ: 24x34-Meßsucherkamera mit Entfernungsmesser
Belichtungszeiten: 1 bis 1/20 und 1/30 bis 1/500, T und B.
Verschluß: Tuchschlitzverschluß
Blitzsynchronisation: nur vom Werk oder von einer Nikon-Vertretung nachsynchronisiert, nicht serienmäßig.
Motoranschluß: nicht vorhanden
Erscheinungsdatum: März 1950 (gebaut bis Dezember 1950)
Gewicht: 670 g

Diese Kamera machte Nikon weltberühmt Weitgehend gleiches Modell wie die Nikon I, aber mit einem Bildformat 24x34 mm und einer festen Spulenrolle. Graviertes "M" vor der Seriennummer, MIOJ-Hinweis auf der Unterseite. Die letzten M-Modelle ähnelten stark dem Nachfolgemodell Nikon S, so existieren M-Kameras mit dem flachen Rückspulknopf der Nikon I und dem höheren Knopf der Nikon S. Auch sind M-Typen mit Andruckschienen im Zubehörschuh und Blitzsynchronisation bekannt, unter Nikon-Sammlern als Nikon MS eingeordnet.
1643 M-Kameras gingen in Serie (ab Nr. 609 760), dazu kamen noch ca. 1700 Kameras mit Synchrokontakt. Nikon-M-Kameras mit Synchronisation bekamen Seriennummern ab 609 2350. Schwarze Gehäuse wurden nicht serienmäßig hergestellt, könnten aber - auf Wunsch einiger Koreakrieg-Fotografen - als Sonderversion produziert worden sein.
Die M-Bezifferung begann mit der Nummer 609 760.
Nikon M chrom (unsynchronisiert): BCO 01 002-1. *2.500,-*
Nikon M chrom (synchronisiert): BCO 01 002-2. *1.800,-*

Nikon M mit einem starren Collapsible 2.0/50 mm.

Nikon M synchronisiert, mit Nikkor 1.1/50 mm.

Nikon M synchronisiert, mit Nikkor 2/8.5 cm und Telesucher.

Nikon L

Typ: 24x35-Meßsucherkamera mit Entfernungsmesser
Belichtungszeiten: 1 bis 1/20 und 1/30 bis 1/500, T und B.
Verschluß: Tuchschlitzverschluß
Blitzsynchronisation: nicht bekannt
Erscheinungsjahr: 1950
Weitere Daten sind nicht bekannt.

Zwei Gehäuse dieses Prototyps mit den Nummern L1101 und L1102 sind bekannt. Die Oberseite ist mit den M- und S-Kameras vergleichbar. Deutlich anders gestaltet ist die Frontseite, hier fehlt das Rädchen für die Entfernungseinstellung. Das linke, rechteckige Sucherfenster wurde durch ein rundes ersetzt. Der Nikon-Schriftzug wurde bedeutend kleiner graviert. Der Bajonettanschluß ist bei der L nicht mehr vorhanden, der Objektivanschluß läßt auf eine Kamera mit Schraubgewinde schließen. Möglicherweise wollte Nikon für seine Nikkore mit dem M39-Schraubgewinde eine eigene Kamera anbieten. Die L ging nicht in Serie.
Nikon L (M39): BCO 01 004.

Nikon L

Nikon S

Typ: 24x34-Meßsucherkamera mit Entfernungsmesser
Belichtungszeiten: 1 bis 1/20 und 1/30 bis 1/500, T und B.
Verschluß: Tuchschlitzverschluß
Blitzsynchronisation: serienmäßiger Blitzanschluß, Synchrozeit vom Lampentyp abhängig
Motoranschluß: nicht vorhanden
Erscheinungsdatum: Januar 1951 (gebaut bis Januar 1955)
Gewicht: 630 g

Erste Nikon-Kamera mit einem serienmäßigen Blitzanschluß. Sehr hoher Rückspul-Drehknopf, Andruckschienen im Sucherschuh, rot gravierter Punkt zur Filmlagebestimmung, breiter Kragen für die Glocke des Drahtauslösers. Frühe S-Kameras noch mit MIOJ-Gravur. S-Produktion nach dem 8. Sept. 1951 (Ende der US-Besatzung) mit dem Hinweis "Japan".
Die erste Nippon-Kogaku-Exportkamera und mit der Produktionsmenge von ca. 36.750 Einheiten der erste große Verkaufserfolg.
Die S-Nummern begannen mit 609 4101 und endeten bei ca. 612 9525 oder höher. Schwarze S-Gehäuse wurden nur in extrem kleinen Stückzahlen hergestellt.
Nikon S chrom: BCO 01 003-2. 700,-
Nikon S schwarz: BCO 01 003-3. 3.200,-

Die Nikon S mit der Gravur MIOJ (Made in Occupied Japan) ist wertvoller und bei Sammlern sehr begehrt.
Nikon S (MIOJ) chrom: BCO 01 003-1. 2.000,-

Eine besondere Rolle spielen S-Kameras mit einer achtstelligen Seriennummer. Äußerlich und in den technischen Daten unterscheiden sich diese S-Versionen nicht von der normalen Produktion. Diese achtstelligen S-Nikons sind vor allem bei amerikanischen Sammlern begehrt.
Nikon S (achtstellig) chrom: BCO 01 003-4. 2.500,-

Für einige Reporter der Illustrierten LIFE fertigte Nippon Kogaku auf Wunsch spezielle Ausführungen der S-Kameras mit besonders großen Aufzugs- und Rückspulknöpfen.
Nikon Spezial-S chrom (LIFE-Version): Code BCO 01 003-5.
Nikon Spezial-S schwarz (LIFE-Version): Code BCO 01 003-6.

Nikon S

Nikon Spezial-S (LIFE-Version)

Meßsucherkameras

Nikon S2, Modell 1.

Nikon S2, Modell 2, mit 1.8/35 und Aufstecksucher.

Nikon S2, Modell 1, schwarz mit Objektiv 1.8/35 mm und Sucher.

Nikon S2

Typ: 24x36-Meßsucherkamera mit Entfernungsmesser
Belichtungszeiten: 1 bis 1/30 und 1/30 bis 1/1000, T und B.
Verschluß: Tuchschlitzverschluß
Blitzsynchronisation: serienmäßiger Kabel- und Direktanschluß, 1/50 für Elektronenblitz.
Motoranschluß: nicht vorhanden
Erscheinungsdatum: 10. Dezember 1954 (gebaut bis Juni 1958)
Gewicht: 510 g

Erste japanische Kamera mit Schnellschalthebel, erste Nikon-Kamera mit internationalen Verschlußzeiten, der kürzesten Zeit 1/1000 Sekunde, einer Rückspulkurbel und dem Bildformat 24x36. Radikal verbesserter 1:1-Lifesize-Kamerasucher, größeres Entfernungsmesser-Einstellfeld, Synchrowähler für die Blitzzeiten, Filmmerkscheibe auf der Unterseite, nur noch ein Öffnungshebel für die Rückwand.

Von der S2 existieren zwei Grundversionen: frühe S2-Gehäuse hatten den Verschlußzeitenwähler, die Filmlängenanzeige und die Synchro-Wählscheibe chromfarben. Für eine bessere Ablesbarkeit änderte das Werk die später produzierten S2-Kameras, sie erhielten schwarze Scheiben, die Werte wurden weiß ausgelegt, der Verschlußzeitenwähler bekam zusätzlich einen geriffelten Greifring (ab Nummer 618 0001).

Von der ersten S2-Variante sind 41715 Produktionseinheiten ab Dezember 1954 vom Band gelaufen, die zweite S2-Ausführung wurde in 15000 Einheiten bis März 1958 produziert. Die S2-Kamera-Numerierung begann ab 613 5001 und endete bei 619 8380, möglich sind auch höhere Nummern bis 619 9000. Hierbei sind Versuchsmodelle und SP-Vorläufer eingeschlossen. In einer Stückzahl von 1000 Einheiten wurden von beiden S2-Typen auch schwarze Gehäuse hergestellt.

Nikon S2 Version 1 chrom: BCO 01 005-1.
Nikon S2 Version 1 schwarz: BCO 01 005-2.
Nikon S2 Version 2 chrom: BCO 01 005-3.
Nikon S2 Version 2 schwarz: BCO 01 005-4.

Nikon S2-E

Auf dem Messestand der IPEX in Chicago zeigte Nippon Kogaku ein Versuchsmodell der Nikon S2 mit einem elektrisch betriebenen Kameramotor. Diese S2-E war - was den Motorantrieb betrifft - der Vorläufer der Nikon SP. Äußerlich unterschied sie sich nicht von einer S2-Serienkamera Modell II. In Japan existiert eine schwarze S2E mit der Sereiennummer 619 4013.
Nikon S2-E schwarz (Versuchsmodell): Code BCO 01 005-5.

Nikon SP

Typ: 24x36-Meßsucherkamera mit Entfernungsmesser
Belichtungszeiten: 1 bis 1/1000, B und T.
Verschluß: Titan- oder Tuchschlitzverschluß
Blitzsynchronisation: Kabel- und Direktanschluß, 1/60 für Elektronenblitz.
Motoranschluß: für Motor S36 (und S250)
Erscheinungsdatum: 19. September 1957 (gebaut bis Juni 1965)
Gewicht: 720 g

Mit der Nikon SP (S steht für S-Serie, P für Professional) zeigte Nippon Kogaku eine technisch aufwendige Kamera. Mit ihrer Ausstattung - Titanschlitzverschluß, Sucher für fünf Brennweiten, serienmäßiger Motoranschluß - gehörte sie bei der Vorstellung zu den besten Meßsucherkameras der Weltproduktion.
Die Ausstattung: lange Sucherfensterfront für sechs Brennweiten, echter Weitwinkelsucher für 28 und 35mm, einschaltbare Bildrahmen, griffiger Verschlußzeitenwähler (auch für lange Zeiten) mit Belichtungsmesserzahnrad, Wählfenster für die Blitzsynchronisation, Selbstauslöser, neues Bildzählwerk mit Filmtypanzeige, Filmmerkscheibe.
Gebaut ab Nummer 620 0001. 22348 SP-Einheiten wurden hergestellt.
Nikon SP chrom (mit Tuchverschluß): BCO 01 006-3.
Nikon SP schwarz (mit Tuchverschluß): BCO 01 006-4.
Nikon SP chrom (mit Titanverschluß): BCO 01 006-1.
Nikon SP schwarz (mit Titanverschluß): BCO 01 006-2.

Nikon SP Experimental

Dieser Prototyp ging nicht in Serie. Die Kamera erhielt den Schnellschalthebel der Nikkormat FS/FT und einen neuen Verschlußzeitenknopf. Die lange Fensterfläche der SP wurde durch ein großes Sucherfenster ersetzt.
Nikon SP Experimental: BCO 01 006-5.

Nikon SP schwarz mit 1.5/8.5 cm.

Nikon SP chrom mit Nikkor 4/21 mm und Zusatzsucher.

Meßsucherkameras

Nikon S3 mit Objektiv 105 mm.

Nikon S3

Typ: 24x36-Meßsucherkamera mit Entfernungsmesser
Belichtungszeiten: 1 bis 1/1000, B und T.
Verschluß: Titan- oder Tuchschlitzverschluß
Blitzsynchronisation: Kabel- und Direktanschluß, 1/60 für Elektronenblitz.
Motoranschluß: für Motor S36 (und S250)
Erscheinungsdatum: März 1958 (gebaut bis März 1967)
Gewicht: 560 g

Auf der SP basierendes Modell ohne aufwendige Suchereinspiegelung, nur drei markierte Leuchtrahmensucher für die wichtigsten Brennweiten 35, 50 und 105 mm. Wie bei der SP sind Belichtungsmesseranschluß und Motorbetrieb möglich. Produktionsstart mit der Nummer 630 0001. 14310 S3-Kameras wurden gefertigt, davon 2000 Gehäuse mit schwarzer Lackierung. Eine Nummernbezifferung ist möglich bis 632 2850.

Nikon S3 chrom (mit Tuchverschluß): BCO 01 007-3. 2.200,-
Nikon S3 schwarz (mit Tuchverschluß): BCO 01 007-4. 2.900,-
Nikon S3 chrom (mit Titanverschluß): BCO 01 007-1. 2.500,-
Nikon S3 schwarz (mit Titanverschluß): BCO 01 007-2. 3.200,-

Nikon S3-Spezial

Nur geringfügig unterschied sich die S3-Spezial vom Serienmodell. Auffällig ist die metrische Tiefenschärfenskala. Bei dem Erscheinen der Kamera wurde als Standardobjektiv das höher gebaute 1.4/50-Nikkor (BCO 02 202-8) angeboten. Diese Kamera hatte grundsätzlich den aufwendigen Titanverschluß eingebaut. Nach japanischen Informationen sind auch Chrom-Versionen bekannt. Für diese Serie war ansonsten eine schwarze Ausführung üblich.

Nikon S3-Spezial schwarz (mit Titanverschluß): BCO 01 007-5. 3.800,-
Nikon S3-Spezial chrom (mit Titanverschluß): BCO 01 007-6. 3.800,-

Nikon S4

Typ: 24x36-Meßsucherkamera mit Entfernungsmesser
Belichtungszeiten: 1 bis 1/1000, B und T.
Verschluß: Tuchschlitzverschluß
Blitzsynchronisation: Kabel- und Direktanschluß, 1/60 für Elektronenblitz.
Motoranschluß: nicht vorgesehen
Erscheinungsdatum: März 1959 (gebaut bis Juli 1960)
Gewicht: 520 g

Vom Gehäuse her mit der SP oder S3 vergleichbar, aber in ihren Möglichkeiten stark eingeschränkt: kein Motoranschluß, ohne Titanverschluß, manuell rückstellendes Bildzählwerk, fehlender Selbstauslöser. Ein Sparmodell, das nicht in die USA exportiert wurde. Insgesamt wurden 5895 S4-Einheiten (bis zur Nr. 650 5900 hergestellt. Kamerabezifferung ab Nr. 6500001. Schwarze Gehäuseausführungen gehörten nicht zur Serie.
Nikon S4 chrom: BCO 01 008. 3.000,-

Nikon S4

Meßsucherkameras

Nikon S3M schwarz

S3M-Rückansicht

Nikon S3M

Typ: 18x24-Meßsucherkamera mit Entfernungsmesser
Belichtungszeiten: 1 bis 1/1000, B und T.
Verschluß: Tuchschlitzverschluß
Blitzsynchronisation: Kabel- und Direktanschluß, 1/60 für Elektronenblitz.
Motoranschluß: für den S3M-Motor S72
Erscheinungsdatum: April 1960 (gebaut bis April 1961)
Gewicht: 570 g

Die seltenste und wertvollste aller Nikon-Kleinbildkameras. Auf der S3 basierende Version für das Halbformat 18x24mm. Für 72 Aufnahmen ausgelegtes Bildzählwerk und Filmlängenanzeige. Parallaxenkorrigierter Leuchtrahmen für 35, 50 und 135 mm, Gleitschieber auf der Rückseite für individuelle Suchereinstellung.
Die Kamera verließ größtenteils das Werk als Einheit mit dem Motor S72. Auflage insgesamt nur 195 Stück, davon mehrheitlich schwarze Gehäuse. Seriennummern ab 660 0001, Nummern bis 660 0225 sind möglich.
Nikon S3M chrom: BCO 01 009-2. 9.000,-
Nikon S3M schwarz: BCO 01 009-1. 9.000,-

S3M mit Motor S72.

2.
Objektive für Nikon-Meßsucherkameras

Meßsucherobjektive

Nikkor 4/21 mit Aufstecksucher

Nikkor 4/21

Brennweite: 21 mm
Bildwinkel: 92°
Blenden: 4 bis 16
Distanzskala: ∞ - 91 cm
Linsen/Gruppen: 8/6
Filtergewinde: 43 mm
Erscheinungsdatum: Mai 1959
Gewicht: 127.5 g

Im Mai 1959 stellte Nikon das bis dahin extremste Weitwinkel-Nikkor vor. Wie beim 6.3/1000-Spiegeltele dachte Nikon daran, mit dieser Bauart zwei Nikon-Systeme zu versorgen. Zuerst lief eine kompakte Version für das Meßsucher-Bajonett vom Band, danach (im November) diente die gleiche Rechnung für eine Version, die in das Bajonett der Nikon F paßte. Bei diesem Superweitwinkel dominiert die verlängerte Linsenfassung auf der Unterseite, die beim Einsetzen in die Meßsucher-Nikon bis an die Filmebene heranreicht. Das 21er-Nikkor hat eine schwarze Fassung, der Blendenring ist verchromt. Auf den Frontring gravierte das Werk sehr klar lesbar die Nummer, die Herstellerbezeichnung, die Objektivdaten 1:4 f=2.1cm und den Objektivcode Nikkor-O (8-Linser). Zur Lieferung gehörte ein rechteckiger externer Sucher zur Bestimmung der Perspektive, ein Hinterlinsenschutz und ein schwarzer Schutzdeckel mit dem Warenzeichen in Schnappfassung. Zum 21er-Zubehör kam eine spezielle Sonnenblende mit den eingravierten Objektivdaten Brennweite und Lichtstärke sowie der Herstellerbezeichnung Nippon Kogaku und ein angedeutetes NK-Warenzeichen.

Das 21er-Nikkor ist bei Sammlern äußerst begehrt und erfreut den Praktiker durch seine hervorragende Abbildungsleistung und die dramatische Perspektive. Nur 600 Stück gingen in den Handel. Drei verschiedene Sucher sind für das Objektiv bekannt: die erste Version ähnelt dem Sucher für das Meßsucher-21er, danach kam ein Bautyp mit einem schwarzen Aufsteckschuh aus Plastik und zum Schluß die Bauart mit einem Metallfuß. Serienanlauf ab Nr. 621 001.

Nikkor 4/21-Japan schwarz: BCO 02 001.

Nikkor 4/25

Brennweite: 25 mm
Bildwinkel: 80° 30'
Blenden: 4 bis 22
Distanzskala: ∞ - 91 cm
Linsen/Gruppen: 4/4
Filtergewinde: Serie VII
Erscheinungsdatum: 16. November 1953
Gewicht: 128 g (chrom), 71 g (schwarze Ausführung).

Bereits Ende des Jahres 1953, nach der Gründung der Nippon Kogaku Inc. im wichtigsten Nikon-Exportland USA, lieferte das Werk in Tokio das für damalige Verhältnisse extreme Superweitwinkel 4/25 - in einer dem Zeiss Topogon vergleichbaren Rechnung. Auffällig ist die äußerst flache Bauart, eingesetzt in eine Nikon-Meßsucherkamera ragt es nur wenige Zentimeter hervor, die Frontlinse ist winzig klein. Zur Blendenverstellung mußte umständlich in die Frontseite hineingegriffen werden, die Fokussierung konnte nur über das scharfkantige Enfernungs-Einstellrad der Kamera erfolgen. Das Ablesen der Werte wie Entfernung, Blendeneinstellung und Schärfentiefe ist verwirrend und schwierig. Zum Lieferumfang gehörte ein runder Aufstecksucher mit der Markierung 2.5 für die Perspektivkontrolle und eine Plastik-Sonnenblende in Bajonettfassung.

Das kompakte 25er gehört mit zu den seltenen Meßsucher-Nikkoren und trägt die Seriennummern von 402 500 bis 405 000. Es war in zwei Ausführungen lieferbar, in einer schwarzen und einer chromfarbenen.
Nikkor 4/25-Japan chrom: BCO 02 002-1.
Nikkor 4/25-Japan schwarz: BCO 02 002-2.

Das 4/25 lieferte Nippon Kogaku auch mit dem Schraubanschluß-Gewinde M39, mit dieser umständlichen Fassung waren in den vierziger und fünfziger Jahren eine ganze Reihe von Kameras ausgerüstet, darunter Canon, Tower, Leica, Nicca, Leotax und Tanack. Das 4/25mm-Superweitwinkel war bedeutend kleiner als das Original für das Nikon-Bajonett und bekam ausschließlich eine chromfarbene Fassung, die Blendenreihe wurde schwarz unterlegt. Das Anschlußgewinde liegt unter einem breiten Ring mit gravierter "feet-Skala" (Mindesteinstellung 3.5 feet oder 1 m) für die Bestimmung der Entfernung und Tiefenschärfe. Zur Scharfstellung baute Nikon einen speziellen Schieber ein.
Nikkor 4/25-Japan chrom M39: BCO 02 002-5.

Nikkor 4/25 chrom

Meßsucherobjektive

Nikkor 3.5/28 chrom

Nikkor 3.5/28 mit Schraubanschluß

Nikkor 3.5/28

Brennweite: 28 mm
Bildwinkel: 74°
Blenden: 3.5 bis 22
Distanzskala: ∞ - 91 cm
Linsen/Gruppen: 6/4
Filtergewinde: 43 mm und 26.5 mm (Innengewinde)
Erscheinungsdatum: 1. September 1952
Gewicht: 142 g (chrom) und 96 g (schwarze Ausführung)

Das 3.5/28 kam als das erste Nikkor-Objektiv mit einem größeren Bildwinkel in das Verkaufsprogramm. Das kompakte Objektiv wurde zuerst in einer chromfarbenen Ausführung geliefert, später wurde das Angebot durch eine schwarze Version ergänzt, passend dazu auch die Sonnenblenden. Wie beim 3.5/35 und 2.5/35 sowie dem 4/25 entschied sich Nikon auch hierbei für die Blendenmarkierung innerhalb der Frontseite. Neben dem 43-mm-Filtergewinde konnte das Objektiv ein zweites Gewinde für 26.5-mm-Filter vorweisen. Laut Preisliste vom 1. Mai 1958 konnte für 15 Dollar ein Chrom-Aufstecksucher mit der Gravur 2.8 geordert werden. Die Bestellung erübrigte sich für SP-Besitzer, diese Kamera hatte den Rahmen von 28 bis 135 mm eingebaut. Für die beliebten Zoomsucher Varifocal und Variframe gab es einen 28er-Vorsatz.
Trotz der gebauten ca. 10 000 Stück (Produktion ohne Schraubanschluß-Version) ist das W-Nikkor 3.5/28 verhältnismäßig schwierig zu finden.
Nikkor 3.5/28-Japan chrom: BCO 02 101-1.
Nikkor 3.5/28-Japan schwarz: BCO 02 101-2.

Mit der Vorstellung des 3.5/28 im Jahre 1952 erschien auch eine Version für den Anschluß M39 anderer Fabrikate. Äußerlich gleicht das Objektiv dem 4/25 mit Schraubanschluß, die Blendeneinstellung befindet sich aber hier außerhalb, wie bei den Normalobjektiven. Gebaut wurde es nur in Chromfassung, mit einem angebauten Entfernungseinstellknopf. Einige Exemplare bekamen auf die Unterseite eine "L"-Gravur (wie Leica). Sehr kompaktes Objektiv, als Filtergewinde wählte Nippon Kogaku die Größe 34.5 mm, Mindesteinstellung 1 Meter - in dieser Schraubausführung sehr schwer zu finden.
Nikkor 3.5/28-Japan chrom M39: BCO 02 101-5.

Nikkor 3.5/35

Brennweite: 35 mm
Bildwinkel: 62°
Blenden: 3.5 bis 16
Distanzskala: ∞ - 91 cm
Linsen/Gruppen: 4/3
Filtergewinde: 26.5 mm (Innengewinde)
Erscheinungsdatum: März 1948
Gewicht: 184 g

Im März 1948 gehörte das 3.5/35-mm-Weitwinkel mit dem Standardobjektiv 2/50 und dem kleinen Tele 2/85 zum Vorstellungs-Programm der ersten Nikon-Kleinbildkamera, dazu kam noch das bereits seit 1947 gebaute 4/135.

Das relativ schwere Objektiv besitzt einen breiten, geriffelten Ring, mit dem sich die Blenden an der inneren Frontseite verstellen lassen.

Das erste 3.5/35 erhielt auf der Frontseite neben der Gravur Nippon Kogaku die Herkunftsbezeichnung "Tokyo", auf die Unterseite kam der Hinweis "Made in Occupied Japan" - ein Beleg, daß dieses Objektiv noch während der US-Besetzung Japans hergestellt wurde.

Insgesamt gingen ca. 20.000 3.5/35-Objektive in Serie, davon ist die Occupied-Tokyo-Version besonders bei den Nikon-Sammlern gefragt, denn von diesem Objektiv existierten nur ca. 2.400 Exemplare.

Nikkor 3.5/35-Tokyo chrom: BCO 02 102-1.

Die Veränderungen bei der zweiten Bauart des 3.5/35 waren nur minimal, die Blendenreihe wurde auf 22 erweitert, und der Hinweis "MIOJ" auf das amerikanische Besatzungsstatut fiel weg, dafür stand "Japan" statt "Tokyo" als Herkunftsbezeichnung auf der Frontseite. 8000 von diesem 3.5/35-Typ wurden gefertigt, extrem selten sind schwarzlackierte Ausführungen.

Nikkor 3.5/35-Japan chrom: BCO 02 102-2.
Nikkor 3.5/35-Japan schwarz: BCO 02 102-3.

Mit einem identischen optischen Aufbau und einem geringeren Gewicht, dafür aber mit einer modernisierten Fassung und einem zweiten 43-mm-Filtergewinde kam die dritte und letzte Version auf den Markt. Hier fehlt der breite Riffelring, das Design orientiert sich an dem neueren 2.5/35-mm-Nikkor. Zwei Ausführungen konnte der Nikon-Kunde wählen, chrom oder schwarz.

Nikkor 3.5/35-Japan (letzte Version) chrom: BCO 02 102-4.
Nikkor 3.5/35-Japan (letzte Version) schwarz: BCO 02 102-5.

Schraubanschlußversion M39: Gleiches Chrom-Design mit Einstellhebel wie das 25er- und 28er-Schraubgewinde-Nikkor, Filtergewinde 34.5 mm, Blenden 3.5 bis 22, 1 Meter Mindesteinstellung.

Nikkor 3.5/35-Tokyo chrom M39: BCO 02 102-6.
Nikkor 3.5/35-Japan chrom M39: BCO 02 102-7.

Nikkor 3.5/35, frühe Version.

Nikkor 3.5/35, spätere Version, chrom.

Nikkor 3.5/35 mit Schraubgewindeanschluß, an einer Seiki-Canon.

Stereo-Nikkor 3.5/35 an einer Nikon S2, Modell 1.

Stereo-Nikkor, Frontansicht.

Stereo-Nikkor 3.5/35

Brennweite: 35 mm
Bildwinkel: 45° 50' (pro Objektiv)
Blenden: 3.5 bis 16
Distanzskala: ∞ - 1 m
Linsen/Gruppen: 4/3
Filtergewinde: Spezialbajonett für 40.5 mm
Erscheinungsjahr: 1956
Gewicht: 198 g

In den fünfziger Jahren erlebte die Stereo-Fotografie einen starken Boom, sie ermöglichte "räumliches Sehen", dafür wurde aber eine spezielle Aufnahmetechnik benötigt. Nippon Kogaku beschloß Ende 1956, ein Stereo-Objektiv herauszubringen, es wurde eines der seltensten Nikkore.

Das doppeläugige und aufwendig konstruierte Objektiv zeichnete zwei 17x24 mm große Negative. Zum Nikon Stereo-Outfit gehörte laut Preisliste 1958 neben dem Objektiv der Prismenvorsatz, ein L38-Filter, der Stereo-Sucher und ein Leder-Etui. Komplett kostete diese Ausrüstung 274 Dollar, ein Stereo-Betrachter aus Plastik und die ungewöhnliche Sonnenblende mußten extra bezahlt werden.

Das Spezialobjektiv wurde nach dem Bau von ca. 150 bis 190 Einheiten eingestellt.

Erwähnenswert ist auch ein Stereo-Nikkor mit halbrund gravierten Daten auf der Frontseite - vergleichbar dem von Leitz-Canada gebauten Stemar 3.5/33 mm - es unterscheidet sich damit von den anderen Stereo-Nikkoren.

Stereo-Nikkor 3.5/35 mm Japan chrom (Ausführung mit halbrund gravierten Objektivdaten): BCO 02 601-1.

Stereo-Nikkor 3.5/35 mm Japan chrom (mit geradlinig gravierten Objektivdaten): BCO 02 601-2.

Nikkor 2.5/35

Brennweite: 35 mm
Bildwinkel: 62°
Blenden: 2.5 bis 22
Distanzskala: ∞ - 91 cm
Linsen/Gruppen: 6/4
Filtergewinde: 43 mm und 26.5 mm (Innengewinde)
Erscheinungsdatum: 1. September 1952
Gewicht: 198 g (chrom), 106 g (schwarz)

1952 brachte Nippon Kogaku ein für diese Zeit relativ lichtstarkes und mit 140 Dollar preisgünstiges Weitwinkel auf den Markt - ein 35er mit der Anfangsöffnung 2.5. Dieses Objektiv entwickelte sich durch die guten Abbildungseigenschaften zu einem Favoriten unter den Nikon-Fotografinnen und -Fotografen und verließ 28000mal die Fließbänder in Tokyo. Auch hiervon gab es eine chromfarbene Ausführung sowie eine sehr leichte Bauart in schwarzer Fassung. Nachteil: Wie der lichtschwache Vorgänger 3.5/35 besaß der Neuling noch die umständliche Blendeneinstellung innerhalb der Objektiv-Vorderseite. Frühe Typen besitzen einen glatten Bajonettwechselring, die spätere Bauart unterscheidet sich durch einen griffigeren Rändelring.
Nikkor 2.5/35-Japan chrom: BCO 02 103-1.
Nikkor 2.5/35-Japan schwarz: BCO 02 103-2.

Einige Objektive (nur in schwarz) sind bekannt, bei denen wie beim 1.8/35 der Blendenring wie der Entfernungsring angeordnet wurde, sie stehen bei den Sammlern durch die geringe Verbreitung hoch im Kurs.
Nikkor 2.5/35-Japan schwarz mit äußerem Blendenring:
   BCO 02 103-3.

Das 2.5/35 erschien auch mit einer Fassung für Schraubgewinde-Kameras. Die technischen Daten und das Design wichen nicht von der Chrom-Ausführung mit Nikon-Anschluß ab.
Nikkor 2.5/35-Japan chrom M39: BCO 02 103-5.

Nikkor 2.5/35 schwarz

Nikkor 2.5/35 in der Fassung mit Schraubgewinde.

Meßsucherobjektive

Nikkor 1.8/35

Nikkor 1.8/35 mit Schraubgewinde.

Nikkor 1.8/35

Brennweite: 35 mm
Bildwinkel: 62°
Blenden: 1.8 bis 22
Distanzskala: ∞ - 91 cm
Linsen/Gruppen: 7/5
Filtergewinde: 43 mm
Erscheinungsdatum: Januar 1956
Gewicht: 156 g

Mit dieser Neuvorstellung bewies Nippon Kogaku, daß sich hohe Lichtstärke und gute Bildwiedergabe nicht ausschließen müssen. Das nur mit einer schwarzen Fassung gefertigte Nikkor erfreute besonders die Bildreporter und ermöglichte scharfe Negative auch bei ungünstigen Beleuchtungsverhältnissen. Positiv war auch der Trend, das 1.8/35 mit einem griffigen Berg-und-Tal-Entfernungsring auszustatten und die umständliche Blendenverstellung (wie beim 2.5/35) abzuschaffen - das 26.5-mm-Innengewinde ist bei diesem Objektiv nicht mehr vorhanden. Zwei Unterschiede beziehen sich auf den Blendenring, ihn gab es einmal chromfarben, andererseits auch schwarz. Die Fertigung begann ab Nummer 351 801 aufwärts und endete nach ca. 8000 Exemplaren. Nikon lieferte zu dem Objektiv eine spezielle Metall-Sonnenblende mit Schnappverschluß und den eingravierten Objektivdaten.

Dieses Available-light-Nikkor macht sich besonders gut an einer SP oder S3, es ist der Beleg, daß Nikon Mitte der fünfziger Jahre unter den Kameraherstellern auch optisch einen Spitzenplatz erreicht hatte.
Nikkor 1.8/35-Japan schwarz: BCO 02 104-1.

Das 1.8/35 wurde auch in einer Serie mit Schraubanschluß aufgelegt. Äußerlich zeigt es mit dem Bajonett-Nikkor wenig Ähnlichkeiten. Der Chrom-Sockel bekam eine schwarz abgesetzte Blendeneinheit, für die Scharfstellung wurde ein Hebel angebaut.
Nikkor 1.8/35-Japan schwarz M39: BCO 02 104-5.

Nikkor 1.1/50 (Innenbajonett)

Brennweite: 50 mm
Bildwinkel: 46°
Blenden: 1.1 bis 22
Distanzskala: ∞ - 91 cm
Linsen/Gruppen: 9/6
Filtergewinde: 62 mm
Erscheinungsdatum: Februar 1956
Gewicht: 348 g

Im Februar 1956, die Nikon SP lag schon fertig auf den Reißbrettern, erschien ein aufsehenerregendes Objektiv, ein Nikkor mit der Lichtstärke von 1:1.1! Es war das japanische Gegenstück zu Canons 1.2/50 (das im gleichen Jahr erschien) und dem Zunow 1.1/50 mm. Canon konterte 1961 mit einem noch spektakuläreren 0.95/50 mm. Der Nikkor-Neunlinser mit der beeindruckenden Glasfront kostete damals 300 Dollar. Das "1.1" ist der Traum aller Fotografen, die sich für Nikon-Meßsucherkameras interessieren.

Das Nikkor läßt sich wie ein 1.4/50 in das Bajonett einsetzen, benutzt also das Innenbajonett wie beim 1.4/50-Nikkor, dabei bleibt die Schärfentiefenskala am Bajonettring sichtbar. Die Entfernungs- und Blendeneinstellfassung wurde schwarz gehalten, der Filterring bekam einen deutlichen Chromrand.

Nikon lieferte für das 1.1/50 eine gigantische Sonnenblende mit Öffnungslücken für die Meßsucher-Einstellung mit dem Entfernungsmesser. Produktion: 1200 Stück, ab Nr. 121 000.
Nikkor 1.1/50-Japan schwarz (Innenbajonett): BCO 02 201-1.

Optisch gleich, aber mit einer anderen Fassung, ging das 1.1/50 für das Innenbajonett in einer Auflage für Schraubanschluß-Kameras in die Serie. Deutlich breiterer Chrom-Filterring als beim Nikkor für die Nikon-Kameras mit langen Markierungsstrichen für die Blendenwerte, silberne Tiefenschärfenskala, andere Mindesteinstellung (1 m). Geschätzte Produktion: 300 Stück.
Nikkor 1.1/50-Japan schwarz (Innenbajonett) M39: BCO 02 201-5.

Als Versuchsobjektiv fertigte Nippon Kogaku für die Kameras der S-Serie einen hochlichtstarken Achtlinser. Dieses verhältnismäßig flache Nikkor kam nicht auf den Markt. Technische Daten sind nicht bekannt.
Nikkor 1.0/50 mm (Versuchsobjektiv): BCO 02 201-9.

Nikkor 1.1/50 schwarz

Meßsucherobjektive

Nikkor 1.1/50 (Außenbajonett)

Brennweite: 50 mm
Bildwinkel: 46°
Blenden: 1.1 bis 22
Distanzskala: ∞ - 91 cm
Linsen/Gruppen: 9/6
Filtergewinde: 62 mm
Erscheinungsdatum: Juli 1958
Gewicht: 397 g

Eine zweite 1.1-Ausführung kam 1958, sie hinterläßt an der Kamera einen wesentlich stabileren Eindruck. Bei diesem Typ wird z. B. wie beim Einsatz des 135er-Tele der Außenbajonettanschluß der Kamera genutzt. Der Blendenring liegt gut greifbar unterhalb des Filtergewindes, und eine breite Skala informiert über die Schärfentiefe. Auch diese Version kam nur mit schwarzer Einstellfassung auf den Markt. Nikon lieferte als Zubehör eine "normale" Sonnenblende mit eingravierten Objektivdaten.

Von diesem zweiten superlichtstarken Nikkor wurden 1800 Einheiten hergestellt, ab Nr. 140 700. Durch das gefälligere Aussehen zusammen mit der Kamera ist diese zweite Version bei Sammlern noch gesuchter.

Nikkor 1.1/50-Japan schwarz (Außenbajonett): BCO 02 201-1.

Nikkor 1.1/50 (Außenbajonett) an einer SP mit Belichtungsmesser.

Nikkor 1.4/50 (Tokyo)

Brennweite: 50 mm
Bildwinkel: 46°
Blenden: 1.4 bis 16
Distanzskala: ∞ - 91 cm
Linsen/Gruppen: 7/3
Filtergewinde: 43 mm
Erscheinungsdatum: März 1950
Gewicht: 190 g

Mit der Vorstellung der Nikon M im März 1950 ging auch das 1.4/50 in die Produktion - es wurde das meistgebaute Nikkor für die Nikon-Rangefinder-Reihe. Jetzt stimmte wieder alles, das Filtergewinde (43 mm), die Blendenwerte (bis 16) und die Abbildungsleistung, obwohl bei offener Blende keine Wunder erwartet werden durften.

Die ersten Objektive (nur in Chrom) liefen noch zur US-Besatzungszeit von den Produktionsbändern, aus diesem Grund hatten sie die Tokyo-Gravur und den MIOJ-Hinweis. Insgesamt 8000 Objektive stammen aus dieser Zeit.
Nikkor 1.4/50-Tokyo chrom: BCO 02 202-1.

Das erste 1.4/50 (Tokyo) lief parallel zur Produktion für die Nikon auch mit einer Fassung für Schraubgewinde-Kameras vom Band.
Nikkor 1.4/50-Tokyo chrom M39: BCO 02 202-5.

Die zweite Serie (ab 1953) erreichte (nach Produktionszahlen) die Spitzenauflage von fast 100000 Exemplaren. Diese Nikkore mit der Gravur "Nippon Kogaku Japan" standen bis 1962 in den Nikon-Verkaufslisten. Es gab neben der Chromversion andere Bauarten mit Aluminium (nur 800 Exemplare, davon 500 in schwarz).
Nikkor 1.4/50-Japan chrom oder schwarz: BCO 02 202-2.
Nikkor 1.4/50-Japan Alu chrom oder schwarz: BCO 02 202-3.

Schraubgewinde-Version des 1.4/50 in Chrom mit der Gravur "Japan".
Nikkor 1.4/50-Japan chrom M39: BCO 02 202-6.

Das schönste 1.4/50-Nikkor ist zweifellos das zuletzt vorgestellte Objektiv dieser Baureihe, es kam drei Jahre nach der Nikon F-Vorstellung und unterschied sich von allen Vorgängern durch die besonders hohe Bauart - dadurch ergab sich auch ein geringfügig anderer Linsenaufbau. An einer schwarzen SP oder S3 sieht es besonders gut aus und ist in Nikon-Sammlerkreisen sehr begehrt. 1964 war Ende der Produktion, nur 2000 dieser Sonderobjektive konnten erworben werden.
Nikkor 1.4/50-Japan schwarz (hohe Bauart): BCO 02 202-8.

Nikkor 1.4/50 schwarz

Nikkor 1.4/50 mit Schraubgewindeanschluß, an einer Canon VT de Luxe.

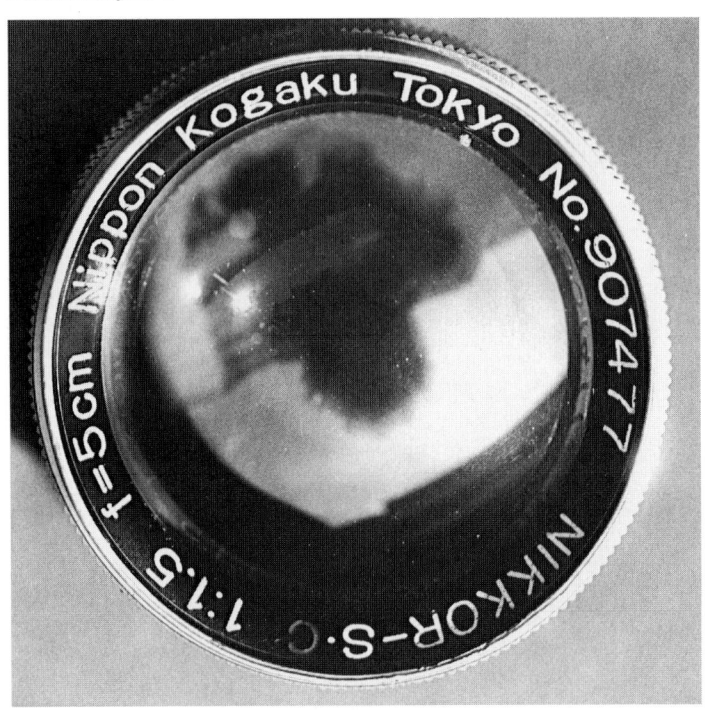

Nikkor 1.5/50

Brennweite: 50 mm
Bildwinkel: 46°
Blenden: 1.5 bis 11
Distanzskala: ∞ - 91 cm
Linsen/Gruppen: 7/3
Filtergewinde: 40.5 mm
Erscheinungsjahr: 1950
Gewicht: 187 g

1949 entwickelte Nippon Kogaku sein erstes lichtstarkes Normal-Objektiv 1.5/50, vermutlich in Konkurrenz zum Zeiss-Sonnar gleicher Lichtstärke. Nur 800 Stück gingen in Serie, da Nikon in der Lage war, ein noch lichtstärkeres Objektiv ab 1950 zu bauen. Als Besonderheit zählt die Blendenreihe, sie reicht nur bis zum Wert 11.
Nikkor 1.5/50-Tokyo chrom: BCO 02 203-1.

In der "General List", der Verkaufsliste von Nippon Kogaku, wurde es nicht aufgeführt, trotzdem sind einige Exemplare des 1.5/50 mit dem Schraubgewinde bekannt.
Nikkor 1.5/50-Tokyo chrom M39: BCO 02 203-5.

Nikkor 1.5/50 Tokyo

Nikkor 1.5/50 mit den Nummern 905 99 und 905 100.

Collapsible-Nikkor 50 mm

Brennweite: 50 mm
Bildwinkel: 46°
Blenden: 2 bis 16
Distanzskala: ∞ - 91 cm
Linsen/Gruppen: 6/3
Filtergewinde: 40.5 mm
Erscheinungsjahr: 1946
Gewicht: 136 g

Dieses lichtstarke Standardobjektiv gehörte 1948 zur Nikon I und war eine zeitlang auch die Normalbrennweite der Nikon M. Das gleiche Objektiv bewährte sich bereits 1939 in einer anderen Fassung an den frühen Canon-Meßsucherkameras. Als Bauart-Vorbild diente das Sonnar 2/50 der deutschen Contax (gleicher Linsenaufbau und gleiches 40.5-Filtergewinde). Vielleicht ist dieses Japan-Sonnar noch ein Überbleibsel aus der Zusammenarbeit des damaligen Deutschen Reiches mit Japan. Das erste, hier beschriebene 2/50 ließ sich zusammenschieben und machte dadurch die Einheit Kamera-Objektiv sehr kompakt.

Der weich zeichnende Sechs-Linser wurde noch zur Zeit der US-Besatzung gebaut und erhielt dadurch die Gravur MIOJ, auf dem Frontring stand Nippon Kogaku Tokyo.

Nach Informationen japanischer Sammler verließen ca. 3000 Collapsible-Nikkore die Montagebänder. Ein Kauf ist nur lohnend, wenn auch eine Nikon I oder Nikon M zur Sammlung gehört.
Collapsible-Nikkor 2/50-Tokyo chrom: BCO 02 204-1.

Das versenkbare 2/50 (Tokyo) war auch in einer Ausführung für das Schraubgewinde zu bekommen. Bei den Nicca-Modellen Original, III und IIIA gehörte es zur Standardausrüstung. Bei den Nikon-Sammlern steht es auch mit dieser Anschluß-Fassung hoch in Kurs.
Collapsible-Nikkor 2/50-Tokyo chrom M39: BCO 02 204-5.

Das Collapsible-Normalobjektiv erschien kurz vor Produktionsende 1949 in einer starr gebauten Version. Hierbei setzten die Konstrukteure zwischen dem Bajonettanschlußteil und der Vorderfront ein fest montiertes Zwischenstück, dadurch konnte dieses Nikkor nicht mehr im Kamerakörper versenkt werden. Etwa 800 dieser Ausführungen könnten produziert worden sein.
Non-Collapsible Nikkor 2/50-Tokyo chrom: BCO 02 204-2.

Bei der Vorstellung der Nikon I erwähnte Nippon Kogaku auch ein 50-mm-Nikkor mit der Lichtstärke 1.8. Diese lichtstärkere Bauart mit einer dem 2/50 vergleichbaren optischen Rechnung ging nicht in Serie, allerdings sind einige dieser Vorserien-Exemplare bekannt.
Collapsible-Nikkor 1.8/50-Tokyo chrom: BCO 02 204-9.

Collapsibel-Nikkor 2/50

Non-collapsible Nikkor 2/50

Meßsucherobjektive

Nikkor 2/50 mit Schraubgewinde

Nikkor 2/50 chrom

Nikkor 2/50 schwarz

Collapsible-Nikkor 50 mm (Forts.)

Einige wenige 50-mm-Nikkore mit der Lichtstärke 3.5, die eigentlich für die früher produzierten Canon-Kameras mit Hansa-Canon-Bajonett und Schraubgewinde gedacht waren, wurden für die ersten Nikon-Kameras mit Nikon-Bajonett ausgestattet. Diese Vierlinser (Q) sind extrem selten, tauchten in keiner Export-Preisliste auf und spielen eine Sonderrolle.

Collapsible-Nikkor 3.5/50-Tokyo chrom (mit Nikon-Anschluß):
   BCO 02 204-3.
Collapsible-Nikkor 3.5/50-Tokyo chrom (M39): BCO 02 204-4.

Als Weiterentwicklung - das Collapsible-Nikkor war für die Fotografen zu umständlich - fertigte Nippon Kogaku das 2/50-mm-Objektiv ab 1950 in einer starren Bauweise. Gewicht: 184 Gramm. Leider ging das Werk nicht dazu über, auch das Filtergewinde auf den Nikon-Standard 43 mm zu vergrößern, es blieb bei 40.5 mm wie beim Vorgänger, dafür wurde die Abbildungsqualität gesteigert. Trotz der massiveren Bauart blieb es bei der bisher verwendeten optischen Rechnung. Ca. 6000 Einheiten wurden von 1950 bis 1953 mit der Tokyo-Gravur hergestellt.

Nikkor 2.0/50-Tokyo chrom (erste Version): BCO 02 205-1.

Auch eine Ausführung des ersten 2/50-Nikkor mit dem M39-Schraubanschluß und der Gravur "Tokyo" kam in den Handel.

Nikkor 2/50-Tokyo chrom M39 (erste Version): BCO 02 205-5.

Mit dem Ende der amerikanischen Besatzungszeit 1953 erschien diese Version des 2/50 mit der Japan-Gravur. Bis zum Produktionsende Anfang der sechziger Jahre gab es geringfügige Änderungen. Neben der Chromversion wurde dieses Nikkor mit einer schwarzen Fassung geliefert. Mit der Verwendung von Aluminium trug Nippon Kogaku dem Wunsch der Fotografen nach leichteren Ausrüstungen Rechnung. Nach den Produktionszahlen verließen 90.000 2/50-Nikkore einschließlich der Schraugewindeversionen das japanische Werk.

Nikkor 2/50-Japan chrom: BCO 02 205-2.
Nikkor 2/50-Japan schwarz: BCO 02 205-3.

Mit dem 2/50 in starrer Ausführung verließen auch Schraubversionen dieses Nikkors die Produktionsstätten. Die Objektive erschienen fast nur in der Chromausführung, relativ selten sind Schraub-Nikkore 2/50 mit einem schwarzen Blendenring. Auch hier mußten Filter der Größen 40.5 mm eingedreht werden.

Nikkor 2/50-Japan chrom M39: BCO 02 205-6.
Nikkor 2/50-Japan schwarz M39: BCO 02 205-7.
Nikkor 2/50-Japan chrom (schwarzer Blendenring) M39:
   BCO 02 205-8.

Micro-Nikkor 3.5/50

Brennweite: 50 mm
Bildwinkel: 46°
Blenden: 3.5 bis 22
Distanzskala: ∞ - 91 cm (eingeschoben), 45 bis 91 cm (ausgezogen).
Linsen/Gruppen: 5/4
Filtergewinde: 34.5 mm
Erscheinungsdatum: 22. November 1956
Gewicht: 144 g

Nikons erstes Micro überraschte: einerseits war es als Normalobjektiv zu gebrauchen, andererseits hatte es Reserven für Reproarbeiten, so z. B. mit dem Nikon-Repro-Copy-Outfit oder dem Balgengerät. Mit der Naheinstellung war die Nikon-Meßsucherkamera - allein schon durch den fehlenden Parallaxenausgleich - überfordert. Was Reflex-Fotografen verwundern wird: das spätere 3.5/55-Micro für die Nikon F/F2 (ein Referenzobjektiv für Bildschärfe) hatte exakt den gleichen optischen Aufbau. Ein Aufsatzteil (Zubehör) ermöglicht eine bessere Blendenbedienung. Gebaut ab Nummer 523 000.
Micro-Nikkor 3.5/50-Japan chrom: BCO 02 602-1.

Nikons erstes Micro ging auch in Schraubausführung in die Produktion. Änderungen gegenüber dem Bajonett-Nikkor: Entfernungseinheit schwarz abgesetzt und mit größerem Durchmesser gebaut, die optischen Daten sind gleich.
Micro-Nikkor 3.5/50-Japan chrom/schwarz M39: BCO 02 602-5.

Micro-Nikkor 3.5/50

Meßsucherobjektive

Nikkor 1.5/85

Nikkor 1.5/85 mit Schraubgewindeanschluß.

Nikkor 1.5/85

Brennweite: 85 mm
Bildwinkel: 28° 30'
Blenden: 1.5 bis 32
Distanzskala: ∞ - 1 m
Linsen/Gruppen: 7/3
Filtergewinde: 60 mm
Erscheinungsdatum: Januar 1951
Gewicht: 546 g

Nur drei Jahre nach der Präsentation der ersten Nikon-Kleinbildkamera trat Nippon Kogaku mit dieser superlichtstarken Rechnung den Beweis an, mit dem vergleichbaren Leitz-Summarex mithalten zu können. Das schwere Teleobjektiv mit der großen Öffnung war bei offener Blende kein Scharfzeichner, erst abgeblendet auf 2 machte es "eine gute Figur". Eine weitere Besonderheit: es ließ sich bis auf den Wert 32 abblenden. Von diesem, nur in schwarz ausgelieferten Nikkor gab es 2000 Einheiten, für fast 300 Dollar war es zu haben. In der Oberflächenbehandlung der Einstellfassung gab es Unterschiede, sie sind jedoch nicht weiter erwähnenswert. Dazu passend gab es eine massive, ebenfalls schwarze Metall-Sonnenblende, die sich auch umgekehrt auf das Objektiv setzen ließ. Nach dem Studium alter Unterlagen begann die Produktion mit der Nummer 264000 und endete mit 266000.
Auch dieses Objektiv steht wie das 21er, das 1.8/35 und die 1.1/50-Typen ganz oben auf der Wunschliste der Sammler.
Nikkor 1.5/85-Japan schwarz: BCO 02 401-1.

Schraubanschluß-Version des lichtstarken 1.5/85, in Design und Ausführung mit der Version für Nikon-Meßsucherkameras vergleichbar, äußerlich an dem hohen chromfarbenen Sockel erkennbar.
Nikkor 1.5/85-Japan schwarz M39: BCO 02 401-5.

Das 1.5/85 war auch in einer Contax-Ausführung erhältlich, als Kennzeichen diente ein graviertes C auf der Unterseite des Objektivkörpers.
Nikkor 1.5/85-Japan schwarz (Contax-Anschluß): BCO 02 401-8.

Nikkor 2.0/85

Brennweite: 85 mm
Bildwinkel: 28° 30'
Blenden: 2 bis 16
Distanzskala: ∞ - 1 m
Linsen/Gruppen: 5/3
Filtergewinde: 48 mm
Erscheinungsdatum: März 1948
Gewicht: 425 g

Dieses Objektiv verschaffte durch seine Abbildungsqualität der bis dahin noch nicht bekannten Firma Nippon Kogaku Kogyo Kabushiki Kaisha Weltruf. Eingesetzt im Korea-Krieg, verhalf es den Fotoreportern zu scharfen und sauber durchgezeichneten Negativen. Vorgestellt wurde es 1948 mit der "Eins". Für damalige Verhältnisse ist es sehr lichtstark und kompakt. Das Teleobjektiv läßt sich nach einiger Übung schnell an das Außenbajonett der Nikon-Kameras befestigen.
Nikkor 2/85-Tokyo chrom: BCO 02 402-1.

Nach dem Ende der US-Besatzung kam auf den Frontring des Chrom-85er statt "Tokyo" der Hinweis "Japan".
Nikkor 2/85-Japan chrom: BCO 02 402-2.

Nikon baute das beliebte Teleobjektiv auch mit einer schwarzen Einstellfassung, hierbei gibt es noch Unterschiede in der Riffelung des Scharfstellrings.
Das schwarze 85er schaffte in der langen Bauzeit eine imposante Stückzahl: 19 000 Exemplare.
Nikkor 2/85-Japan schwarz: BCO 02 402-3.

Wie das Bajonett-Nikkor konnte auch das legendäre 2/85 mit dem Schraubanschluß erworben werden. Zwei Versionen wurden produziert: die Chromausführung und die modernere schwarze Fassung.
Nikkor 2/85-Tokyo chrom M39: BCO 02 402-5.
Nikkor 2/85-Japan chromM39: BCO 02 402-6.
Nikkor 2/85-Japan schwarz M39: BCO 02 402-7.

Besitzer der deutschen Contax-Kamera, die Nikkor-Objektive verwenden wollten, bekamen die Teleobjektive 1.5/85, 2/85, 2.5/105 und 3.5/135 auch mit diesem, nur geringfügig modifizierten Bajonettanschluß. Als Kennzeichen gravierte das Werk ein C (= Contax) auf die Unterseite der Fassung. Äußerlich unterschieden sich diese Versionen nicht von der normalen Nikkor-Produktion.
Nikkor 2/85-Tokyo chrom (mit Contax-Anschluß): BCO 02 402-8.
Nikkor 2/85-Japan chrom (mit Contax-Anschluß): BCO 02 402-9.

Nikkor 2/85 Tokyo

Nikkor 2/85 schwarz

Meßsucherobjektive

Nikkor 2.5/105

Nikkor 2.5/105 mit Schraubgewindeanschluß an einer Leica.

Nikkor 2.5/105

Brennweite: 105 mm
Bildwinkel: 23° 20'
Blenden: 2.5 bis 32
Distanzskala: ∞ - 1.20 m
Linsen/Gruppen: 5/3
Filtergewinde: 52 mm
Erscheinungsdatum: 16. November 1953
Gewicht: 524 g

Im November 1953 - mit der Etablierung der Nippon Kogaku-Vertetung im wichtigsten Exportland USA - stellte Nikon ein modernes Objektiv vor, das große Anerkennung einbrachte und noch heute mit einem geringfügig geänderten Linsenaufbau (als Reflexobjektiv) produziert wird: das 2.5/105. Dieser Fünflinser mit einer Abblendmöglichkeit bis 32 konnte als erstes Nikkor das spätere Standardfiltergewinde 52 mm vorweisen, es ging ausschließlich mit einer schwarzen Einstellfassung in die Serienproduktion.
Ca. 21.000 bis 23.000 dieser superscharfen Gläser kamen in die Verkaufsregale.
Nikkor 2.5/105-Japan schwarz: BCO 02 403-1.

Mit einem hohen Chrom-Sockel lieferte Nippon Kogaku das beliebte 105er für das Schraubgewinde. Ansonsten keine Veränderungen zum Bajonett-Typ.
Nikkor 2.5/105-Japan schwarz M39: BCO 02 403-5.

Mit einem gravierten "C" als Erkennungszeichen baute Nippon Kogaku das 105er mit einem speziellen Contax-Anschluß.
Nikkor 2.5/105-Japan schwarz (Contax-Anschluß): BCO 02 403-8.

Nikkor 4/105

Brennweite: 105
Bildwinkel: 23° 20'
Blenden: 4 bis 16
Distanzskala: ∞ - 1.20 m
Linsen/Gruppen: 3/3
Filtergewinde: 34.5 mm
Erscheinungsjahr: 1959
Gewicht: 255 g

Dieses Objektiv ist eigentlich ein Kuriosum. In den offiziellen Prospekten und Verkaufslisten wurde es nicht aufgeführt. Wie eine Rakete verjüngt es sich ab Bajonettfassung bis zur Filterfassung. Das gleiche Nikkor lieferte Nikon mit einer Fassung für die ersten Spiegelreflexkameras F, Nikkormat FT und FS. Seltsam ist auch die Wahl des Filtergewindes 34.5 mm (durch die schlanke Bauart) und die eingravierte Blendenreihe auf dem silbernen Filterring. Es liegt nahe, daß Nikon dieses Objektiv aus dem Objektivkopf für das Balgengerät weiterentwickelte und damit dem Verbraucher ein preiswertes Nikkor anbieten konnte. Nummernbezifferung zwischen 406 000 und 411 000.
Nikkor 4/105-Japan schwarz: BCO 02 404-1.

Nikkor 4/105

Meßsucherobjektive

Nikkor 3.5/135 chrom

Nikkor 3.5/135 an einer Schraubgewinde-Minolta.

Nikkor 3.5/135

Brennweite: 135 mm
Bildwinkel: 18°
Blenden: 3.5 bis 16
Distanzskala: ∞ - 1.65 m
Linsen/Gruppen: 4/3
Filtergewinde: 43 mm
Erscheinungsdatum: März 1950
Gewicht: 510 g

Zusammen mit der Nikon M ging diese (nach Nikon-Angaben) lichtstärkere 135er-Version in die Serie, die optische Bauart orientierte sich allerdings immer noch am Zeiss-Sonnar gleicher Brennweite. Positiv war die Tatsache, daß dieses Tele-Nikkor ein 43-mm-Filtergewinde bekam.
Das erste 3.5/135er hatte keine Infrarot-Markierung, die Frontringbezeichnung lautete "Nippon Kogaku Tokyo", dazu kam der diskrete MIOJ-Hinweis. Hiervon wurden ca. 3000 Stück produziert.
Nikkor 3.5/135-Tokyo chrom: BCO 02 405-1.

Die Baureihe Typ 2 aus dem Jahre 1953 kam nach Ende der Besatzung in den Verkauf, also ohne MIOJ-Gravur. Unterhalb der Filterfassung steht dementsprechend "Nippon Kogaku Japan", hier zeigt sich auch eine "R"-Gravur für die Fokusverschiebung bei Benutzung mit Infrarot-Filmmaterial. Nikon veränderte das Tele in der laufenden Produktion durch eine leicht modifizierte Einstellfassung, so wurde die fein geriffelte Fläche durch eine grobere Ausführung "handlicher".
Nikkor 3.5/135-Japan chrom: BCO 02 405-2.

Zu den seltenen Vertretern gehört das 3.5/135 in einer schwarzlackierten Version.
Nikkor 3.5/135-Japan schwarz: BCO 02 405-3.

Durch das Angebot schwarzlackierter Kameragehäuse erfuhr auch das 135er eine Überarbeitung. Nun gab es dieses Nikkor mit einer gut greifbaren schwarzen Einstellfassung, der Filterring blieb chrom. Die Objektive mit der schwarzen Fassung überzeugten durch eine sehr gute Verarbeitung. Insgesamt gab es von dieser Ausführung 26.000 Einheiten.
Nikkor 3.5/135-Japan schwarz: BCO 02 405-4.

Beim 135 mm dachte Nikon auch an die Besitzer von Kameras mit dem Schraubanschluß M39. Hierbei wurde auch die Fokusverschiebung vom Links-Anschlag (Nikon) auf Rechts-Verstellung (wie bei den Nikon-Konkurrenten Canon, Nicca und Leica) verändert.
Nikkor 3.5/135-Tokyo M39 chrom: BCO 02 405-5.
Nikkor 3.5/135-Japan M39 chrom: BCO 02 405-6.
Nikkor 3.5/135-Japan M39 schwarz: BCO 02 405-7.

Nikkor 3.5/135 (Forts.)

Mit einem "C" als Contax-Version erkennbar, sonst keine Veränderungen zum 135er mit Nikon-Anschluß.
Nikkor 3.5/135-Japan chrom (Contax-Anschluß): BCO 02 405-8.

1936 entwickelte die Ihagee-Dresden die erste Kleinbild-Spiegelreflexkamera, die legendäre Kine-Exakta. Die Nachfolgekameras entwickelten sich nach dem zweiten Weltkrieg in Europa und den USA zum Verkaufserfolg. Nikon erweiterte das ohnehin sehr reichhaltige Exakta- und Exa-Objektivprogramm 1950 durch ein Nikkor-135-mm-Teleobjektiv. Es bekam auf der Unterseite statt eines Anschlusses für die Nikon-Meßsucherkameras einen Exakta-/Exa-Bajonettanschluß. Die optischen Daten entsprachen dem Nikkor-Objektiv, durch den anderen Anschluß wurde das Objektiv um wenige Zentimeter kürzer. Das Exakta-Nikkor gab es nur in Chrom-Ausführung.

Aus konstruktiven Gründen gab es kein 85er und 105er mit dem Exakta-/Exa-Anschluß. Etwa 600 Exakta-Nikkore wurden hergestellt.
Nikkor 3.5/135-Japan chrom (Exakta-Anschluß): BCO 02 405-9.

Nikkor 3.5/135 an einer Spiegelreflex-Exakta.

Nikkor 3.5/135 mit einer schwarzen Einstellfassung, hier an einer S4 mit Zoom-Sucher.

Meßsucherobjektive

Nikkor 4/135 Tokyo

Nikkor 3.5/135 (Exakta-Anschluß). Siehe vorhergehende Seite.

Nikkor 4/135

Brennweite: 135 mm
Bildwinkel: 18°
Blenden: 4 bis 16
Distanzskala: ∞ - 1.65 m
Linsen/Gruppen: 4/3
Filtergewinde: 40.5 mm
Erscheinungsjahr: 1947
Gewicht: 510 g

1947 - das Werk befand sich in einer schwierigen Aufbauphase - wurde das ausschließlich in Chrom gebaute 4/135mm-Nikkor produziert. Nikon wollte damit wieder als Objektivlieferant Fuß fassen, mit diesem Angebot sollten die Contax-Fotografen angesprochen werden. Der optische Aufbau und das 40.5-mm-Filtergewinde ist mit dem 4/135-Zeiss-Sonnar aus dem Jahr 1932 identisch. Auch äußerlich erinnert die Bauweise an dieses meistverkaufte Teleobjektiv zur Contax.

Als ein Jahr später die erste Nikon-Kamera vorgestellt wurde, war dieses Nikkor die Tele-Ergänzung, bis es im März 1950 durch das Nikkor 3.5/135 abgelöst wurde.

Das 4/135 hat im Vergleich zum Nachfolger einen schmaleren Tubus ab der Einstellfassung. Die Gravuren auf dem Tokyo-Objektiv (nur feet, keine Infrarotmarkierung) und der Frontlinsenfassung sind sehr dünn markiert.

Für Sammler ist der Besitz dieses Nikkors reizvoll, nur ungefähr 900 Stück wurden hergestellt.

Nikkor 4/135-Tokyo chrom: BCO 02 406-1.

Einige ganz wenige Ausführungen vom fast identischen Vorgängertyp 4/135 sind gleichfalls mit dem Exakta-Anschluß versehen worden (siehe auch 3.5/135-Exakta).

Nikkor 4/135-Tokyo chrom (Exakta-Anschluß): BCO 02 406-9.

Nikkor 4-4.5/85-250/S-Anschluß

Brennweite: 85 - 250 mm
Bildwinkel: 28° 30' bis 10°
Blenden: 4 bis 16
Weitere Daten sind nicht bekannt.

Ausführung des späteren Zoom-Objektivs für die Nikon F (Drehzoom) in einer Anpassung für den Spiegelkasten der S-Serie. Ausgerüstet mit Übertragungsmöglichkeiten für den Drahtauslöser. In Nikon-Pressemitteilungen auch für die SP und S3 angekündigt, aber als Serienobjektiv nur in der Reflexversion gebaut. Dieser Prototyp verließ das Werk in einer speziellen Holzkiste mit einer flacher gebauten Sonnenblende im Vergleich zur Version für die Nikon F. In Europa ist nur ein Exemplar bekannt.
Nikkor 4-4.5/85-250 mm (Japan): BCO 02 301.

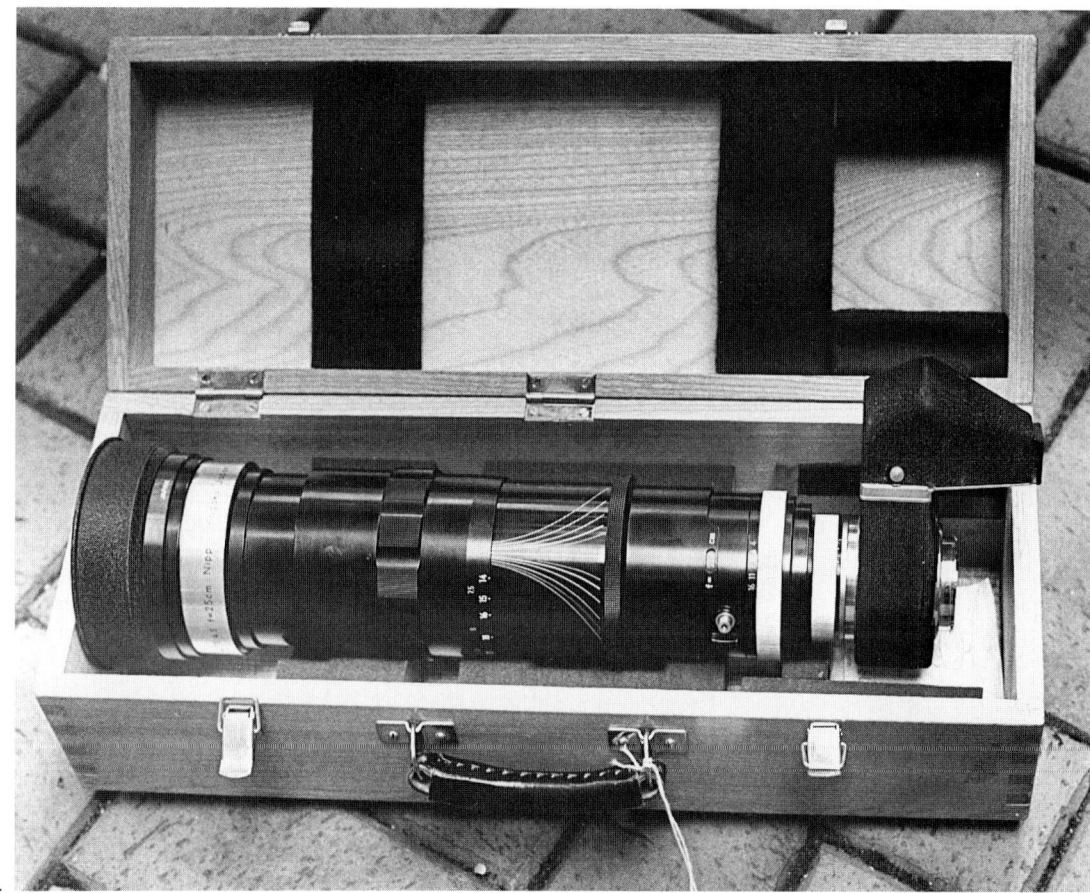

Nikkor 4-4.5/85-250
mit Anschluß für den Spiegelkasten.

Meßsucherobjektive

Nikkor 2.5/180 für Anschluß an den Spiegelkasten.

Nikkor 2.5/180

Brennweite: 180 mm
Bildwinkel: 13° 30' (Werksangabe)
Blenden: 2.5 bis 32
Distanzskala: ∞ - 2.20 m
Linsen/Gruppen: 6/4
Filtergewinde: 82 mm
Erscheinungsdatum: 16. November 1953
Gewicht: 1.7 kg

Ende November 1953 erfüllte Nippon Kogaku die Wünsche der Fotografinnen und Fotografen, denen das 135er noch nicht als Tele-Brennweite ausreiche und die 400 Dollar übrig hatten. Konstruktionsbedingt ist der Entfernungsmesser einer Meßsucherkamera bei längeren Brennweiten als 135 mm überfordert. Das 180er brauchte eine Zwischenlösung - und die hieß Spiegelkasten. Damit wurde aus den Nikon-Meßsucherkameras eine Spiegelreflexkamera. Nachteil: die Einheit war sehr unhandlich und benötigte eine Drahtauslöserüberbrückung - eine eingebaute Rastblende kombinierte mit einem zweiten Ring, damit bei offener Blende die Scharfstellung vorgenommen werden konnte. Trotzdem gefiel dieses außergewöhnlich lichtstarke Objektiv gerade den Sport- und Theaterfotografen.

Das 2.5/180-Tele-Nikkor-H war für drei verschiedene Aufnahmesysteme vorgesehen: einmal am Spiegelkasten für Nikon-Rangefinder, dann mit dem N/F-Adapter zum Anschluß an die Nikon-Reflexkameras und schließlich (mit einem anderen Anschlußring) an der Mittelformatkamera Zenza Bronica, für die Nippon Kogaku größtenteils die Objektive lieferte. Das 180er ging mehrfach in die Überarbeitung, daher sind verschiedene Versionen bekannt, insgesamt wird eine Auflage von 1200 Exemplaren geschätzt, dazu kommen noch ca. 800 Objektive für die Zenza Bronica.
Nikkor 2.5/180-Japan schwarz: BCO 02 407-1.

Die Nikkor-"Glasklötze" 2.5/180, 4/250 und 5/500 sind nicht nur für die Nikon-Spiegelkästen vorgesehen. Nippon Kogaku baute als weiteres Angebot an diese Objektive einen Anschluß für das Schraubgewinde M39, damit konnten Spiegelkästen anderer Hersteller wie Leitz und Canon oder die von Fremdherstellern wie Novoflex oder Miranda-Mirax genutzt werden. Des weiteren gab es einen Nikon F-Anschluß der Schraubausführungen von den 180-, 250- und 500-Nikkoren über den L/F-Adapter.
Die Schraubversionen unterschieden sich nicht optisch oder bauartmäßig von den Nikkoren mit Nikon-Spiegelkastenanschluß.
Nikkor 2.5/180-Japan schwarz M39: BCO 02 407-5.

Nikkor 4/250

Brennweite: 250 mm
Bildwinkel: 10°
Blenden: 4 bis 32
Distanzskala: ∞ - 3 m (Werksangabe)
Linsen/Gruppen: 4/3
Filtergewinde: 68 mm
Erscheinungsjahr: 1951
Gewicht: 915 g

Als erstes Spiegelkasten-Objektiv kam bereits 1951 dieses stärkere Tele-Nikkor. Wie alle Spiegelkasten-Nikkore erhielt es schwarze Einstellfassungen und ließ sich wie das 180er und 250er bis auf den Wert 32 abblenden.
Nikon baute es in zwei Varianten, einmal ohne den Hilfsring zur schnellen Blendenöffnung (1951), andererseits mit diesem Ring (Vorstellung im November 1958), vergleichbar dem 2.5/180.
Das 4/250 kam auch in das Zenza Bronica-Objektivprogramm und gehörte 1959 zur Objektivausrüstung der Bronica DeLuxe.
Nikkor 4/250-Japan schwarz (ohne Vorwahlring): BCO 02 408-1.
Nikkor 4/250-Japan schwarz (mit Vorwahlring): BCO 02 408-2.

Als weitere Ausgabe mit dem Schraubgewinde-Anschluß M39 bot Nippon Kogaku das 4/250 in seiner Verkaufsliste an, allerdings nur als Bauversion ohne den Vorwahlring.
Nikkor 4/250-Japan schwarz M39: BCO 02 408-5.

Nikkor 4/250 für den Anschluß an den Spiegelkasten.

Meßsucherobjektive

Nikkor 4.5/350

Brennweite: 350 mm
Bildwinkel: 7°
Blenden: 4.5 bis 22
Distanzskala: ∞ - 4 m
Linsen/Gruppen: 3/3
Filtergewinde: 82 mm
Erscheinungsjahr: 1959
Gewicht: 1.7 kg

Mit der offiziellen weltweiten Vorstellung von Nikons erster Spiegelreflexkamera, der "F" im Juni des Jahres 1959, kam dieses stärkere Teleobjektiv ins Angebot. Auch hier war bei Kameras der S-Serie der Spiegelkasten notwendig oder bei der Nikon F der N/F-Adapter.
Mit diesem Objektiv zielte Nikon besonders in das Lager der Reflexfotografen. Über einen Drahtauslöser mit "Brücke" läßt sich das Tele-Nikkor über das neue halbautomatische Blendensystem gut beherrschen. Ein weiterer Vorteil ist das verhältnismäßig günstige Gewicht durch die Verwendung von Aluminium. Auffällig ist der Chromring mit der eingravierten Blendenreihe und der Anschluß für den Drahtauslöser.
Nikon baute 650 Einheiten (ab Nummer 354 500), Versionen des 4.5/350 mit Schraubgewinde sind nicht bekannt. Dieses Objektiv etablierte sich schnell in der Anfangsphase der Nikon F bei den Reportage-Fotografen.
Nikkor 4.5/350-Japan schwarz: BCO 02 409.

Nikkor 4.5/350 für den Anschluß an den Spiegelkasten.

Nikkor 5/500

Brennweite: 500 mm
Bildwinkel: 5°
Blenden: 5 bis 45
Distanzskala: ∞ - 8 m
Linsen/Gruppen: 3/3
Filtergewinde: 110 mm
Erscheinungsdatum: 1. September 1952
Gewicht: 8.5 kg

Das zweitschwerste aller Objektive für Nikon-Meßsucherkameras kam schon 1952. Zur besseren Handhabung spendierte Nikon einen massiven Stativring mit Auflageteller, hier mußten immerhin 8.5 Kilogramm bewegt werden. Für den Transport gab es eine klotzige Holzkiste mit Schloß. Durch die hohe Lichtstärke konnte über den Spiegelkasten sehr leicht eingestellt werden, ein schweres Stativ vorausgesetzt. Der schwarze Dreilinser besitzt ein Blenden-Vorwahlsystem, vergleichbar dem 2.5/180. Zur weiteren Serienausstattung des 550 Dollar teuren Nikkors gab es eine schwere Metallsonnenblende und einen massiven Schutzdeckel.
Japanische Nikon-Sammler schätzen, daß nur ca. 300 dieser imposanten Nikkore die Werkshallen verlassen haben. Gebaut ab Nr. 647 000.
Nikkor 5/500-Japan schwarz: BCO 02 410-1.

Es ist kaum bekannt, daß Nikon dieses gewaltige Teleobjektiv auch für das Gewinde M39 anbot, die technischen Daten und die Bauart entsprechen dem Typ für die Nikon-Spiegelkästen.
Nikkor 5/500-Japan schwarz M39: BCO 02 410-5.

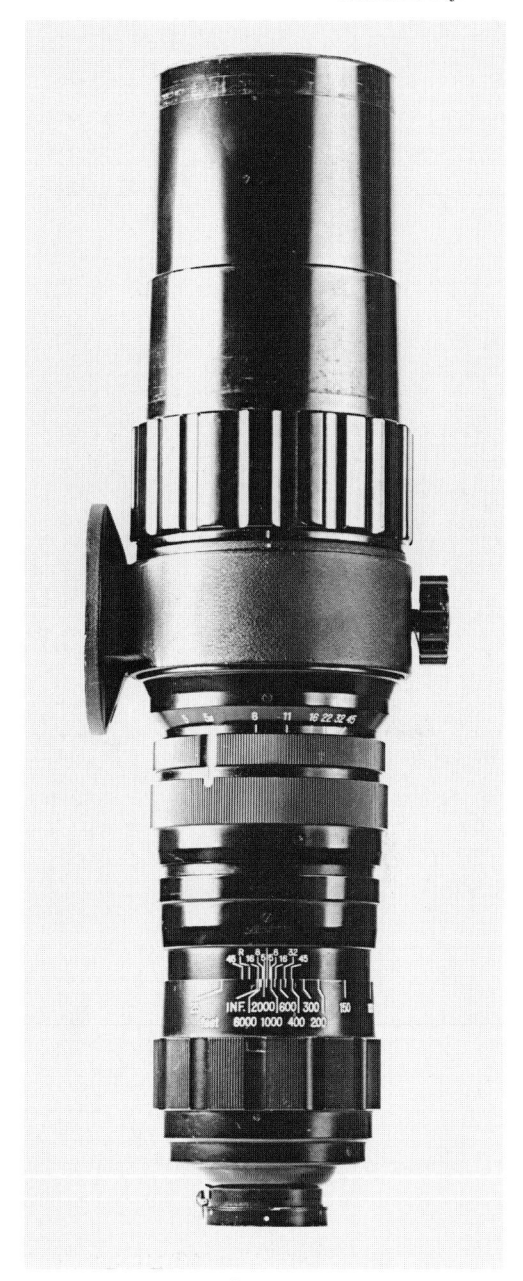

Nikkor 5/500 (Nr. 647 032) für den Anschluß an den Spiegelkasten.

Spiegel-Nikkor 6.3/1000

Wenige Monate nach der Vorstellung der Nikon F zeigte Nikon das bis dahin langbrennweitigste Objektiv, ein 1000-mm-Spiegelobjektiv mit der hohen Lichtstärke 1:6.3. Dieses 9.9 Kilogramm schwere Tele-Nikkor war von Anfang an für die Spiegelreflexkameras geplant, läßt sich aber auch an den Spiegelkasten der S-Serie anschließen. Zwei Ausführungen in schwarz und weiß sind bekannt. Technische Daten siehe Nikkore für die Nikon-Spiegelreflexkameras. Produktionsbestimmung für den Anschluß an den Spiegelkasten der Meßsucherkameras ab Nr. 100 631.

Nikkor 6.3/1000-Japan schwarz (Anschluß Spiegelkasten):
  BCO 04 491-20.
Nikkor 6.3/1000-Japan weiß (Anschluß Spiegelkasten):
  BCO 04 491-21.

Spiegel-Nikkor 6.3/1000, Schnittbild.

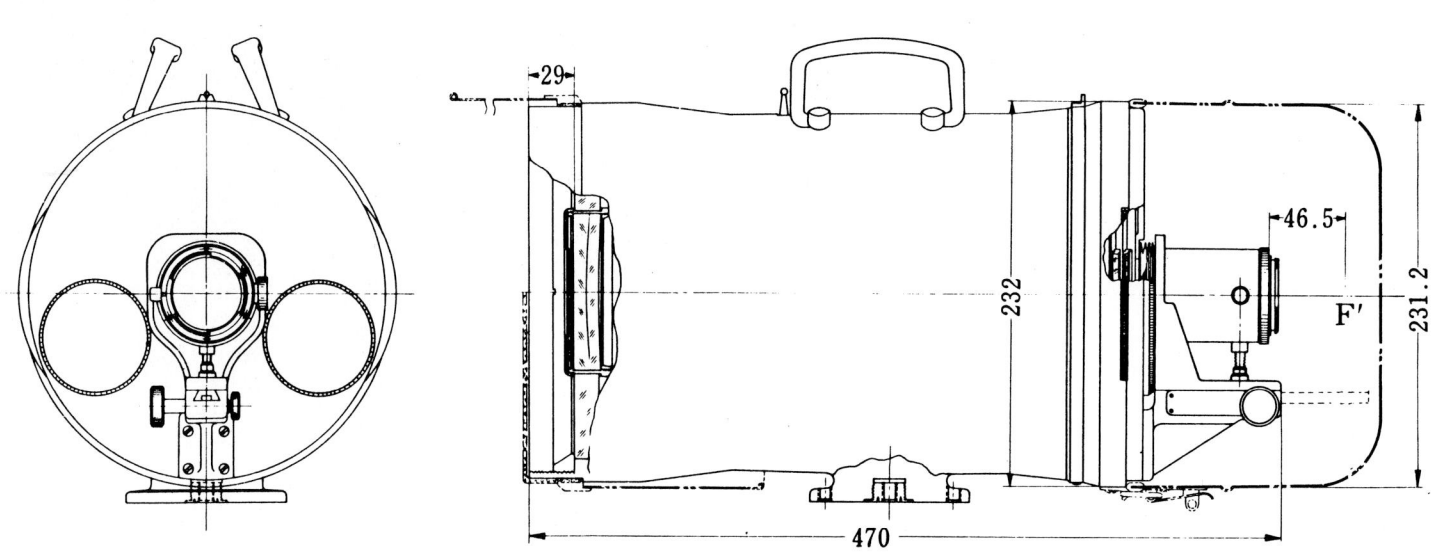

Meßsucherobjektive für die Canon

Für das Spezialbajonett der Hansa-Canon (Japans erster Kleinbild-Kamera mit einem Schlitzverschluß) lieferte Nikon bereits 1937 das Normalobjektiv, ein Nikkor 3.5/50 mm, später folgten für die Canon-Original, Canon S, Canon J (Popular Fukyu Model), Canon NS, Canon JS und die Spezialversion einer Canon-S (Seiki-Canon Japanese Navy Version) Nikkor-Normalobjektive mit den Lichtstärken 2.0, 2.8, 3.5 und 4.5. Bei der Entwicklung des Canon-Bajonetts leisteten Nikon-Ingenieure Hilfestellungen.

Auf den Canon-Nikkoren wurde das Warenzeichen "Nippon Kogaku" und bei einigen Objektiven zusätzlich die Herkunftsbezeichnung "Tokyo" graviert.

Ab 1946 versorgte sich die Canon mit Objektiven eigener Fertigung, die mit dem Namen Serenar versehen wurden. Japanische Experten rechnen frühe Serenar-Objektive noch zu der Nikkor-Produktion. 1952 erschien für die Objektive die Bezeichnung Canon-Lens.

Die M39-Nikkor-Objektive für die Canon-Kameras J, JS und S2 mit Schraubgewinde entstammen der normalen Nikon-Produktion für Schraubgewindekameras, wurden aber teilweise "im Canon-Look" mit einem geriffelten Frontring für die Blendenverstellung versehen.

Nikkor 4.5/50-chrom (geriffelt) M39: BCO 02 801.
Nikkor 3.5/50-chrom (geriffelt/mit schwarzer Front) Canon-Bajonett: BCO 02 802-1.
Nikkor 3.5/50-chrom (geriffelt) Canon-Bajonett: BCO 02 802-2.
Nikkor 3.5/50-chrom (Leica-Typ) Canon-Bajonett: BCO 02 802-3.
Nikkor 2.8/50-chrom (geriffelt) Canon-Bajonett: BCO 02 803.
Nikkor 2/50-chrom Canon-Bajonett: BCO 02 804.
Nikkor 3.5/35-chrom Canon-Bajonett (Prototyp): BCO 02 805-9.
Nikkor 4/90-chrom Canon-Bajonett (Prototyp): BCO 02 806-9.

Nikkor 3.5/50 (geriffelt) an einer Hansa-Canon.

Canon J mit Schraub-Nikkor 3.5/50 mm (1945).

Meßsucherobjektive

Objektivkopf 4/135

Brennweite: 135 mm
Bildwinkel: 18°
Blenden: 4 bis 22
Linsen/Gruppen: 4/3
Filtergewinde: 43 mm
Erscheinungsjahr: 1959
Gewicht: 220 g

Speziell für die Welt der Mikro- und Makrofotografie ergänzte Nippon Kogaku das Angebot mit dem Objektivkopf 135 mm. Eine Fotografie im Unendlich-Bereich war damit unmöglich, es war ausschließlich für den Gebrauch am Balgengerät - in Verbindung mit dem Spiegelkasten - vorgesehen. Vorgestellt wurde es im Januar 1959. Das Filtergewinde blieb zum schnelleren Einstellen chromfarben abgesetzt, darauf befindet sich auch die Blendenskala. Der Vorwahlring auf der Einstellfassung ist nach dem gleichen Prinzip ausgeführt wie das 2.5/180, der Bajonettanschluß arbeitete in der Art anderer Nikkore, wie z. B. beim 2.5/35. Fertigungsnummern zwischen 578 000 und 580 000.
Nikkor 4/135-Japan schwarz: BCO 02 603.

Nikkor Objektivkopf 4/135

3.
Nikon-
Spiegelreflexkameras

Nikon F-Eyelevel chrom

Nikon F mit Selen-Aufsatz Modell 1

Nikon F

Typ: 24x36-Spiegelreflexkamera mit Prismensucher
Belichtungszeiten: 1 bis 1/1000, B und T.
Verschluß: Titanschlitzverschluß
Blitzsynchronisation: Kabel- und Direktanschluß, Synchrowähler, 1/60 für Elektronenblitz.
Motoranschluß: für die Motoren F36 und F250
Erscheinungsdatum: 20. März 1959
Gewicht: 715 g

Erste Kleinbild-Spiegelreflexkamera von Nikon, gebaut für professionelle Ansprüche. Wechselsucher-System, Sicherheitsverriegelung und Rückspulmarkierung am Auslösekragen, Elektronen-Blitzsynchronisation bei 1/60, Blitzwähler für verschiedene Kolbenblitzlampen durch Anheben und Drehen am Verschlußzeitenwähler, Merkscheibe für Filme mit 20 oder 36 Aufnahmen, Spiegelarretierung, Selbstauslöserhebel mit Startknopf, Direktkontakt für das Blitzlichtgerät an der ausklappbaren Rückwickelkurbel, Schärfentiefen-Kontrollknopf, abnehmbare Rückwand (austauschbar gegen Motorantrieb F36 oder F250), Schlitzverschluß aus Titan, ASA-Merkscheibe auf der Unterseite, besonders verstärktes Stativgewinde, 100%-Sucherbild!

Die erste F wurde mit dem Prismensucher (Kennzeichen: ein auffallendes F) vorgestellt und erhielt die Nummer 640 0001. Die ersten F-Gehäuse sind zusätzlich an dem hohlen Schnellschalthebel (wie bei der SP) zu erkennen.

Schwarze Gehäuse (ab Nr. 640 0900) waren in der Anfangszeit selten.
Preis in Japan 1959 mit Nikkor 2/50: 71.500 Yen.
Nikon F-Eyelevel: BCO 03 001-1. 400,-
Nikon F-Eyelevel schwarz: BCO 03 001-2. 500,-

Um einer Namensverwechslung mit dem deutschen Kamerahersteller Zeiss-Ikon zu entgehen, erhielten die Nikon-Reflexkameras, die für den deutschen Markt bestimmt waren, die Gravur Nikkor (statt Nikon). Diese Exemplare steigen vor allem bei Sammlern in Japan und den Vereinigten Staaten im Wert.

Die englische Bezeichnung Eyelevel steht für die Nikon F mit Prismensucher.
Nikkor F-Eyelevel: BCO 03 002-1. 600,-
Nikkor F-Eyelevel schwarz: BCO 03 002-2. 700,-

Bei der F-Vorstellung hatte die Kamera noch keinen Photomic-Aufsatz, dieses CdS-Belichtungsmeßsystem befand sich 1959 noch im Planungsstadium, statt dessen lieferte Nikon ansetzbare Belichtungsmesser (6 bis 4000 ASA), die mit dem Verschlußzeitenrad und dem Mitnehmerzinken des verwendeten Nikkor-Objektivs kuppelten.

Drei verschiedene Bauarten (nur in Chromausführung) dieses Aufsatz-Belichtungsmessers sind bekannt, sie unterscheiden sich in Funktion und Aussehen nur geringfügig. Mit einer ansetzbaren Verstärkerzelle konnte die Empfindlichkeit um das 3.3fache gesteigert werden.

Nikon F (Forts.)

Modell 1 hatte einen zur Selbstauslöserseite halbrunden Abschluß. In eine angebaute Schiene konnte eine Booster-(Verstärker-)Zelle eingeschoben werden. Zwei Meßbereiche, für schlechte und gute Lichtverhältnisse.
Nikon-Selen-Aufsatz Modell 1: BCO 03 010. 400,-

Modell 2 mit durchgehender Selen-Fensterfront, Nikon-Schriftzug darunter eingraviert. Nur ein Meßbereich, kein Booster-Ansatz. In der Bauart und Ausführung weitestgehend identisch mit dem Selen-Aufsteckbelichtungsmesser für die Nikkorex F.
Nikon-Selen-Aufsatz Modell 2: BCO 03 020. 300,-

Modell 3 mit glatter Front und einem schrägen Seitenabschluß, Booster-Zubehör möglich, zwei Meßbereiche. Auch mit Gravur Nikkor (für Westdeutschland) ausgeliefert. Meßbereich zwischen 6 und 4000 ASA.
Nikon-Selen-Aufsatz Modell 3: BCO 03 030. 250,-
Nikkor-Selen-Aufsatz Modell 3: BCO 03 031. 400,-

Für die F wurden die beiden Anfangsziffern 64, 65, 67, 68, 69, 70, 71, 72 und 74 vorgesehen. Die 66er-Nummern blieben der S4 vorbehalten.

Nikon F mit Selen-Ausatz Modell 2

Nikon F mit Selen-Aufsatz Modell 3

Nikon F Photomic-Auge Modell I

Nikon F Photomic-Auge Modell II, schwarz.

Nikon F Photomic

Typ: 24x36-Spiegelreflexkamera mit auswechselbarem Prismensucher-Belichtungsmesser
Empfindlichkeiten: 10 bis 1600 ASA
Belichtungszeiten: 1 bis 1/1000, B und T.
Verschluß: Titanschlitzverschluß
Blitzsynchronisation: Kabel- und Direktanschluß, Synchrowähler, 1/60 für Elektronenblitz.
Motoranschluß: für die Motoren F36 und F250
Erscheinungsdatum: April 1962 (gebaut bis Juli 1965)
Gewicht: 800 g

1962 erschien der erste Photomic für die Nikon F, eine Kombination von Prismensucher und Belichtungsmesser. Der Aufsatz wurde mit einem großen CdS-Meßauge ausgerüstet, die Kamera konnte beim Belichtungsabgleich am Auge behalten werden. Die Anzeige ist auch in einem kleinen Fenster auf dem Photomic zu kontrollieren - wichtig bei Stativaufnahmen. Manuelle Lichtstärkeneingabe, Korrekturmarkierungen bei der Arbeit mit Farbfiltern wurden vorgesehen. Zum Photomic gehörten noch ein einschraubbarer Diffusor für die Lichtmessung und ein Telesimulator, der den Meßwinkel des CdS-Belichtungsmessers von 75° auf 18° verkleinert. Beim ersten CdS-Photomic erfolgte die Meßwerkeinschaltung über eine ausschwenkbare Klappe.

Nikon F Photomic-Auge - Modell I chrom: BCO 03 040-1. 1.000,-
Nikon F Photomic-Auge - Modell I schwarz: BCO 03 040-2. 1.200,-
Nikkor F Photomic-Auge - Modell I chrom: BCO 03 041-1. 1.200,-
Nikkor F Photomic-Auge - Modell I schwarz: BCO 03 041-2. 1.400,-

Die zweite Version der Nikon F Photomic bekam einen modernen Mikroschalter zur Meßwerkeinschaltung.
Nikon F Photomic-Auge - Modell II chrom: BCO 03 042-1. 800,-
Nikon F Photomic-Auge - Modell II schwarz: BCO 03 042-2. 1.000,-
Nikkor F Photomic-Auge - Modell II chrom: BCO 03 043-1. 1.000,-
Nikkor F Photomic-Auge - Modell II schwarz: BCO 03 043-2. 1.200,-

Nikon F Photomic T

Typ: 24x36-Spiegelreflexkamera mit auswechselbarem Prismensucher-Belichtungsmesser
Empfindlichkeiten: 25 bis 3200 ASA
Belichtungszeiten: 1 bis 1/1000, B und T.
Verschluß: Titanschlitzverschluß
Blitzsynchronisation: Kabel- und Direktanschluß, Synchrowähler, 1/60 für Elektronenblitz.
Motoranschluß: für die Motoren F36 und F250
Erscheinungsdatum: August 1965 (gebaut bis Mai 1967)
Gewicht: 830 g

1965 zeigte Nikon das erste Modell einer Nikon F mit einem Photomic-Belichtungsmesseraufsatz, der für die Innenmessung konstruiert wurde. Durch die geänderte Bauart verdeckte der Photomic die Objektivblende. Um diesen Nachteil zu korrigieren, wurde ein spezielles Blendenfenster auf die Rückseite gelegt. Ganzmattscheibenmessung, Mattscheibenkorrekturskala außerhalb der ASA-Scheibe, Einschraubokular für Korrekturlinsen.

Nikon F Photomic T chrom: BCO 03 050-1.
Nikon F Photomic T schwarz: BCO 03 050-2.
Nikkor F Photomic T chrom: BCO 03 051-1.
Nikkor Photomic T schwarz: BCO 03 051-2.

Im September 1966 gab es eine wichtige Änderung in der Geschichte des Unternehmens: das Warenzeichen Nippon Kogaku, auf die Meßsucherkamera und frühen Nikon F-Kameras graviert, wurde durch die schlichte Bezeichnung Nikon ersetzt.

Nikon F Photomic T chrom

Nikkor F Photomic T schwarz, mit Motor F36.

Nikon F-Kameraserie

Nikkor F Photomic TN mit Objektiv 2.5/105

Nikon F Photomic TN

Typ: 24x36-Spiegelreflexkamera mit auswechselbarem Prismensucher-Belichtungsmesser
Empfindlichkeiten: 20 bis 6400 ASA
Belichtungszeiten: 1 bis 1/1000, B und T.
Verschluß: Titanschlitzverschluß
Blitzsynchronisation: Kabel- und Direktanschluß, Synchrowähler, 1/60 für Elektronenblitz.
Motoranschluß: für die Motoren F36 und F250
Erscheinungsdatum: April 1967 (gebaut bis Juli 1968)
Gewicht: 835 g

Weitere Verbesserung des Photomic-Aufsatzes. Erstmalig benutzte Nikon hier eine konzentrierte Belichtungsmessung. Auf den Mittelpunkt (Durchmesser 12 mm) wurden 60 Prozent der Empfindlichkeit gelegt, 40% verblieben dem Umfeld. Asphärisches Kondensorsystem, neue Prismenvergütung, weiter gesteigerte Belichtungsmesserempfindlichkeit. Immer noch manuelle Lichtstärkeneingabe, zusätzlich kleiner Testknopf zur Batteriekontrolle. Der TN-Photomic ist an einem gravierten N auf der Oberseite erkennbar.

Nikon F Photomic TN chrom: BCO 03 050-1.
Nikon F Photomic TN schwarz: BCO 03 050-2.
Nikkor F Photomic TN chrom: BCO 03 051-1.
Nikkor F Photomic TN schwarz: BCO 03 051-2.

Nikon F Photomic TN mit Objektiv 2.8/135

Nikon F Photomic FTN

Typ: 24x36-Spiegelreflexkamera mit auswechselbarem Prismensucher-Belichtungsmesser
Empfindlichkeiten: 6 bis 6400 ASA
Belichtungszeiten: 1 bis 1/1000, B und T.
Verschluß: Titanschlitzverschluß
Blitzsynchronisation: Kabel- und Direktanschluß, Synchrowähler, 1/60 für Elektronenblitz
Motoranschluß: für die Motoren F36 und F250
Erscheinungsdatum: September 1968 (gebaut bis Mai 1974)
Gewicht: 880 g

Der modernste aller Photomic-Aufsätze mit automatischer Lichtstärkeneingabe und Kontrollanzeige beim Objektiveinsatz durch Rechts-Links-Drehung. Neue und sichere Photomic-Verriegelung. Kombinierte Batterie-Testmöglichkeit über den Mikroschalter. Kamera-Nummerbezifferung der FTN-Baureihe ab 690 001.
Nikon F Photomic FTN: BCO 03 080-1. 600,-
Nikon F Photomic FTN schwarz: BCO 03 080-2. 700,-
Nikkor F Photomic FTN: BCO 03 081-1. 900,-
Nikkor F Photomic FTN schwarz: BCO 03 081-2. 1.000,-

Nikon F Photomic FTN (letzte Version)

Kurz vor Produktionsende im Jahre 1974 paßte Nippon Kogaku das Aussehen der Nikon F Photomic FTN der schon ausgelieferten Nachfolgerin F2 an. Hierbei bekamen der Selbstauslöserhebel und der Schnellschalthebel schwarze Plastikummantelungen, zusätzlich erhielt noch der Selbstauslöser Markierungspunkte - technisch gab es keine Veränderungen. Die letzte Produktionsnummer für die Chrom-Ausführung lautete 745 1098, Nummer 745 1052 für die schwarze Version.
Nikon F Photomic FTN Modell II chrom: BCO 03 070-1. 600,-
Nikon F Photomic FTN Modell II schwarz: BCO 03 070-2. 800,-
Nikkor F Photomic FTN Modell II chrom: BCO 03 071-1. 900,-
Nikkor F Photomic FTN Modell II schwarz: BCO 03 071-2. 1.000,-

Nikon F Photomic FTN mit Objektiv 2.8/135 mm.

Nikon F Photomic FTN Modell II.

Nikon F Prototyp I

Zwei Vorserienmuster der späteren Nikon F wurden in Handarbeit hergestellt. Beim ersten Modell verläuft die Objektivkupplung wie bei den S-Kameras, das Zeiteneinstellrad ist sehr flach, und der Schnellschalthebel ähnelt stark der (späteren) Nikkormat. Die Spiegelarretierung sollte hierbei über einen großen Drehknopf erfolgen.
Nikon F Prototyp I: BCO 03 009-1.

Nikon F Prototyp II

Auffällig ist beim zweiten Versuchsmodell das Nippon Kogaku-Warenzeichen statt des Versal-F auf der Prismenkappe. Ungewöhnlich ist auch ein Direktsucher unterhalb der Rückwickelkurbel und ein weiterer Hebel neben der Spiegelarretierung. Diese Kamera erhielt die NK-Codierung "T-1307-I".
Nikon F Prototyp II: BCO 03 009-2.

Nikon F Prototyp

Nikon F HighSpeed Sapporo

Zu den Olympischen Winterspielen in Sapporo 1972 gab es in sehr beschränkter Auflage eine Spezial-F mit der Möglichkeit, sieben Bilder pro Sekunde zu belichten. Diese Schnellschuß-Nikon wurde über Kabel mit einem separaten Batterieteil verbunden. Auffällig sind der große Motor-auslöser und ein großes Bedienungsrad für die wichtige Spiegelarretierung. Zum Lieferumfang gehörte auch der aufsetzbare Spezialsucher für die "Sportbrennweiten" 135, 180, 200 und 300 mm.
Nikon F HighSpeed Sapporo schwarz: BCO 03 060.

Nikon F High-Speed Sapporo mit Energieteil

Nikon F Hand-Fundus Camera

Sondermodell der Nikon F für die Augenheilkunde, ausgestattet mit einem höheren Prismensucher und großem Okular. Eingebautes Blitzgerät, verbunden mit dem Kabelanschluß, angebauter Pistolengriff für freihändige Motivfixierung.
Nikon F Hand-Fundus Camera schwarz: BCO 03 061. *3.500,-*

Nikon F Screen (Mattscheibenkamera)

Demonstrationsmodell für die Beurteilung der F-Mattscheiben und neun verschiedener Dioptrienvorsätze. Anschlußbajonett für die Nikkor-Objektive, fest angebauter Prismensucher und feststehender Spiegel - keine Filmlademöglichkeit! Zur Lieferung gehörten zwei Einschubschienen für 16 Mattscheiben. Nur an den Fotohandel und die Nikon-Vertretungen ausgeliefert. Keine eingravierte Seriennummer.
Nikon F Screen (Mattscheibenkamera) schwarz: BCO 03 062. *1.300,-*

Nikon F Motor Pellicle

Sondermodell mit einem feststehenden Spiegel ("pellicle") für die Sportfotografie. Besonderheiten: Einheit mit modifiziertem Motor F36 mit zehn statt acht Batterien, Schiebeschalter am Motor für Einzel- und Serienbild, Zusatzhebel am A/R-Ring für schnellere Bedienung, keine Spiegelverriegelung, anders gestalteter Anschluß für Blitzkabel, verstärkte Tragriemenösen. Gravierter roter Punkt vor der Kameranummer als Erkennungszeichen für ein von der Serie abweichendes Gehäuse.
Nikon F Motor Pellicle schwarz: BCO 03 063. *3.500,-*

Nikon F Hand-Fundus Camera

Nikon F Screen

Nikon F-Kameraserie

Nikon F NASA

Für die Raumflugprogramme Skylab, Apollo und Apollo/Sojuz wählte die amerikanische Raumflugbehörde NASA neben der schwedischen Mittelformatkamera Hasselblad im Bereich Kleinbild die Nikon F. Drei Gehäuse sind bekannt:

Mit einem schwarzen Speziallack versehene Nikon F Photomic FTN mit größeren Bedienungselementen, darunter einem veränderten Schnellschalthebel, einer großen Rückwickelkurbel, einem Lupenaufsatz für das Bildzählwerk und einem von der Serie abweichenden Drehknopf für die Spiegelarretierung. Der Selbstauslöser entfiel. Die Veränderungen wurden notwendig, damit die Astronauten die Kamera leicht mit Handschuhen bedienen konnten.

Nikon F Photomic FTN NASA schwarz: BCO 03 064.

Für den Motoreinsatz im All lieferte Nikon eine Photomic FTN mit einem modifizierten, fest angebauten Motor F36, verbunden mit einem für diese Aufgabe entwickelten Intervalometer.

Nikon F Photomic FTN-Motor NASA schwarz: BCO 03 065.

Als drittes Gehäuse wählte die NASA die gleiche Motorkamera ohne den Photomic-Aufsatz und wählte statt dessen den Lichtschachtsucher.

Nikon F Motor NASA (mit Lichtschacht) schwarz: BCO 03 066.

Nikon Photomic FTN NASA mit Objektiv 1.4/35 mm.

In einer anderen Version kam die Nikon F Motor mit einem Sportsucher zum Einsatz. Diese Kombination machte es problematisch, den Verschlußzeitenknopf zu bewegen, aus diesem Grund wurde an das Zeiteinstellrad ein Verlängerunsstift angebracht und oberhalb des Sportsuchers arretiert.

Nikon F Motor NASA (mit Sportsucher) schwarz: BCO 03 067.

NASA-Nikon F mit 1.2/55

Nikon F Gold

Sondermodell der Nikon F Eyelevel mit einer Goldauflage. Gravierter roter Punkt vor der Kameranummer als Erkennungszeichen für ein von der Serie abweichendes Gehäuse. Nur in sehr kleinen Stückzahlen angefertigt.
Nikon F Gold: BCO 03 068. 2.000,-

Nikon F KS 80-A

Motorisierte Spezial-F, die Nikon für die US-Marineflieger lieferte. Geänderter Motor F36. Die Auslösung erfolgt über einen Pistolengriff - halb eingedrückt belichtete die Kamera Einzelbilder, voll durchgedrückt Motorserien mit einer Frequenz von vier Bildern pro Sekunde. Auffällig ist auch der sehr hohe Drehknopf für die Filmrückspulung, als Standardobjektiv wurde das Zoom 3.5/43-86 mit einer Unendlich-Arretierung angebaut. Eingravierter Schriftzug "US Navy" auf der Unterseite.
Nikon F KS 80-A Motor schwarz: BCO 03 069. 3.300,-

Nikon F M39

Spezialanfertigung der Nikon F für die Produktionsüberwachung. Umgebaut von Nippon Kogaku oder Ehrenreich Photo, USA. Eingebauter Schraubgewindeanschluß M39 für die Aufnahme von Industrie-Nikkor-Objektiven. Weder Prisma noch Meßsucherkupplung.
Nikon F M39 schwarz: BCO 03 090. 2.000,-

Nikon F Gold

Nikon F KS80-A Motor

Nikon F schwarz mit Schraubanschluß M39

Nikkormat FT

Nikkormat FT

Typ: 24x36-Spiegelreflexkamera mit einem fest eingebauten Prismensucher und Belichtungsmesser
Empfindlichkeiten: 12 bis 1600 ASA
Belichtungszeiten: 1 bis 1/1000 und B
Verschluß: Metallschlitzverschluß
Blitzsynchronisation: Kabelanschluß M und X, 1/125 bei Elektronenblitz.
Motoranschluß: nicht vorhanden
Erscheinungsdatum: Juli 1965 (gebaut bis August 1967)
Gewicht: 740 g

Als ökonomische Alternative zur Nikon F oder für eine Benutzung als Zweitgehäuse baute Nippon Kogaku die Nikkormat-Serie. Hervorragend verarbeitete Kamera ohne Wechselsucher, kein Motoranschluß. Ausstattung: Selbstauslöser, TTL-Offenblendmessung mit Nadelanzeige, Spiegelarretierung, Prismensucher-Belederung und Belichtungs-Kontrollfenster auf der Oberseite. Die Lichtstärke mußte manuell mit der Filmempfindlichkeit übereinander gebracht werden (ähnlich der zeitgleich produzierten Nikon F-Photomic T), ein Vorteil ist die schnelle Synchro-Zeit 1/125. Alle auf dem japanischen Binnenmarkt verkauften Nikkormat-Gehäuse erhielten die Bezeichnung Nikomat.
Gravierter Hinweis FT vor der Seriennummer. Produziert ab Nummer 310 0001.
Nikkormat FT chrom: BCO 03 110-1.
Nikkormat FT schwarz: BCO 03 110-2.
Nikomat FT chrom: BCO 03 111.-1
Nikomat FT schwarz: BCO 03 111-2.

Nikkormat FT (Vorserie)

Dieser Vorläufer hatte keine FT-Gravur vor der Seriennummer. Als Hinweis für den ausgeklappten Schalthebel vermerkte Nikon ein "ON", um den belichtungsbereiten Betrieb anzuzeigen.
Nikkormat FT chrom (Vorserie): BCO 03 120.

Nikkormat FS

Typ: 24x36-Spiegelreflexkamera mit einem fest eingebauten Prismensucher
Empfindlichkeiten: kein Belichtungsmesser
Belichtungszeiten: 1 bis 1/1000 und B
Verschluß: Metallschlitzverschluß
Blitzsynchronisation: Kabelanschluß, M und X, 1/125 für Elektronenblitz.
Motoranschluß: nicht vorhanden
Erscheinungsdatum: Juli 1965 (gebaut bis September 1967)
Gewicht: 705 g

Diese seltene Serien-Nikkormat besitzt keinen eingebauten Belichtungsmesser, daher fehlen die ASA-Skalen, der Blendenmitnehmerzinken und das Belichtungskontrollfenster auf der Oberseite. Nikon verzichtete bei diesem Sparmodell nicht auf den Selbstauslöser mit einem 10-Sekunden-Vorlaufwerk, sparte sich aber die Möglichkeit, den Kameraspiegel zu arretieren, daher mußte mit der FS auf die Fischaugen 8/8 und 5.6/7.5 mm sowie das 4/21 verzichtet werden. Gravierter Hinweis "FS" vor der Seriennummer. Sehr gesucht bei den Nikon-Sammlern. Schwarze Gehäuse sind nicht bekannt.
Nikkormat FS chrom: BCO 03 130.
Nikomat FS chrom: BCO 03 131.

Nikomat FS (japanische Version der Nikkormat FS)

Nikkormat-Kameraserie

Nikkormat FTN Modell I

Nikkormat FTN Modell II

Nikkormat FTN

Typ: 24x36-Spiegelreflexkamera mit einem fest eingebauten Prismensucher und Belichtungsmesser
Empfindlichkeiten: 12 bis 1600 ASA
Belichtungszeiten: 1 bis 1/1000 und B
Verschluß: Metallschlitzverschluß
Blitzsynchronisation: Kabelanschluß, M und X, 1/125 für Elektronenblitz.
Motoranschluß: nicht vorhanden
Erscheinungsdatum: Oktober 1967 (gebaut bis März 1975)
Gewicht: 750 g

Weiter verbesserte Nikkormat mit einem mittenbetonten Meßsystem, Nadelanzeige mit Plus-/Minus-Abgleich, eingespiegelten Verschlußzeiten im Sucher und automatischer Lichtstärkeneingabe mit Kontrollskala. Als Kennzeichen gravierte Nikon die Buchstaben FT vor die Seriennummer und ein Versal-N oberhalb der äußeren Belichtungsanzeige.
Die erste Nikkormat FTN erhielt vom Werk die Kameranummer 3500001.

Nikkormat FTN Modell I chrom: BCO 03 140-1. 250,-
Nikkormat FTN Modell I schwarz: BCO 03 140-2. 300,-
Nikomat FTN Modell I chrom: BCO 03 141-1. 250,-
Nikomat FTN Modell I schwarz: BCO 03 141-2. 300,-

In der weiteren Überarbeitung erhielten der Schalthebel und der Selbstauslöser der Nikkormat FTN einen griffigeren Plastiküberzug, zusätzlich bekam die Kamera eine satinierte Belederung.

Nikkormat FTN Modell II chrom: BCO 03 150-1. 250,-
Nikkormat FTN Modell II schwarz: BCO 03 150-2. 300,-
Nikomat FTN Modell II chrom: BCO 03 151-1. 250,-
Nikomat FTN Modell II schwarz: BCO 03 151-2. 300,-

Nikkormat FT2

Typ: 24x36-Spiegelreflexkamera mit einem fest eingebauten Prismensucher und Belichtungsmesser
Empfindlichkeiten: 12 bis 1600 ASA
Belichtungszeiten: 1 bis 1/1000 und B
Verschluß: Metallschlitzverschluß
Blitzsynchronisation: Kabelanschluß und Mittenkontakt mit automatischer MX-Umschaltung beim Einstellen der Verschlußzeit, 1/125 für Elektronenblitz.
Motoranschluß: nicht vorhanden
Erscheinungsdatum: März 1975.
Gewicht: 780 g

Weiter geändertes Gehäuse mit einem genormten ISO-Mittenkontakt auf dem Prisma und nur noch mit einem Kabelanschluß bei automatischer MX-Umschaltung. Der Einstellhebel für die Einstellung der Filmempfindlichkeit ist jetzt arretierbar, das Belichtungsfenster auf der Oberseite wurde durch eine Plus-/Minus-Anzeige ergänzt. Weitere FT2-Kennzeichen sind der plastiküberzogene Tiefenschärfenknopf und die Gravur FT2 vor der Seriennummer. Die Produktion begann mit Nr. 500 0050.

Nikkormat FT2 chrom: BCO 03 160-1.
Nikkormat FT2 schwarz: BCO 03 160-2.
Nikomat FT2 chrom: BCO 03 161-1.
Nikomat FT2 schwarz: BCO 03 161-2.

Nikkormat FT2 chrom

Nikkormat-Kameraserie

Nikkormat FT3

Nikkormat FT3

Typ: 24x36-Spiegelreflexkamera mit einem fest eingebauten Prismensucher und Belichtungsmesser
Empfindlichkeiten: 12 bis 1600 ASA
Belichtungszeiten: 1 bis 1/1000 und B
Verschluß: Metallschlitzverschluß
Blitzsynchronisation: Kabelanschluß und Mittenkontakt mit automatischer MX-Umschaltung beim Einstellen der Verschlußzeit, 1/125 für Elektronenblitz.
Motoranschluß: nicht vorhanden
Erscheinungsjahr: 1977
Gewicht: 740 g

Mit Einführung der neuen AI-Objektivserie wurde auch die Nikkormat auf das neue Blendenkupplungssystem abgestimmt. Einzige Veränderung zur FT2 war der Wegfall der Blendenkupplungsskala und des Mitnehmerzinkens. Für das Fotografieren mit Nicht-AI-Nikkoren konnte der neue Mitnehmer (wie bei der FM) umgelegt werden, die Messung erfolgte dann mit Arbeitsblende. Die AI-Nikkormat bekam die Bezeichnung FT3, die Seriennummer-Bezifferung lief ab Nummer 600 0001.

Nikkormat FT3 chrom: BCO 03 170-1.
Nikkormat FT3 schwarz: BCO 03 170-2.
Nikomat FT3 chrom: BCO 03 171-1.
Nikomat FT3 schwarz: BCO 03 171-2.

Nikkormat EL

Typ: 24x36-Spiegelreflexkamera mit einem fest eingebauten Prismensucher und Belichtungsmesser
Empfindlichkeiten: 25 bis 1600 ASA
Belichtungszeiten: 4 Sekunden bis 1/1000 und B
Verschluß: Metallschlitzverschluß
Blitzsynchronisation: Kabelanschluß und Mittenkontakt, Synchrowähler, 1/125 für Elektronenblitz.
Motoranschluß: nicht vorhanden
Erscheinungsdatum: November 1972 (Japan-Vorstellung)
Gewicht: 760 g

Nikons erste elektronische Kamera ergänzte die mechanische Nikkormat-Serie. Auf Wunsch belichtete die EL von vier Sekunden bis 1/1000 automatisch (bei mittenbetonter Messung), zusätzlich konnte der Belichtungswert über den Selbstauslöserhebel (Memory-Lock) gespeichert werden. Zur weiteren Ausstattung kommt eine Spiegelarretierung, ein Synchrowähler, ein Batterietestknopf mit Diodenanzeige und - erstmalig bei Nikon - eine Kamerarückwand, die sich durch das Herausziehen des Rückspulknopfes öffnen läßt. Die Batterie liegt versteckt unter dem Kameraspiegel. EL-Serienbezifferung ab Nr. 510 0001.
Nikkormat EL chrom: BCO 03 180-1.
Nikkormat EL schwarz: BCO 03 180-2.
Nikomat EL chrom: BCO 03 181-1.
Nikomat EL schwarz: BCO 03 181-2.

Nikkormat EL chrom

Nikomat ELW mit Winder AW-1

Nikkormat ELW

Typ: 24x36-Spiegelreflexkamera mit einem fest eingebauten Prismensucher und Belichtungsmesser
Empfindlichkeiten: 25 bis 1600 ASA
Belichtungszeiten: 4 Sekunden bis 1/1000 und B
Verschluß: Metallschlitzverschluß
Blitzsynchronisation: Kabelanschluß und Mittenkontakt, Synchrowähler, 1/125 für Elektronenblitz.
Motoranschluß: für Winder AW-1
Erscheinungsjahr: 1976
Gewicht: 790 g

Die wichtigste Änderung bei der ELW ist der Anschluß für den mitvorgestellten Motorwinder AW-1, der mit sechs Batterien zwei Bilder pro Sekunde "durchzieht" und während des Transportvorgangs eine Diode leuchten läßt. Der ELW-Belichtungsmesser kann mit dem Schnellschalthebel oder einem zusätzlichen Meßwerkschalter am Auslöser aktiviert werden. Belichtungsmessereinschaltung zusätzlich über einen Schalter am Auslöser. Graviertes W vor der Seriennummer, die nach japanischen Unterlagen mit 750 0001 anfängt. Lieferung nur als schwarzes Gehäuse.
Nikkormat ELW schwarz: BCO 03 190-1. *500,-*
Nikomat ELW schwarz: BCO 03 190-2. *500,-*

Nikon EL2

Typ: 24x36-Spiegelreflexkamera mit einem fest eingebauten Prismensucher und Belichtungsmesser
Empfindlichkeiten: 12 bis 3200 ASA
Belichtungszeiten: 8 Sekunden bis 1/1000 und B
Verschluß: Metallschlitzverschluß
Blitzsynchronisation: Kabelanschluß und Mittenkontakt, Synchrowähler, 1/125 für Elektronenblitz.
Motoranschluß: für Winder AW-1
Erscheinungsjahr: 1977
Gewicht: 780 g

Auf das AI-System veränderte Version der ELW mit der neuen, automatischen AI-Blendenkupplung. Neue Kamerabezeichnung Nikon statt Nikkormat, zusätzlich angebrachte Belichtungskorrekturschaltung von +2 bis -1. Lieferung auch als Chromgehäuse. Gesteigerte Belichtungsmesser-Empfindlichkeit von 12 bis 3200 ASA, schnellere Messung durch Silizium-Meßelemente. Typbezeichnung EL2 vor der Serienummer, Bezifferung ab Nr. 780 0001.

Nikon EL2 chrom: BCO 03 195-1.
Nikon EL2 schwarz: BCO 03 195-2.

Nikon EL2 chrom mit Zoom Nikkor 25-50

Nikkorex 35

Nikkorex 35

Typ: 24x36-Spiegelreflexkamera mit einem fest eingebauten Porro-Prismensucher und Selen-Belichtungsmesser
Belichtungszeiten: 1 bis 1/500 und B
Verschluß: Citizen MVL-Zentralverschluß
Blitzsynchronisation: Kabelanschluß, synchronisiert mit allen Verschlußzeiten
Motoranschluß: nicht vorhanden
Erscheinungsjahr: 1960 (gebaut bis 1962)
Gewicht: 800 g

Preisgünstige Nikon-Kamera für den Massenmarkt mit einem fest eingebauten Nikkor 2.5/50 mm mit Unendlichverstellung nach rechts. Kantiger Selenzellen-Belichtungsmesser mit einer Empfindlichkeit von 10-1600 ASA, Kontrollfenster auf der Oberseite, sehr schmale Einstellringe, eingebauter Selbstauslöser, Filtergewinde 40.5 mm, Nadelanzeige im Sucher, kein Rückschwingspiegel.
Nikkorex 35 chrom: BCO 03 201. 350,-

Nikkorex 35-2

Typ: 24x36-Spiegelreflexkamera mit einem fest eingebauten Porro-Prismensucher und Selen-Belichtungsmesser
Belichtungszeiten: 1 bis 1/500 und B
Verschluß: Seikosha SLV-Zentralverschluß
Blitzsynchronisation: Kabelanschluß, synchronisiert mit allen Belichtungszeiten
Motoranschluß: nicht vorhanden
Erscheinungsjahr: 1962 (gebaut bis 1964)
Gewicht: 840 g

Weiter veränderte Nikkorex-Kamera mit starrem Objektiv Nikkor 2.5/50. Deutlicher Nikkorex-Schriftzug auf den Waben des Selen-Belichtungsmessers (10 bis 1600 ASA). Kontrollfenster auf der Oberseite, eingebauter Selbstauslöser, Filtergewinde 40.5 mm. Ohne rückschwingenden Spiegel nach der Belichtung. Unendlichverstellung nach rechts.
Nikkorex 35-2 chrom: BCO 03 202.

Nikkorex 35-2

Nikkorex-Kameraserie

Nikon Auto-35

Nikkorex Auto-35

Nikon Auto-35

Typ: 24x36-Spiegelreflexkamera mit einem fest eingebauten Porro-Prismensucher und Selen-Belichtungsmesser
Belichtungszeiten: 1 bis 1/500 und B
Verschluß: Seikosha SLV-Zentralverschluß
Blitzsynchronisation: Kabelanschluß, synchronisiert mit allen Verschlußzeiten
Motoranschluß: nicht vorhanden
Erscheinungsjahr: 1964 (gebaut bis 1967)
Gewicht: 830 g

Im Gegensatz zu den beiden Vorgängern außergewöhnlich moderne Form. Lichtstarkes Nikkor 2/48 mm (fest eingebaut) mit Unendlichverstellung nach rechts, Filtergewinde 40.5 mm. Erste Nikon-Kamera mit einem automatischen Belichtungsmesser (Blendenautomatik), Empfindlichkeit 10 bis 400 ASA, Blendenskala von 2 bis 16 im Sucher, Meßzeigerarretierung, manuelle Belichtungseinstellung möglich, Korrekturmarkierung für Infrarotfilm, eingebauter Selbstauslöser. Für Nikon-Kameras unüblich geformter Auslöser auf der Vorderseite, versenkbare Rückspulkurbel, in das Gehäuse eingelassener Schnellschalthebel, kein Rückschwingspiegel. Eine sehr schöne Kamera mit außergewöhnlichen Raffinessen.
Nikon Auto-35 chrom: BCO 03 203. 400,-

Nikkorex Auto-35

Baugleiches Modell zur Nikon Auto-35, aber mit einem Nikkorex-Schriftzug (statt Nikon). Anders geformter Schalter für die Freigabe des Rückspulhebels. - Plastikschieber.
Nikkorex Auto-35 (nur Chrom-Gehäuse): BCO 03 204. 450,-

Vorsatzlinsen für die Nikon- und Nikkorex-Kameras 35, 35-2 und Auto-35

Für die Nikkorex-Kameras mit fest eingebautem Objektiv wurden Weitwinkel- und Televorsätze mit der Herstellerbezeichnung Nippon Kogaku angeboten. Sie konnten bequem in das Filtergewinde der Kamera eingeschraubt werden. Im Vergleich zu einem Wechselobjektiv waren die Wirkung und die Lichtstärke bescheiden, aber es war eine preisgünstige und leicht bedienbare Alternative. Die Objektivdaten stehen beim vorderen Linsentubus auf der äußeren Seite, das Unterteil ist chromfarben.

Für die Nikkorex-Kameras 35 und 35-2 kamen zwei Vorsätze in Frage:

Nikkorex-Wide 5.6/38 mm (für das Nikkor 2.5/50)
Bildwinkel: 62°
Mindestabstand: 36 cm
Filtergewinde: 69 mm
Gewicht: 220 g
BCO 04 200-1

Nikkorex-Tele 5.6/90 mm (für das Nikkor 2.5/50)
Bildwinkel: 27°
Mindestabstand: 1.60 m
Filtergewinde: 69 mm
Gewicht: 235 g
BCO 04 200-2

Für die Nikon Auto-35 bzw. Nikkorex Auto 35 wurden zwei andere Vorsätze gebaut, sie wurden mattschwarz lackiert und bekamen die Objektivdaten innerhalb des Filtergewindes graviert:

Nikkor-Wide 4/35 (für das Nikkor 2/48)
Bildwinkel: 62°
Mindestabstand: 36 cm
Filtergewinde: 72 mm
Gewicht: 210 g
BCO 04 200-3

Nikkor-Tele 4/85 (für das Nikkor 2/48)
Bildwinkel: 28° 30'
Mindestabstand: 1.60 m
Filtergewinde: 72 mm
Gewicht: 250 g
BCO 04 200-4

Nikkorex Weitwinkel- und Tele-Vorsatzlinsen

Nikkorex 35-2 mit Weitwinkelvorsatz

Nikkorex-Zoom 35

Typ: 24x36-Spiegelreflexkamera mit einem fest eingebauten Prismensucher und Selen-Belichtungsmesser
Belichtungszeiten: 1 bis 1/500 und B
Verschluß: Seikosha SLV-Zentralverschluß
Blitzsynchronisation: Kabelanschluß, synchronisiert mit allen Verschlußzeiten.
Motoranschluß: nicht vorhanden
Erscheinungsjahr: 1963
Gewicht: 1165 g

Erste Spiegelreflexkamera der Weltproduktion mit einem Zoomobjektiv als Serienausstattung. Bis auf das Objektiv baugleich mit der Nikkorex 35-2. Fest eingebautes Nikkor-Zweiringzoom 3.5/43-86 mm mit 52er-Filteranschluß und Unendlichverstellung in Nikon-üblicher Links-Richtung. Kein Rückschwingspiegel, eingebauter Selbstauslöser. Zusätzlich gravierter Schriftzug "ZOOM 35" auf der Frontseite.
Nikkorex-Zoom 35 chrom: BCO 04 341-30.

Nikkorex-Zoom 35

Nikkorex F

Typ: 24x36-Spiegelreflexkamera mit einem fest eingebauten Prismensucher, kein eingebauter Belichtungsmesser.
Belichtungszeiten: 1 bis 1/1000 und B
Verschluß: Copal-Metallschlitzverschluß
Blitzsynchronisation: Kabelanschluß, Synchrozeit 1/125 für Elektronenblitz.
Motoranschluß: nicht vorhanden
Erscheinungsjahr: 1962 (gebaut bis 1966)
Gewicht: 770 g

Preisgünstige Spiegelreflexkamera als Nikon F-Alternative oder als Zweitgehäuse mit Nikon-Bajonett. Hergestellt in Zusammenarbeit mit Mamiya-Camera. Kein auswechselbarer Prismensucher, Kameraspiegel nicht arretierbar, aber rückschwingend. Selen-Belichtungsmesser aufsteckbar, der dann mit dem Verschlußzeitenring kuppelt. Verschlußzeitengravur von 1 bis 1/125 weiß, von 1/250 bis 1/1000 grün. Filmmerkscheibe auf der Kamerarückwand von 10 bis 800 ASA. Produktionsbeginn mit Nummer 370 001.
Nikkorex F Modell I chrom: BCO 03 230-1. 450,-

Nikkorex F chrom

Nikkorex F Modell II

Geringfügig geänderte Kamera, technisch identisch mit dem ersten Nikkorex F-Modell. Verschlußzeiten von 1/250 bis 1/1000 grün graviert. Keine Filmmerkscheibe auf der Rückseite.
Nikkorex F Modell II chrom: BCO 03 230-2. 450,-

Jede Nikkorex F und J konnte mit einem aufsteckbaren Selen-Belichtungsmesser kombiniert werden.

Nikkorex F Spezial

Sondermodell der Nikkorex F für Registrieraufgaben und den wissenschaftlichen Bereich. Führungsschiene am Kameraauslöser. Einzige Nikkorex F, die auch mit schwarzer Lackierung angeboten wurde.
Nikkorex F Spezial schwarz: BCO 03 230-3. 1.000,-

Nikkor J

Gleiche Bauart wie die Nikkorex F. Erkennungszeichen ist ein graviertes Versal-J auf dem Kameraprisma. Andere Kamerabezeichnung, Nikkor statt Nikkorex. Erschien in Deutschland zusammen mit der ersten Nikkor F-Photomic.
Nikkor J chrom: BCO 03 230-4. 650,-

Ricoh Singlex mit Nikon-Bajonett

Von 1964 bis 1966 baute die Riken-Optical (Tokyo) eine einäugige Spiegelreflexkamera mit Verschlußzeiten von 1 bis 1/1000 und B, an die Nikkor-Objektive eingesetzt werden konnten. Von der Form erinnerte diese Kamera an die Nikkorex-F. Es konnte auch ein Belichtungsmesser aufgeschoben werden, der mit dem Verschlußzeitenrad kuppelte. Nicht zu verwechseln mit den später gebauten Single-X-Kameras, die ein M42-Anschlußgewinde besaßen.
Ricoh Singlex mit Nikon-Bajonett chrom: BCO 03 830-1.
Ricoh Singlex mit Nikon-Bajonett schwarz: BCO 03 830-2.

Ein Beleg für die enge Zusammenarbeit zwischen Mamiya und Nikon sind die beiden Objektive 2.8/35 mm und 2.8/135 mm mit der Bezeichnung "Nikkorex Lens". Beide Wechselobjektive haben Nikon-Bajonettanschluß.
Sekor-Nikkorex-Lens 2.8/35: BCO 03 830-6.
Sekor Nikkorex-Lens 2.8/135: BCO 03 830-7.

Ricoh Singlex mit Nikon-Bajonett-Anschluß

Nikkorex F mit Mamiya-Nikkorex-Objektiven

Nikkorex F Spezial schwarz

Nikkorex M-35

Mikroskopkamera - einfaches Gehäuse auf der Basis der Nikkorex II ohne Prismensucher und Belichtungsmesser, kein Verschluß, Filmbelichtung über einen Schieber, eingebauter Schnellschalthebel. Anschlußgewinde M39. Angeboten ab 1967.
Nikkorex M-35 schwarz: BCO 03 260.

Nikkorex M-35 S

Mikroskopkamera mit Anschlußgewinde M39 auf der Basis der Nikkorex II - gleiche Bauart wie die Nikkorex M-35. Belichtungsmöglichkeit über einen Schieber, Schnellschalthebel und Wählknopf für 24x36 oder das Halbformat 18x24, Memoplatte auf der Rückseite. Geliefert ab 1976.
Nikkorex M-35 S (Zweiformat) schwarz: BCO 03 269.

Nikkorex Mikroskopkamera M-35

Nikkorex Mikroskopkamera M35-S

Nikon F2 Photomic chrom

Nikon F2 Eyelevel chrom

Nikon F2 Photomic

Typ: 24x36-Spiegelreflexkamera mit auswechselbarem Prismensucher-Belichtungsmesser DP-1
Empfindlichkeiten: 6 bis 6400 ASA
Belichtungszeiten: 1 bis 1/2000 (bis 10 Sekunden über Selbstauslösersteuerung), B und T.
Verschluß: Titanschlitzverschluß
Blitzsynchronisation: Kabel- und Direktanschluß, 1/80 für Elektronenblitz.
Motoranschluß: für die Motoren MD-1, MD-2 und MD-3
Erscheinungsdatum: September 1971
Gewicht: 840 g

Nach modernen Erkenntnissen gestaltete Nachfolgekamera der Nikon F mit dem kompakten Photomic-Aufsatz DP-1, seitlich angeschlagener Rückwand, verbesserter Motorkupplung und einer Spiegelarretierung ohne Aufnahmeverlust - wie bei der Nikon F auch hier 100%-Sucherbild und Belichtungsfenster auf der Photomic-Oberseite. Zusätzlich schnellere Synchrozeit (1/80 s), Blitzbereitschaftsanzeige im Sucher, Tragösen aus Chromnickelstahl, Film-Memohalter, abgerundete Form, eingespiegelte Belichtungszeit und Blendenwert im Sucher, Nadelanzeige, Belichtungsmesser-Einschaltung über den Schnellschalthebel der Kamera.

Mit der F2 kam der neue Motor MD-1 in den Verkaufskatalog: Bildfrequenz 5 Bilder pro Sekunde. Der erste Nikon-Motor, der motorische Rückspulung erlaubte. Die ersten F2-Kameras bekamen die beiden Anfangsziffern 71.

Nikon F2 Photomic chrom: BCO 03 310-1. *700,-*
Nikon F2 Photomic schwarz: BCO 03 310-2. *800,-*

Nikon F2 Eyelevel

Serienmäßiges F2-Gehäuse, aber ohne Photomic-Aufsatz, dafür mit dem einfachen DE-1-Prismensucher ohne Belichtungsmesser ausgestattet.
Nikon F2 Eyelevel chrom: BCO 03 301-1. *500,-*
Nikon F2 Eyelevel schwarz: BCO 03 301-2. *600,-*

Nikon F2S Photomic

Typ: 24x36-Spiegelreflexkamera mit auswechselbarem Prismensucher-Belichtungsmesser DP-2
Empfindlichkeiten: 12 bis 6400 ASA
Belichtungszeiten: 1 bis 1/2000 (bis 10 Sekunden über Selbstauslösersteuerung), B und T.
Verschluß: Titanschlitzverschluß
Blitzsynchronisation: Kabel- und Direktanschluß, 1/80 für Elektronenblitz.
Motoranschluß: für die Motoren MD-1, MD-2 und MD-3
Blendensteuerung: DS-1
Erscheinungsdatum: September 1971
Gewicht: 855 g

Erster Nikon-Photomic ohne Nadelanzeige. Belichtungsabgleich über Leuchtdioden, gleichzeitige Anzeige von Blende und Verschlußzeit. Diodenanzeige auch auf der Photomic-Oberseite im Belichtungskontrollfenster, zusätzliche Langzeitenskala. Mit der ansetzbaren Blendensteuerung DS-1 wird die F2S zur Kamera mit einer Blendenautomatik.
Nikon F2S Photomic chrom: BCO 03 312-1.
Nikon F2S Photomic schwarz: BCO 03 312-2.

Nikon F2S Photomic Prototyp

Erste Version des Nikon-Photomic-Aufsatzes F2S mit einem Mikroschalter für das Einschalten des Belichtungsmessers. Von Nikon als Kopf der "Electric Eye-Blendenautomatik" bezeichnet, Anschluß für die Blendensteuerung DS-1. Keine Querriffelungen auf der Photomic-Kappe. Ging nicht in die Serienproduktion.
Nikon F2S Photomic Prototyp mit Mikroschalter: BCO 03 319.

Vorserien-Photomic mit Mikroschalter

Nikon F2S Photomic schwarz

Nikon F2S Photomic schwarz mit Blendensteuerung DS-1 und Motor MD-3.

Nikon F2SB chrom

Nikon F2SB

Typ: 24x36-Spiegelreflexkamera mit auswechselbarem Prismensucher-Belichtungsmesser DP-3.
Empfindlichkeiten: 12 bis 6400 ASA
Belichtungszeiten: 1 bis 1/2000 (bis 10 Sekunden über Selbstauslösersteuerung), B und T.
Verschluß: Titanschlitzverschluß
Blitzsynchronisation: Kabel- und Direktanschluß, 1/80 für Elektronenblitz.
Motoranschluß: für die Motoren MD-1, MD-2 und MD-3.
Blendensteuerung: DS-1 und DS-2 (mit Blitzanschluß)
Erscheinungsjahr: 1976
Gewicht: 840 g

F2-Kamera mit dem neuentwickelten Photomic DP-3, der mit schneller ansprechenden Silizium-Fotodioden arbeitet. Neben der Anzeige der korrekten Belichtung (roter Kreis) durch Plus-/Minus-Symbol genauere Kontrolle von Unter- und Überbelichtung. Angebauter Okularverschluß, Beleuchtungseinrichtung für die Verschlußzeiten- und Blendenanzeige, Langzeitenskala. In verhältnismäßig kleinen Stückzahlen hergestellt, aus diesem Grund bei Nikon-Sammlern sehr gefragt
Nikon F2SB chrom: BCO 03 321-1.
Nikon F2SB schwarz: BCO 03 321-2.

Nikon F2A

Typ: 24x36-Spiegelreflexkamera mit auswechselbarem Prismensucher-Belichtungsmesser DP-11
Empfindlichkeiten: 6 bis 6400 ASA
Belichtungszeiten: 1 bis 1/2000 (bis 10 Sekunden über Selbstauslösersteuerung), B und T.
Verschluß: Titanschlitzverschluß
Blitzsynchronisation: Kabel- und Direktanschluß, 1/80 für Elektronenblitz.
Motoranschluß: für die Motoren MD-1, MD-2 und MD-3.
Erscheinungsjahr: 1977
Gewicht: 830 g

Durch das neue Objektivprogramm mit der automatischen Blendensteuerung wurden auch die F2-Kameras verändert. Die F2A mit dem Photomic DP-11 ist eine Weiterentwicklung der F2 mit Nadelanzeige. Hin- und Herbewegen des Blendenringes nach dem Einsetzen des Objektives ist nicht mehr erforderlich. Benutzung von Nicht-AI-Nikkoren mit Arbeitsblenden-Messung. Kennzeichen: weißes Versal-A auf der Vorderseite.
Nikon F2A chrom: BCO 03 331-1.
Nikon F2A schwarz: BCO 03 331-2.

Zum 25jährigen Bestehen der Nikon-Vertretung in den USA brachte Nikon USA ein Sondermodell heraus. Nur in der Chrom-Version konnte eine F2A erworben werden, die mit einer kleinen Silberplatte auf der Frontseite unterhalb des Auslösers ausgestattet wurde. Darauf stand: "25th Anniversary". Weitere Besonderheiten: zusätzliche Nummern-Gravur (bis zur Zahl 4000) auf dem Bodendeckel. Lieferung in einer Silberbox.
Nikon F2A "25th Anniversary" chrom: BCO 03 331-3.

Nikon F2A chrom mit Nikkor 2.8/35 (letzte Version)

Nikon F2A "25th Anniversary"

Nikon F2-Kameraserie

Nikon F2AS schwarz mit Zoom-Nikkor 4/25-50

Nikon F2AS schwarz

Nikon F2AS

Typ: 24x36-Spiegelreflexkamera mit auswechselbarem Prismensucher-Belichtungsmesser DP-12
Empfindlichkeiten: 12 bis 6400 ASA
Belichtungszeiten: 1 bis 1/2000 (bis 10 Sekunden über Selbstauslösersteuerung), B und T.
Verschluß: Titanschlitzverschluß
Blitzsynchronisation: Kabel- und Direktanschluß, 1/80 für Elektronenblitz.
Motoranschluß: für die Motoren MD-1, MD-2 und MD-3.
Blendensteuerung: DS-12EE
Erscheinungsjahr: 1977
Gewicht: 840 g

Die letzte, rein mechanische Nikon-Kamera mit Photomic-Aufsatz, Typbezeichnung DP-12. Von der Konstruktion mit der F2SB vergleichbar - Silizium-Fotodioden und Plus-/Minus-Anzeige - aber hier mit Kupplungsmöglichkeiten der neuen AI-Objektivserie mit automatischer Eingabe der Lichtstärke (AI). Die bei Nikon-Sammlern begehrteste Serien-F2.
Nikon F2AS chrom: BCO 03 341-1.
Nikon F2AS schwarz: BCO 03 341-2.

Blendensteuerungen für F2-Kameras

Blendensteuerung DS-1

Blendensteuerung für die Photomic-Sucher DP-2 der Nikon F2S und DP-3 der Nikon F2SB.
Blendensteuerung DS-1: BCO 03 390.

Blendensteuerung DS-2

Blendensteuerung für die Photomic-Sucher DP-2 der Nikon F2S und DP-3 der Nikon F2SB, bis auf den eingebauten Blitzanschluß mit dem DS-1 vergleichbar.
Blendensteuerung DS-2: BCO 03 391.

Blendensteuerung DS-12EE

Blendensteuerung für den F2AS-Photomic DP-12.
Blendensteuerung DS-12EE: BCO 03 392.

Nikon F2 HighSpeed Modell I

Modifizierte F2-Kamera für Belichtungen bis 10 Bilder pro Sekunde, vorgestellt zur photokina 1978. Starrer Kameraspiegel, nicht arretierbar, Gehäuse größtenteils titanbeschichtet, Verschlußzeiten von 1 bis 1/1000, T und B, kein Selbstauslöser, serienmäßige Lieferung mit Titan-Prismensucher. Gravur F2 vor der Seriennummer (ab Nr. 7800001) und zusätzliche Bezeichnung "H" für HighSpeed.
Spezieller Motor MD-100 mit Batterie-Einheit MB-100 (vier Akku-Packs MN-1), Ladegerät gehört zum Lieferumfang.
Nikon F2 HighSpeed Modell I schwarz: BCO 03 351. *4.000,-*

Nikon F2 HighSpeed Modell II

Bei einer zweiten Version der F2 HighSpeed entfielen die Langzeitbelichtungsmöglichkeiten T und B, als Erkennungszeichen wurde die Seriennummer mit dem Hinweis "H-MD" zweizeilig graviert. Motor und Zubehör wie Modell I.
Nikon F2 HighSpeed Modell II schwarz: BCO 03 352. *4.000,-*

Zwei Ansichten der Nikon F2 High-Speed Modell II

Nikon F2-Kameraserie

Nikon F2-Data

Spezial-F2 mit der Rückwand MF-10 (auswechselbar gegen die normale Rückwand) für die Datenregistrierung. Einbelichtungsmöglichkeit von Jahr, Monat, Tag und Uhrzeit mit Sekundenangabe oder beliebige Angaben über eine Datenkarte mit einem 12x21 mm großen Leerfeld für zusätzliche handschriftliche Notizen. Eingebautes Mini-Elektronenblitzgerät (zwei Blitzkontakte) und eine Nikon-Uhr mit Sekundenzeiger. Verwendbare Filme: 25 bis 1600 ASA (Schwarzweiß), 25 bis 640 ASA (Farbe). Die beiden ersten Ziffern vor der endgültigen Seriennummer lauten bei der F2-Data "77".
Nikon F2-Data 36: BCO 03 361. 5.000,-

Die gleiche Kamera baute Nikon mit der Rückwand MF-11, dadurch erhöhte Aufnahmekapazität von 250 Belichtungen.
Nikon F2-Data 250: BCO 03 365. 6.000,-

Nikon F2-Data

Nikon F2A-Data 250 (Vorderseite)

Nikon F2A-Data 250 (Rückseite)

Nikon F2 Titan

Für extreme Belastungen mit Titan beschichtetes F2-Kameragehäuse (Frontplatte, Rückwand, Boden, Sucherbrücke und Prisma). Serienmäßig ohne Photomic, nur mit dem auswechselbaren Prismensucher DE-1 geliefert. Die Kameras mit Titan-Schriftzug bekamen die Anfangsziffern 79. Titan-Kameras ohne Schriftzug sind an den beiden Ziffern 92 vor der endgültigen Seriennummer bestimmbar. Gewicht: 725 Gramm. Die F2 für den harten Einsatz.

Nikon F2 Titan chrom mit Schriftzug "Titan": BCO 03 370-1. 5.000,-
Nikon F2 Titan schwarz mit Schriftzug "Titan": BCO 03 370-2. 4.000,-
Nikon F2 Titan schwarz ohne Schriftzug "Titan": BCO 03 370-3. 3.000,-

Nikon F2 Titan schwarz mit Gravur "Titan"

Nikon F2-Screen (Mattscheibenkamera)

Demonstrationsmodell für die Beurteilung der F- und F2-Mattscheiben und neun verschiedener Dioptrienvorsätze. Anschlußbajonett für die Nikkor-Objektive, fest angebauter Prismensucher DE-1 und feststehender Spiegel - keine Filmlademöglichkeit! Zur Lieferung gehörten zwei Einschubschienen für 16 Mattscheiben. Nur an den Fotohandel und die Nikon-Vertretungen ausgeliefert. Keine eingravierte Seriennummer, fast gleiche Bauart wie Nikon F-Screen.
Nikon F2-Screen (Mattscheibenkamera) schwarz: BCO 03 601.

Nikon FM

Typ: 24x36-Spiegelreflexkamera mit eingebautem Belichtungsmesser
Empfindlichkeiten: 12 bis 3200 ASA
Belichtungszeiten: 1 bis 1/1000 sowie B
Verschluß: Metallschlitzverschluß
Blitzsynchronisation: Kabel- und Mittenkontakt, 1/125 für Elektronenblitz.
Motoranschluß: für die Motoren MD-11 und MD-12
Erscheinungsjahr: 1977
Gewicht: 420 g

Erste Nikon-Kompaktkamera, LED-Anzeige im Sucher für die Belichtungsmessung, Blendenwerteinspiegelung, Verschlußzeit- und Blitzbereitschaftsanzeige im Sucher, Mehrfachbelichtungsschalter, Selbstauslöser, keine Wechselsucher, Spiegel nicht arretierbar. Anschluß für die neuen AI-Nikkore (Nutzmöglichkeit nicht umgebauter Objektive mit Arbeitsblendenmessung). Durch die kompakte Bauweise blieb die Kamera auch mit dem neuen FM-Motor MD-11 (3.5 Bilder pro Sekunde) äußerst handlich. Als robuste und rein mechanische Kamera noch heute ein gefragtes Modell. Die erste FM ist zu bestimmen an dem geriffelten Ring um den Auslöser (mit Verriegelungsschalter) und an der Rückspulkurbel mit gleicher Riffelung. Serienanfang mit der Nummer 210 0200.
Nikon FM Modell I chrom: BCO 03 410-1. 350,-
Nikon FM Modell I schwarz: BCO 03 410-2. 400,-

Bei der nächsten FM-Version verzichtete Nikon auf den geriffelten Verriegelungsring um den Auslöser, zusätzlich anders gestaltete Rückspulkurbel - ansonsten keine Veränderungen zum FM-Modell I.
Nikon FM Modell II chrom: BCO 03 415-1. 350,-
Nikon FM Modell II schwarz: BCO 03 415-2. 400,-

Zur 60-Jahr-Feier von Nippon Kogaku empfahl sich Nikon mit einem Sondermodell der FM in Gold. Hinter die Seriennummer setzte das Werk das Kürzel "LX" als Kennzeichen für die Luxus-Ausgabe der Kamera. Die FM-Gold ist voll funktionsfähig - kein Show-Objekt!
Nikon FM Gold: BCO 03 416. 2.500,-

Nikon FM Modell I mit Motor MD-11

Nikon FM Modell II, schwarz.

Nikon-Kompakt-Spiegelreflexkameras

Nikon FE mit Motor MD-12

Nikon FE-Action

Nikon FE

Typ: 24x36-Spiegelreflexkamera mit eingebautem Belichtungsmesser
Empfindlichkeiten: 12 bis 4000 ASA
Belichtungszeiten: 8 Sekunden bis 1/1000 sowie B
Verschluß: Metallschlitzverschluß
Blitzsynchronisation: Kabel- und Mittenkontakt, 1/125 für Elektronenblitz.
Motoranschluß: für die Motoren MD-11 und MD-12
Erscheinungsjahr: 1978
Gewicht: 590 g

Mit den gleichen Abmessungen wie die Kompakt-FM ergänzte Nikon sein Programm mit der automatischen FE. Diese elektronische Kamera bekam eine ähnliche Sucherskala wie die Nikkormat EL bzw. Nikon EL-2 und ließ sich auch manuell gut beherrschen. Zeitautomatik nach Blendenvorwahl, Messung mit Siliziumzellen, manueller Nadelabgleich, Meßwertspeicher, Belichtungskorrekturskala (-2 bis +2), Blitzautomatik, automatische Synchro-Umschaltung mit Nikon-konformen Blitzgeräten. Auswechselbare Mattscheiben (K, B und E), mechanische Zeit bei Batterieausfall 1/90 s, ansonsten vergleichbar mit der FM-Ausstattung.
Nikon FE chrom: BCO 03 420-1.
Nikon FE schwarz: BCO 03 420-2.

Nikon FE-Action

Nicht zur Serie gereiftes Sondermodell mit einem fest eingebauten Sportsucher. Kameradaten mit der normalen FE vergleichbar, jedoch kein Blitz-Mittenkontakt. Die Blenden-Direktablesung im Sucher fehlt, weiterhin ist die Blitzbereitschaftsanzeige im Sucher nicht vorgesehen. Gewicht: 790 Gramm. Motoranschluß für MD-11 oder MD-12.
Nikon FE-Action schwarz: BCO 03 611.

Nikon FM2

Typ: 24x36-Spiegelreflexkamera mit eingebautem Belichtungsmesser
Empfindlichkeiten: 12 bis 6400 ASA
Belichtungszeiten: 1 bis 1/4000 sowie B
Verschluß: Titanschlitzverschluß (ab Oktober 1989 Aluminium-Schlitzverschluß)
Blitzsynchronisation: Kabel- und Mittenkontakt, 1/200 für Elektronenblitz (später 1/250).
Motoranschluß: für die Motoren MD-11 und MD-12
Erscheinungsjahr: 1982
Gewicht: 540 g

Auf der FM basierende Kompaktkamera mit einem sensationellen Verschluß mit der Kurzzeit von 1/4000 und 1/200 Blitzsynchronisation - Nikon erhielt dafür einen Technologiepreis! Neue Leuchtdiodenanordnung, Meßwerkeinschaltung über Auslöserberührung, vertikal ablaufende Verschlußrollos aus Titan, Anschluß nur noch für AI-Nikkore, verbesserter Kameraspiegel. Gegenüber der Nikon FM deutlich höheres Verschlußzeitenrad, Verschlußzeit 1/200 auf der Skala vor 1/4000, in roter Farbe und mit einem X gekennzeichnet. Frontgravur FM2 als Erkennungszeichen.
Nikon FM2 Modell I chrom: BCO 03 430-1.
Nikon FM2 Modell I: schwarz: BCO 03 430-2.

Eine geringfügig abgeänderte FM2 erhielt eine noch schnellere Synchrozeit von 1/250, rot markiert innerhalb der normalen Verschlußzeitenanordnung. Sonst keine Unterschiede zur ersten Ausgabe der FM2.
Nikon FM2 Modell II chrom: BCO 03 431-1.
Nikon FM2 Modell II schwarz: BCO 03 431-2.

Ab Oktober 1989 baute die Nikon Corporation in die mechanische FM2 einen neuen Verschluß. Der Titanvorhang der bisherigen FM2-Modelle wurde durch einen Aluminiumverschluß ersetzt, der sich bereits in der Nikon F-801 bewährt hat.
Nikon FM2 Modell III chrom: BCO 03 432-1.
Nikon FM2 Modell III schwarz: BCO 03 432-2.

Nikon FM 2

Nikon FE2 schwarz

Nikon FE2

Typ: 24x36-Spiegelreflexkamera mit eingebautem Belichtungsmesser
Empfindlichkeiten: 12 bis 4000 ASA
Belichtungszeiten: 8 Sekunden bis 1/4000 sowie B
Verschluß: Titanschlitzverschluß
Blitzsynchronisation: Kabel- und Mittenkontakt, 1/250 für Elektronenblitz.
Motoranschluß: für die Motoren MD-11 und MD-12
Erscheinungsjahr: 1983
Gewicht: 550 g

Automatische Kompakt-Kamera mit dem Titanverschluß wie die FM2. Weitere von der FE abweichende Daten: Belichtungskorrektur-LED im Sucher, andere Kontakte im Blitzschuh für weiterentwickelte Nikon-Blitzgeräte, TTL-Blitzsteuerung, mechanische 1/250 bei Batterieausfall, verbesserte Spiegeldämpfungs-Konstruktion, Meßwerk arbeitet erst bei Bildstand 1, gravierte Typenbezeichnung FE2 auf der Frontseite.
Nikon FE2 chrom: BCO 03 440-1.
Nikon FE2 schwarz: BCO 03 440-2.

Nikon FA

Typ: 24x36-Spiegelreflexkamera mit eingebautem Belichtungsmesser
Empfindlichkeiten: 12 bis 4000 ASA
Belichtungszeiten: 1 bis 1/4000 sowie B
Verschluß: Titanschlitzverschluß
Blitzsynchronisation: Kabel- und Mittenkontakt, 1/250 für Elektronenblitz.
Motoranschluß: für die Motoren MD-11, MD-12 und MD-15.
Erscheinungsjahr: 1984
Gewicht: 625 g

Erste Spiegelreflexkamera der Welt mit Mehrfeld-Innenmessung (AMP) bei Programm-, Zeit- und Blendenautomatik. LCD-Anzeige wie bei der F3, manueller Abgleich möglich, TTL-Blitzsteuerung, Meßwertspeicher, drei auswechselbare Einstellscheiben, Mehrfachbelichtungshebel, Okularverschluß, Belichtungskorrekturskala mit Sucher-Warnanzeige, mechanische Belichtungszeit 1/250. Spezieller FA-Motor MD-15 mit Kamera-Stromversorgung über Motorbatterien. FA - Nikons revolutionäre Technokamera.

Nikon FA chrom: BCO 03 450-1.
Nikon FA schwarz: BCO 03 450-2.

Nikon FA

Nikon FA Gold

Sonderausgabe der FA mit einer 24-Karat-Goldauflage und wertvoller Belederung zur Verleihung des "Camera Grand Prix 1984" für das FA-Mehrfeld-Belichtungssystem. Die Kamera ist funktionsfähig bei allen Einstellungen.
Nikon FA Gold: BCO 03 455.

Nikon FA mit Motor MD-15

Nikon EM mit 1.8/50 E und Winder MD-E

Nikon EM FX-35A (links) und FX-35

Nikon EM

Typ: 24x36-Spiegelreflexkamera mit eingebautem Belichtungsmesser
Empfindlichkeiten: 25 bis 1600 ASA
Belichtungszeiten: 1 bis 1/1000 sowie B
Verschluß: Metallschlitzverschluß
Blitzsynchronisation: Mittenkontakt, 1/90 für Elektronenblitz.
Motoranschluß: für die Motoren MD-E und MD-14
Erscheinungsjahr: 1979
Gewicht: 460 g

Erste Nikon-Kamera mit klarer Ausrichtung für den Massenmarkt, absolut unkomplizierte Bedienung, konstruiert für die total-automatische Fotografie. Sehr leichtes Gehäuse, Zeitautomatik mit Verschlußzeitenskala im Sucher, Nadelanzeige, mechanische Zeit 1/90, akustisches Warnsignal bei möglicher Fehlbelichtung (nicht abschaltbar), Blitzautomatik mit Bereitschaftsanzeige, Gegenlichttaste, Selbstauslöser. Weiß ausgelegte EM-Gravur auf dem Prismensucher. Die erste EM-Version ist an der blauen Plastik-Gegenlichttaste zu erkennen, das folgende EM-Modell hat eine chromfarbene Taste.

Mit der EM erschien auch die preisgünstige E-Objektivserie mit 1.8/50E, 2.8/35E und 2.8/100E, dazu kamen der Motorwinder MD-E (2 Bilder/s) und das Blitzgerät SB-E.

Nikon EM Modell I schwarz (blaue Gegenlichttaste): BCO 03 460-1.
Nikon EM Modell II schwarz (Chrom-Gegenlichttaste):
 BCO 03 460-2.

Nikon EM Mikroskopkamera

Nikon baute auf der EM-Basis eine Mikroskopkamera ohne Verschluß, Belichtungsmesser und Prismensucher. Davon wurden drei Versionen an Institute, Labors und Kliniken ausgeliefert.

Die FX-35 wird mit einem Schnellschalthebel für den manuellen Filmtransport geliefert. Diese Version ist geeignet für die Microflexe AFX-II und PFX.

Nikon EM Mikroskopkamera FX-35: BCO 03 621.

Als schnellere Kamera kann die FX-35A geliefert werden. Sie hat einen Motorantrieb. Diese Kamera ist vorgesehen für die Microflex-Typen UFX-II und HFX-II.

Nikon EM Mikroskopkamera FX-35A: BCO 03 622.

Als weitere Nikon-Kamera für die Arbeit mit den Mikroskop-Microflex-Ansätzen (hier ist der Verschluß eingebaut) wird die FX-35A Data (MPC 1) geliefert. Sie eignet sich für UFX-II und HFX-II.

Nikon EM Mikroskopkamera FX-34A Data (MPC-1): BCO 03 623.

Nikon FG

Typ: 24x36-Spiegelreflexkamera mit einem eingebauten Belichtungsmesser
Empfindlichkeiten: 12 bis 3200 ASA
Belichtungszeiten: 1 bis 1/1000 sowie B
Verschluß: Metallschlitzverschluß
Blitzsynchronisation: Mittenkontakt, 1/90 für Elektronenblitz.
Motoranschluß: für die Motoren MD-E und MD-14
Erscheinungsjahr: 1982
Gewicht: 490 g

Weiterentwicklung der EM bei vergleichbarer Kompaktheit, erste Nikon-Kamera mit Programmautomatik, zusätzlich Zeitautomatik und manueller Abgleich über Leuchtdioden möglich, akustisches Warnsystem abschaltbar, Warnleuchte für Unter- oder Überbelichtung, Blitzautomatik mit Innenmessung. Neues Zeitenrad für Zeigefingerbedienung, Belichtungskorrekturskala, Gegenlichttaste, mechanische Notzeit 1/90, abschraubbare Griffleiste. Graviertes "FG" auf der Frontplatte.
Mit der Kamera wurde der spezielle FG-Motor MD-14 vorgestellt, höchste Frequenz 3.2 Bilder pro Sekunde.
Nikon FG chrom: BCO 03 470-1.
Nikon FG schwarz: BCO 03 470-2.

Nikon FG schwarz

Nikon-Kompakt-Spiegelreflexkameras

Nikon FG-20

Nikon FG-20

Typ: 24x36-Spiegelreflexkamera mit einem eingebauten Belichtungsmesser
Empfindlichkeiten: 25 bis 3200 ASA
Belichtungszeiten: 1 bis 1/1000 sowie B
Verschluß: Metallschlitzverschluß
Blitzsynchronisation: Mittenkontakt, 1/90 für Elektronenblitz.
Motoranschluß: für die Motoren MD-E und MD-14
Erscheinungsjahr: 1983
Gewicht: 440 g

Preisgünstiges Einstiegsmodell in das Nikon-System, basierend auf der EM/FG-Baureihe. Nur Zeitautomatik - keine Programmautomatik, manuelle Belichtung möglich, Blitzautomatik, akustisches und optisches Warnsignal bei Fehlbelichtung. Gegenlichttaste und Blitzbereitschaftsanzeige. Gravierte Typenbezeichnung "FG-20" auf der Vorderseite.
Nikon FG-20 chrom: BCO 03 475. 250,-

Nikon F3

Typ: 24x36-Spiegelreflexkamera mit einem eingebauten Belichtungsmesser und auswechselbaren Suchern
Empfindlichkeiten: 12 bis 6400 ASA
Belichtungszeiten: 8 Sekunden bis 1/2000, T und B.
Verschluß: Titanschlitzverschluß
Blitzsynchronisation: Kabelkontakt und Direktanschluß, 1/80 für Elektronenblitz.
Motoranschluß: für den Motor MD-4 (Ansatz von Langfilm-Magazinen durchführbar).
Erscheinungsjahr: 1980
Gewicht: 700 g

Nikons erste Profikamera mit eingebauter Belichtungsautomatik, noch heute weltweit der Standard bei den Berufsfotografen im Bereich Kleinbild. Hervorragende Verarbeitung, sehr handlich auch mit Motor. Daten: Zeitautomatik mit LCD-(Flüssigkristall-)Anzeige (zusätzlich beleuchtbar), noch stärkere Ausrichtung auf den Mittelpunkt bei der Messung, mechanisch wirkender Notauslöser mit 1/60, Meßwertspeicherung, Okularverschluß, Selbstauslöser mit Leuchtdiodenkontrolle, arretierbarer Kameraspiegel, eigenständige Blitzeinstellung, 100%-Sucherbild, Belichtungskorrekturskala und Mehrfachbelichtungsschalter. Der Anschluß von Nicht-AI-Nikkoren ist möglich, TTL-Blitzmessung, fünf schnell auswechselbare Sucher und 22 Wechsel-Mattscheiben. Weiß gravierte Bezeichnung "F3" auf der Kameravorderseite.
Mit der neuen Profi-Nikon kam der spezielle F3-Motor MD-4 in die Vorstellung - Bildfrequenz sechs Bilder pro Sekunde - seine Batterien decken auch den Strombedarf der Kamera.
Nikon F3 schwarz: BCO 03 501.

Nikon F3 HP

Nur der Sucher unterscheidet sie von der Serien-F3. HP steht für den "High-Eyepoint-Sucher", der mit einem deutlich größeren Okular ausgestattet ist. Aus einem Abstand von 25 Millimetern können das Motiv und die Belichtungsdaten beurteilt werden - besonders interessant für Brillenträger. Der HP-Sucher ist auswechselbar.
Nikon F3HP schwarz: BCO 03 511.

Nikon F3HP

Nikon F3AF

1983 kam die erste Nikon-Autofokus-Spiegelreflex mit der Bezeichnung F2AF. Wichtigstes Teil ist der auswechselbare AF-Sucher DX-1, er hat eine eigene Mattscheibe eingebaut. Die AF-Schärfenanzeige wird mit zwei roten Leuchtpfeilen angezeigt, bei Unschärfe warnt ein Leuchtdioden-X. Der Sucher läßt sich als opto-elektronische Einstellhilfe auch mit anderen F3-Kameras verwenden. Die anderen Daten entsprechen einer Serien-F3.

Die Kamera ist an dem großen, rechteckig geformten DX-Sucher leicht zu erkennen, zusätzlich wurde auf die Kamera die Typenbezeichnung F3AF graviert. Zwei AF-Objektive kamen mit der F3AF in die Vorstellung, ein AF-2.8/80 und ein AF-3.5/200 IF-ED.

Nikon F3AF schwarz: BCO 03 521. *2.200,-*

Nikon F3AF mit Sucher DX-1 und AF-Nikkor 2.8/80

Nikon F3 NASA

Für die NASA-Projekte "Space Shuttle", "Challenger" und "Columbia" gelieferte Spezialanfertigung der Nikon F3 mit einem fest angebauten Blitzschuh auf dem Prismensucher und einem leichter greifbaren Hebel für die Spiegelarretierung, zusätzlich modifizierter MD-4-Motor.
Nikon F3 NASA 36: BCO 03 531-1.

Die gleiche Kamera fertigte Nikon als Dummy - ohne Mechanik und Elektronik - als Demo-Version für Ausstellungen und als Vitrinenmodell.
Nikon F3 NASA 36 (Dummy): BCO 03 531-9.

Weltraum-Ausführung "Space Shuttle" der F3 mit dem Rückteil für 250 Aufnahmen. Deutlich höher gebauter Verschlußzeitenwähler, größerer Hebel für die Spiegelarretierung, angebauter Blitz-ISO-Schuh, Spezialmotor.
Nikon F3 NASA 250: BCO 03 535-1.

Gleiches Modell als Dummy hergestellt für Ausstellungszwecke.
Nikon F3 NASA 250 (Dummy): BCO 03 535-9.

Nikon F3 NASA 36 (Dummy)

Nikon F3 NASA 250

Nikon F3-Kameraserie

Nikon F3 Titan hell

Nikon F3 Titan schwarz

Nikon F3 Titan

Sonderausführung der F3, bei der das Kameraoberteil, der Prismensucher, der Boden und die Kamerarückwand aus Titan geschützt werden, die F3-Technik wurde dabei nicht verändert, das Gewicht reduzierte sich um 20 Gramm. Diese Kamera konnte nur mit dem HP-Titan-Sucher DE-4 erworben werden, das elfenbeinfarbige Aussehen hebt sich von den anderen F3-Versionen deutlich ab. Als Typengravur kam die Gravur "F3/T" auf die Vorderseite.

Nikon F3 Titan hell: BCO 03 541-1.

Für Fotografen, die eine unauffälligere Kamera wünschten, lieferte Nikon die F3 in einer schwarzen Titanausführung mit dem HP-Sucher, auch hierbei technisch keine Veränderungen zur Serien-F3. Gravur "F3/T" zur Kamerabestimmung auf der Vorderseite.

Nikon F3 Titan schwarz: BCO 03 541-2.

Nikon F3P

Für den Reportageeinsatz, auch unter extremen klimatischen Bedingungen geschaffene Sonder-F3. Es fehlen: der Mehrfachbelichtungshebel, Selbstauslöser, Rückwandentriegelungshebel, Okularverschluß, Drahtauslöseranschluß und die 1/80 Festzeit vor Bildstand eins, dafür kommen eine Prismenkappe aus Titan mit aufgebautem Mittenkontakt, ein rundes Zählwerkfenster, die zusätzliche Filmandruckrolle und bessere Gummiabdichtungen.

Der F3-Sucher DX-1 läßt sich nicht einsetzen, die Stoprückwand MF-6B wurde serienmäßig anscharniert. Erkennbar ist diese "Nahkampf-F3" an dem höher gebauten Verschlußzeitenrad und dem Mittenkontakt auf dem Prisma.

Nikon F3P schwarz: BCO 03 551.

Nikon F3P mit Motor MD-4

Nikon F3-Screen

Demonstrationsgehäuse ohne die Möglichkeit, einen Film einzulegen. Gebaut für die Beurteilung der F3-Mattscheiben und Okulareinsätze. Bauart vergleichbar der F- und F2-Screen.
Nikon F3-Screen: BCO 03 631.

Nikon F3-Screen

Nikon F-301

Typ: 24x36-Spiegelreflexkamera mit einem eingebauten Belichtungsmesser.
Empfindlichkeiten: 25 bis 4000 ISO (DX), 12 bis 3200 (nicht-DX).
Belichtungszeiten: 1 bis 1/2000 und B
Verschluß: Schlitzverschluß
Blitzsynchronisation: Mittenkontakt, 1/125 für Elektronenblitz.
Motoranschluß: eingebaut
Erscheinungsjahr: 1985
Gewicht: 635 g, mit Batterien.

Als Nikons neue Kameraklasse bezeichnet - die erste Serien-Nikon mit einem eingebauten Motor - Frequenz 2.5 Bilder pro Sekunde. Automatische Filmeinfädelung und automatische Filmcodierung. Normale Programmautomatik und Kurzzeit-Programmautomatik, Zeitautomatik und manuelle Belichtungseinstellung über Diodenanzeige im Sucher, Belichtungskorrekturscheibe, Meßwertspeicherung, abschaltbare akustische Warnanzeige, Filmfenster und Transportkontrollanzeige, superhelle Einstellscheibe, LED-Selbstauslöser sowie Motorserienschaltung, TTL-Blitzprogrammsteuerung, Fernauslöseanschluß - keine Abblendtaste und keine Mattscheibenwechselmöglichkeit.
Nikon F-301 schwarz: BCO 03 701-1.
Nikon N2000 schwarz (US-Version): BCO 03 701-2.

Nikon F-301

Nikon F-501

Typ: 24x36-Spiegelreflexkamera mit einem eingebauten Belichtungsmesser und Autofokus.
Empfindlichkeiten: 25 bis 5000 ISO (DX), 12 bis 3200 (nicht-DX).
Belichtungszeiten: 1 bis 1/2000 und B
Verschluß: Schlitzverschluß
Blitzsynchronisation: Mittenkontakt, 1/125 für Elektronenblitz.
Motoranschluß: eingebaut
Erscheinungsjahr: 1986
Gewicht: 635 g, mit Batterien.

Fast identisches Gehäuse, gleiches Design und vergleichbare Ausstattung wie die F-301, aber mit eingebauter Steuerung für die automatische Entfernungseinstellung - Nikons erste erfolgreiche Autofokus-Kamera.
Daten: Dual-AF-System für AF-Priorität und Auslösepriorität bei bewegten Motiven, Belichtungsautomatiken (mittenbetonte Messung) wie bei der F-301, aber zusätzlich Dual-Programmautomatik, AF-TTL-Blitzsteuerung mit Nikon-konformen Blitzgeräten, eingebauter Motor (2.5 Bilder pro Sekunde), Meßwert- und Schärfespeicherung. Drei auswechselbare Einstellscheiben. Die ideale Kamera für Autofokusbetrieb und manuelle Entfernungseinstellung mit optischer Einstellhilfe.
Nikon F-501 schwarz: BCO 03 711-1.
Nikon N2020 schwarz (US-Version): BCO 03 711-2.

Nikon F-501 schwarz

Nikon F-801

Typ: 24x36-Spiegelreflexkamera mit einem eingebauten Belichtungsmesser und Autofokus.
Empfindlichkeiten: 25 bis 5000 ISO (DX), 6 bis 6400 (nicht-DX).
Belichtungszeiten: 30 Sekunden bis 1/8000 und B
Verschluß: Metallschlitzverschluß
Blitzsynchronisation: Mittenkontakt, 1/250 für Elektronenblitz.
Motoranschluß: eingebaut
Erscheinungsjahr: 1988
Gewicht: 775 g, mit Batterien.

Zum Zeitpunkt der Vorstellung die bisher bestausgestattete Nikon-Kamera, die Spiegelreflex mit dem schnellsten eingebauten Motor der Welt (3.3 Bilder pro Sekunde). Extrem kurze Verschlußzeit von 1/8000, außergewöhnlich schneller Autofokus - erste Nikon-Kamera mit Display-Scheibe auf der Oberseite und einem zentralen Einstellrad. Die Daten im einzelnen: Serienmäßiger HP-Sucher (ideal für Brillenträger), Matrix-Messung oder mittenbetonte Integralmessung, Dualprogramm-, Normalprogramm-, HighSpeed-Programm-, Blenden- und Zeitautomatik sowie manuelle Steuerung, Belichtungskorrektur, Meßwertspeicherung, Mehrfachbelichtungsfunktion, kurze Blitzsynchronzeit, matrixgesteuerter TTL-Aufhellblitz, Synchronisation auf dem zweiten Verschlußvorhang für kreative Blitzfotografie, variabler Selbstauslöser, akustische Warnanzeige, automatische Filmrückspulung, auswechselbare Mattscheiben - die Spitzenkamera für das Fotografieren mit AF-Nikkoren und manuellen AI-Nikkoren. Hinweis "AF" auf der linken, "F-801" auf der rechten Vorderseite.
Nikon F-801 schwarz: BCO 03 721-1.
Nikon N8008 schwarz (US-Version): BCO 03 721-2.

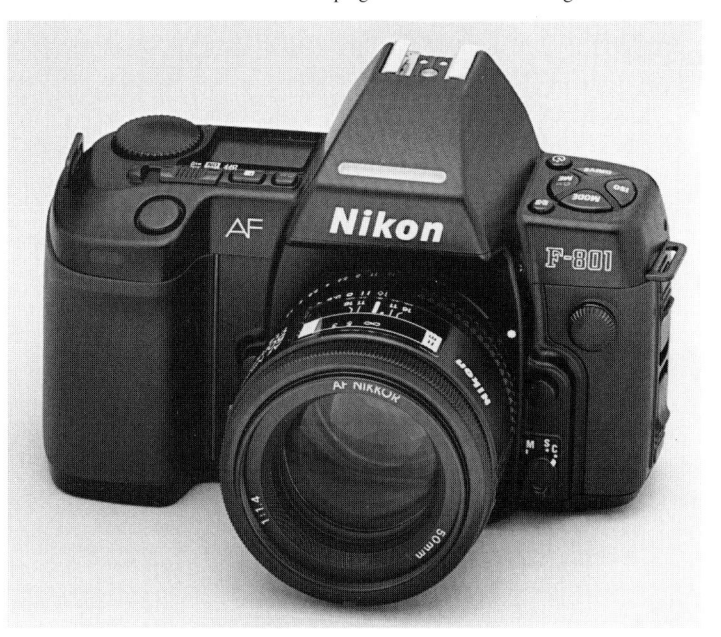

Nikon F-801

Nikon Spiegelreflexkameras mit eingebautem Motor

Nikon F-401 mit AF-Zoom 35-70 mm

Nikon F-401s mit AF-Zoom 35-70 mm

Nikon F-401

Typ: 24x36-Spiegelreflexkamera mit einem eingebauten Belichtungsmesser und Autofokus.
Empfindlichkeiten: 25 bis 5000 ISO (DX)
Belichtungszeiten: 1 bis 1/2000 und B
Verschluß: Schlitzverschluß
Blitzsynchronisation: Mittenkontakt, 1/100 für Elektronenblitz und eingebauten Blitz.
Motoranschluß: eingebaut
Erscheinungsjahr: 1988
Gewicht: 645 g, mit Batterien.

Preisgünstige Autofokus-Spiegelreflexkamera für das total-automatische Fotografieren, erste Serien-Nikon-SLR mit einem eingebauten Blitzgerät: TTL-Blitzautomatik mit Aufhellblitz, Blitzbereitschaftsanzeige. Eingebauter Filmtransport-Motor, automatische Filmrückspulung, Dreifach-Sensor-Belichtungsmessung für Zeit- und Blendenautomatik, manueller Abgleich über Plus-/Minus-Leuchtdiodenanzeige, Meßwertspeicher, AF-Schärfespeicher, automatische DX-Film-Abtastung, Selbstauslöser, superhelle Einstellscheibe - keine Abblendtaste. Nur empfehlenswert mit AF-Nikkor-Wechselobjektiven. AMP-Meßsystem! Zwei Bedienungsräder unter einer Acryl-Scheibe auf der Oberseite, auffälliger und vertikal angeordneter Nikon-Schriftzug auf der linken Vorderseite, AF-Hinweis auf der rechten Seite.
Nikon F-401 schwarz: BCO 03 731-1.
Nikon N4004 schwarz (US-Version): BCO 03 731-2.

Nikon F-401 Quartz Date

Gleiches Modell wie die F-401, aber mit fest angebauter Datenrückwand zur Einbelichtung von Zeit oder Datum.
Nikon F-401 Quartz Date: BCO 03 731-3.

Nikon F-401s

Weiter verbesserte AF-Kamera mit besserer Sicherung gegen Fehleinstellungen mit einer Bedienungsräder-Verriegelung, geringfügig geändertes Design.
Nikon F-401s schwarz: BCO 03 732-1.
Nikon N4004s schwarz (US-Version): BCO 03 732-2.

Nikon F-401s Quartz Date

Version der F-401s mit fest angebauter Datenrückwand. Die Ausführung ist identisch mit der F-401 Quartz Date.
Nikon F-401s Quartz Date: BCO 03 732-3.

Nikon F4

Typ: 24x36-Spiegelreflexkamera mit einem eingebauten Belichtungsmesser, Autofokus und auswechselbaren Suchern.
Empfindlichkeiten: 25 bis 5000 ISO (DX), 6 bis 6400 (nicht-DX).
Belichtungszeiten: 30 Sekunden bis 1/8000, B und T.
Verschluß: Schlitzverschluß, bestehend aus kohlefaser-verstärkten Epoxydblättern und Aluminium.
Blitzsynchronisation: Mittenkontakt und Kabelanschluß, 1/250 für Elektronenblitz.
Motoranschluß: eingebaut
Erscheinungsjahr: 1988
Gewicht: 1400 g, mit Batterien.

Professionelle Nikon-Kamera mit Autofokus, Zeit-, Blenden-, Programm- und HighSpeed-Programm-Automatik. Manueller Belichtungsabgleich möglich. Flüssigkeitskristall-Anzeige für Verschlußzeit, verwendete Belichtungsmessung, Manuell-Skala, Blendenwert und Bildzählwerk, Belichtungskorrekturwert, Schärfenanzeige und Blitzbereitschaft. Matrixmessung mit AF-Nikkoren und Spotmessung, matrixgesteuerte Blitzmessung, elektronische Entfernungs-Einstellhilfe, manuelle Scharfeinstellung, Schärfe- und Auslösepriorität, eingebauter Motor, extra leise Betriebsart bei Stellung CS, automatische und manuelle Filmrückspulung, HP-Sucher serienmäßig - austauschbar gegen drei andere Sucher, auswechselbare Mattscheiben, 100% Sucherbild, arretierbarer Kameraspiegel, vielfältige Speichermöglichkeiten, Anschluß für Nicht-AI-Nikkore.
Nikon F4 schwarz: BCO 03 741.

Nikon F4 mit Batterieteil MB-20

Nikon F4s

Mit dem Batterieteil MB-21 heißt die Kamera Nikon F4s und bringt eine Motorfrequenz von 5.7 Bildern pro Sekunde. Zusätzlicher Hochformatauslöser - bis auf diese Unterscheidung mit der F4 vergleichbar.
Nikon F4s schwarz: BCO 03 745.

Nikon F4s mit High-Speed Batterieteil MB-21

Nikon F-601 mit AF-Nikkor 3.3-4.5/35-70 mm

Nikon F-601

Typ: 24x36-Spiegelreflexkamera mit einem eingebauten Belichtungsmesser und integriertem Blitz, Autofokus.
Empfindlichkeiten: 25 bis 5000 ISO (DX), 6 bis 6400 (nicht-DX).
Belichtungszeiten: 30 bis 1/2000 Sekunde und B
Verschluß: Schlitzverschluß
Blitzsynchronisation: Mittenkontakt, 1/125 für Elektronenblitz, eingebauter Blitz mit Leitzahl 13 (bei ISO 100).
Motoranschluß: eingebaut
Erscheinungsjahr: 1990
Gewicht: 700 g, mit 6-Volt-Lithium-Batterie.

Preisgünstige Autofokus-Kamera mit dem Design der F-801, integrierter und ausklappbarer Miniblitz auf der Oberseite des Prismas, Autofokus-Betrieb mit Schärfe- oder Auslösepriorität, manuelle Schärfeneinstellung mit elektronischer Fokussierhilfe und Schärfespeicherung. Drei Meßsysteme: Matrix-, Spot- und mittenbetonte Integralmessung. Im Bereich der automatischen Fotografie stehen eine Multi-Programmautomatik (Blende und Verschlußzeit werden durch das Matrix-System ermittelt), Blenden- und Zeitautomatik sowie Steuerung einer automatischen Belichtungsreihe zur individuellen Kontrastbestimmung zur Verfügung. Dazu kommt noch die Meßwert-Speicherung, eine Belichtungskorrektur und die Möglichkeit zur manuellen Einstellung. Matrixgesteuertes Aufhellblitzen, TTL-Steuerung, Blitzen mit langen Synchronzeiten und Blitzbelichtung auf den zweiten Verschlußvorhang mit dem eingebauten Blitz, vergleichbare Möglichkeiten mit den AF-Blitzern SB-20, SB-22, SB-23 und SB-24, eingebaute Blitzbelichtungskorrektur. Zentrales Einstellrad, HP-Sucher, Selbstauslöser mit variabler Vorlaufzeit, Warnanzeige bei zu langen Verschlußzeiten, automatische Filmeinfädelung und -rückspulung. LCD-Anzeigen im Sucher und auf dem Gehäuse, im Vergleich zur F-801 deutlich langsamerer Motor mit zwei Belichtungen pro Sekunde, Drahtauslöseranschluß, 6-Volt-Lithium-Batterie für ca. 16 36er-Filme.
Nikon F-601 schwarz: BCO 03 751-1.

Nikon F-601 Quartz Date

Spezielle Version der F-601, die sich nur durch eine eingebaute Datenrückwand unterscheidet. Es können Jahr/Monat/Tag, Tag/Stunde/Minute, Monat/Tag/Jahr und Tag/Monat/Jahr vermerkt werden, auf Wunsch auch Betrieb ohne Einbelichtung. Eingebaute 24-Stunden-Uhr.
Nikon F-601 Quartz Date schwarz: BCO 03 751-2.

Nikon F-601M

Typ: 24x36-Spiegelreflexkamera mit einem eingebauten Belichtungsmesser.
Empfindlichkeiten: 25 bis 5000 ISO (DX), 6 bis 6400 (nicht-DX).
Belichtungszeiten: 30 bis 1/2000 Sekunde und B
Verschluß: Schlitzverschluß
Blitzsynchronisation: Mittenkontakt, 1/125 für Elektronenblitz.
Motoranschluß: eingebaut
Erscheinungsjahr: 1990
Gewicht: 610 g, mit 6-Volt-Lithium-Batterie.

Bauartgleiche Version der F-601 ohne Autofokus-Scharfeinstellung und ohne eingebautes Blitzgerät. Ausstattung mit LCD-Anzeigen im Sucher und auf dem Gehäuse, zentrales Einstellrad und eingebauter Motor für Einzel- und Serienschaltung, bis zu zwei Bilder pro Sekunde. Neben der manuellen Belichtungseinstellung mit vier Programmautomatiken ausgestattet: Blenden-, Multi- und Normalprogramm-, dazu Programm-Shift- und Zeitautomatik. Zusätzlich Meßwertspeicherung, Belichtungsreihe und -Korrektur. Matrix-Aufhellblitzen, Aufhellblitzen mit mittenbetonter Integralmessung, Betrieb mit langen Verschlußzeiten und Synchronisation auf den zweiten Verschlußvorhang wie bei der F-601, Nikon-konforme Blitzgeräte vorausgesetzt. Ansonsten ähnliche Ausstattung wie die F-601, mit HP-Sucher und variablem Selbstauslöser.
Nikon F-601M schwarz: BCO 03 752.

Nikon F-601M mit AF-Nikkor 3.3-4.5/35-70 mm

Nikonos I mit der ersten Version des UW-Nikkor 2.5/35

Nikonos I

Typ: 24x36-Allwetter-Sucherkamera
Empfindlichkeiten: kein eingebauter Belichtungsmesser
Belichtungszeiten: 1/30 bis 1/500 und B
Verschluß: Metall-Schlitzverschluß
Blitzsynchronisation: Kabelkontakt über Adapter, 1/60 für Elektronenblitz.
Erscheinungsdatum: August 1963 (gebaut bis Oktober 1968)
Gewicht: 700 g mit 2.5/35 mm (über Wasser)

Erste Allwetterkamera von Nikon, Weiterentwicklung der Calypso, der ersten echten Unterwasserkamera der Welt. Nippon Kogaku erwarb von Spirotechnique/Frankreich die Patente. Als auswechselbares Standardobjektiv für den Tauch- und Überwasser-Einsatz verwendete Nippon Kogaku ein 2.5/35 mit dem optischen Aufbau des 2.5/35 aus der Meßsucher-Objektivserie.
Typ: Kleinbild-Allwetterkamera mit Nickelstahl-Aluminium-Druckgußgehäuse für Tauchtiefen bis sechs Atü/50 m. Einwandfreie Funktion zwischen -20° und +40° Celsius. Mehrfachschalthebel für Spannen, Auslösen und Filmtransport, automatisch rückstellendes Zählwerk, Leuchtrahmensucher, Blitzanschluß für FP und X, Drehknopf zur Filmrückspulung. Erkennungsmerkmal: Nippon Kogaku-Warenzeichen auf der Rückseite eingelassen.

Nikonos I, Vorserienversion mit der Bezeichnung Calypso/Nikkor (Calypso in Schreibschrift): BCO 03 801-1.
Nikonos I, Nikonos-Bezeichnung in Versalschrift auf der Frontseite: BCO 03 801-2.

Nikonos II

Typ: 24x36-Allwetter-Sucherkamera
Empfindlichkeiten: kein eingebauter Belichtungsmesser
Belichtungszeiten: 1/30 bis 1/500 und B
Verschluß: Metall-Schlitzverschluß
Blitzsynchronisation: Kabelkontakt über Adapter, 1/60 für Elektronenblitz.
Erscheinungsdatum: August 1968
Gewicht: 700 g mit 2.5/35 mm (über Wasser)

Äußerlich vergleichbare Kamera mit der Nikonos I, aber mit vielen Detailverbesserungen, darunter eine schnellere Filmrückwickelkurbel. Typbezeichnung "Römisch II" zwischen Sucher und Mehrfachhebel, neues Nikkor-Objektiv mit zusätzlicher Meterskala und deutlicher Tiefenschärfenanzeige.

Nikonos II (Export-Version CALYPSO/NIKKOR):
   BCO 03 811-1. 500,-
Nikonos II (US-Version mit der Bezeichnung NIKONOS):
   BCO 03 811-2. 500,-

Nikonos II mit Gummi-Einstellknöpfen mit der zweiten Version des UW-Nikkor 2.5/35.

Vorserien-Nikonos II mit 2.8/15 und Sucher (Prototypen)

Nikon-Unterwasserkameras

Nikonos III

Typ: 24x36-Allwetter-Sucherkamera
Empfindlichkeiten: kein eingebauter Belichtungsmesser
Belichtungszeiten: 1/30 bis 1/500 und B
Verschluß: Metall-Schlitzverschluß
Blitzsynchronisation: Kabelkontakt über Adapter, 1/60 für Elektronenblitz.
Erscheinungsjahr: 1975
Gewicht: 790 g, mit Standardobjektiv (über Wasser).

Gegenüber der Nikonos I und II völlige Neukonstruktion, breitere Bauart, bessere Rückwickelkurbel, neuer Mehrfachhebel, neuer Zeitenwähler und Leuchtrahmensucher für die Bildbegrenzungen der 35- und 80-mm-Nikkore. Bildzählwerk auf der Oberseite, Unterwassergewicht: 270 Gramm.
Nikonos III: BCO 03 821.

Nikonos III mit dem UW-Nikkor 2.5/35

Nikonos IVa

Typ: 24x36-Allwetter-Sucherkamera
Empfindlichkeiten: 25 bis 1600 ISO
Belichtungszeiten: 1/30 bis 1/1000 und B
Verschluß: Metall-Schlitzverschluß
Blitzsynchronisation: Kabelkontakt über Adapter, 1/90 für Elektronenblitz.
Erscheinungsjahr: 1980
Gewicht: 900 g, mit Standardobjektiv (über Wasser).

Erste Nikon-Amphibienkamera mit einem eingebauten Belichtungsmesser, Belichtungsautomatik bei Blendenvorwahl, schnellere 1/1000. Konstruiert wie eine Kleinbildkamera mit seitlich anscharnierter Rückwand und Schnellschalthebel, Leuchtdiodenanzeige im Albada-Sucher, mechanische 1/90 bei Stellung "M", automatische Blitz-Steuerung mit Nikonos-Elektronenblitzgeräten, Blitzbereitschaftsanzeige im Sucher.
Nikonos IVa: BCO 03 831.

Nikonos IVa mit 2.5/35

Nikonos V

Typ: 24x36-Allwetter-Sucherkamera
Empfindlichkeiten: 25 bis 1600 ISO
Belichtungszeiten: 1/30 bis 1/1000 und B
Verschluß: Metall-Schlitzverschluß
Blitzsynchronisation: Kabelkontakt über Adapter, 1/90 für Elektronenblitz.
Erscheinungsjahr: 1983
Gewicht: 855 g, mit Standardobjektiv (über Wasser).

Weiter verbesserte Allwetterkamera, Gehäuse aus einer Kupfer-Silumin-Alu-Legierung. Geändertes Belichtungssystem - die von der Automatik gewählte Verschlußzeit wird im Sucher mit Leuchtdioden angezeigt, Warnanzeigen bei Unter- oder Überbelichtung, TTL-Blitzautomatik mit Gegenlichtkorrektur. Angeboten in grüner und Orange-Ausführung.
Nikonos V grün: BCO 03 841-1.
Nikonos V orange: BCO 03 841-2.

Nikonos V mit 3.5/28

Unterwasser- und Allwetterobjektive

UW-Nikkor 2.8/15 mm
Prototyp des späteren Serienobjektivs mit einem rechteckigen Aufstecksucher und gläserner Schutzlinse, keine gezackte Sonnenblende.
UW-Nikkor 2.8/15 mm: BCO 03 859.

UW-Nikkor 2.8/15 mm
Dieses lichtstarke Nikon-Unterwasserobjektiv mit dem größten Bildwinkel aller UW-Nikkore von 94° ist nur für den Einsatz unter der Wasserfläche konstruiert. Die Naheinstellung von 30 cm ermöglicht auch bei trübem Wasser noch scharfe Aufnahmen durch weitgehende Annäherung an das Motiv und eignet sich durch die große Schärfentiefe auch für Aufnahmen von schnellen Fischen. Sehr großer aufsetzbarer Objektivsucher, ideal für die Bestimmung mit der Taucherbrille. Der Neunlinser wiegt 310 Gramm, kleinste Blende 22. Passender Sucher: DF-11.
UW-Nikkor 2.8/15 mm: BCO 03 850.

UW-Nikkor 2.8/20 mm
Lichtstarkes Weitwinkelobjektiv, ausschließlich für den Unterwasser-Einsatz berechnet. Ein ideales Objektiv, das auch bei UW-Nahaufnahmen sehr gute Ergebnisse liefert. Seitliche steuerbare Bedienungseinheiten für Blenden und Entfernungseinstellung. Für das 2.8/20 entwickelte Nikon den optischen Sucher DF-12, er wird direkt auf den Zubehörschuh der Nikonos aufgesteckt, eine Maske ermöglicht auch die Bestimmung der Perspektive bei dem UW-Nikkor 28 mm.
UW-Nikkor 2.8/20 mm: BCO 03 855.

LW-Nikkor 2.8/28 mm
Wasserdichtes Objektiv, das nicht für den Taucheinsatz geeignet ist. Besonders geeignet für Surfer, Höhlenforscher usw., im Design mit dem 2.8/28 der Serie-E vergleichbar, Mindestabstand 50 cm, Blenden 2.8 bis 22, 240 Gramm Gewicht.
UW-Nikkor 2.8/28 mm: BCO 03 860.

UW-Nikkor 3.5/28 mm
Ausschließlich für das Fotografieren unter Wasser konstruierter Sechslinser, Mindestaufnahmedistanz 60 cm, Bildwinkel 59°. Mit 179 Gramm sehr günstiges Gewicht und kompakte Bauweise, zur Bildbestimmung ist der aufsteckbare Rahmensucher hilfreich.
UW-Nikkor 3.5/28 mm: BCO 02 101-30.

UW-Nikkor 3.5/28 mm
Äußerlich geänderte Ausgabe mit schwarzlackierter Fassung und verbesserter Schärfen- und Blendenverstellung. Für das 28er liefert Nikon einen sehr schönen optischen Spezialsucher mit Parallaxenausgleich.
UW-Nikkor 3.5/28 mm: BCO 02-101-31.

UW-Nikkor 2.8/15 an einer Nikonos IVa

UW-Nikkor 2.8/20

UW-Nikkor 2.8/28

UW-Nikkor 3.5/28

Unterwasser- und Allwetterobjektive (Forts.)

UW-Nikkor 2.5/35 mm (erste Version)
Erstes Standardobjektiv für die Nikonos I, gleicher optischer Aufbau wie das 2.5/35 für die Nikon-Meßsucherkamera, sehr schmale Schärfentiefenskala, die Blendenreihe wurde mit kleinen Markierungsstrichen versehen, nur Feet-Skala! Bildwinkel über Wasser 62°, unter der Wasseroberfläche 46° 30', Mindestdistanz 80 cm, Blenden von 2.5 bis 22, Gewicht 160 Gramm.
UW-Nikkor 2.5/35 mm (erste Version): BCO 02 103-30.

UW-Nikkor 2.5/35 mm (zweite Version)
Im Design verändertes Nikonos-Normalobjektiv für den Land- und Taucheinsatz mit breiterer Schärfentiefenskala und zusätzlicher Meter-Information, Schärfentiefenanzeige innerhalb zweier beweglicher und rot markierter Dreiecke. Baugleich mit der ersten Ausführung.
UW-Nikkor 2.5/35 mm (zweite Version): BCO 02 103-31.

UW-Nikkor 2.5/35 mm
Neue und unauffälligere Version mit mattschwarz lackierter Fassung und griffigeren Einstellknöpfen. Bautechnisch ansonsten unverändert.
UW-Nikkor 2.5/35 mm: BCO 02 103-32.

UW-Nikkor 4/80 mm
Leichtes Tele für die Nikonos-/Calypso-Baureihe, das auch für Landaufnahmen geeignet ist. Die Bildwinkel betragen unter Wasser 22° und beim Landeinsatz 30° 20', Minimaldistanz ein Meter. Als Zubehör lieferte Nikon für die Ausschnittbestimmung einen aufsteckbaren, wasserbeständigen Albada-Sucher. Der Vierlinser wiegt 275 Gramm, feine Markierungsstriche auf der Blendenskala, kleinste Blende 22, schwarzlackierte Einstellfassung. Passender Überwassersucher: DF-10.
UW-Nikkor 4/80 mm: BCO 03 871-1.

UW-Nikkor 4/80 mm
Im Design geringfügig geändertes Tele-Nikkor, äußerlich an den komplett schwarzlackierten Einstellhebeln für Blende und Entfernung zu erkennen.
UW-Nikkor 4/80 mm: BCO 03 871-2.

Unterwasser-Blitzgeräte

Nikonos-Unterwasser-Blitzgerät Modell P
Stabblitzgerät mit einem langen Verbindungskabel, ausschließlich für FP- und AG-Kolbenblitzlampen. Anschluß an der Kamera-Unterseite, fester Reflektor, Betrieb mit einer 22.5-Volt-Batterie.
Nikonos-Unterwasser-Blitzgerät Modell P: BCO 03 880.

Nikonos-Unterwasser-Blitzgerät Modell II
Kolbenblitzer mit Spiralkabel für entfesselten Blitz und Halterung für Frontal- und Nahaufnahmen. Fester Reflektor.
Nikonos-Unterwasser-Blitzgerät Modell II: BCO 03 881.

Unterwasser-Blitzgerät SB-101
Stabblitzgerät für alle Nikon-Unterwasserkameras mit einem externen Sensor für den Sucherschuh der Nikonos, orangefarbenes Lampengehäuse, Leitzahl 32 über und 16 unter Wasser. Blitzbereitschaftsanzeige im Sucher der Kamera. Acht 1.5-Volt-Stabbatterien.
Unterwasser-Blitzgerät SB-101: BCO 03 882.

Unterwasser-Blitzgerät SB-102
Stabblitzgerät, TTL-Blitzmessung mit der Nikonos V, Aufhellblitzmöglichkeit und Belichtungskorrektur, kombinierbar mit anderen SB-Blitzern, auch bei TTL-Blitzsteuerung, mit Zielblitzeinrichtung, Leitzahl 32 (an Land), orangefarbenes Lampenteil, Spiralkabel.
Unterwasser-Blitzgerät SB-102: BCO 03 883.

Unterwasser-Blitzgerät SB-103
Stabblitzgerät mit einer Leitzahl von 20 an Land und 14 unter Wasser. Orangefarbenes Lampengehäuse und Spiralkabel. Vier 1.5-Volt-Batterien.
Unterwasser-Blitzgerät SB-103: BCO 03 884.

UW-Nikkor 4/80 mit Überwasser-Sucher

4.
Nikkor-Objektive für Nikon-Spiegelreflexkameras

Fisheye-Nikkor 2.8/6 mm (Vorserie)

Fisheye-Nikkor 2.8/6

18.000,-

Brennweite: 6 mm
Bildwinkel: 220°
Blenden: 2.8 bis 22
Distanzskala: ∞ - 30 cm
Linsen/Gruppen: 12/9
Filter: L1A, Y48, Y52, O56 und R60.
Erscheinungsjahr: 1970 (Prototyp), Produktion ab März 1972.
Gewicht: 5.2 kg

Zur photokina 1970 überraschte Nikon mit der Vorstellung eines 220°-Fischaugen-Nikkors mit einer fast unvorstellbaren Lichtstärke von 2.8. Dieses extremste Weitwinkel-Objektiv der gesamten Weltproduktion zeigt sich mit einer gigantischen Objektivkuppel und läßt die dahinterliegende Kamera nur als Beiwerk erscheinen. Unter dem großen Vorbau sitzt die kompakte Einstell- und Blendeneinheit mit seitlich angebautem Filterrevolver. Eine Stativbenutzung ist ratsam. Das Objektiv ist auch ein Superlativ für wissenschaftliche Aufgaben. Lieferung im robusten Metallkoffer. Das Fisheye wurde zuerst mit der Bezeichnung 2.8/6.3 mm vorgestellt, äußerlich unterschied sich dieser erste Prototyp vom Serienobjektiv durch einen angebauten Stift am Entfernungsring für leichtere Scharfstellung. Der Blendenring ist hier geriffelt. Das Objektiv projiziert einen Bildkreis von 23 Millimetern Durchmesser auf den Film.

Fisheye-Nikkor 2.8/6 mm AI (1977) ab Seriennummer 628 001: BCO 04 005-1.

Fisheye-Nikkor 2.8/6 mm AIS (1982), Filter L1BC statt L1A, ab Seriennummer 629 001: BCO 04 005-2.

Fisheye-Nikkor 5.6/6 2.500,-

Brennweite: 6 mm
Bildwinkel: 220°
Blenden: 5.6 bis 22
Distanzeinstellung: Fixfokus
Linsen/Gruppen: 9/6
Filter: L1A, Y48, Y52, O57, R60 und XO.
Erscheinungsdatum: Januar 1969
Gewicht: 430 g

Schon 1967 experimentierte Nikon mit einem noch extremeren Fischauge als den 180°-Typen 8/8 mm und 5.6/7.5 mm. In Chicago zeigte Nippon Kogaku einen Prototyp mit den Daten 5.6/6.25 mm. Daraus entwickelte sich dieses kompakte 6-mm-Nikkor. Es war das erste Serienobjektiv, das eine 220°-Perspektive ermöglichte. Nur mit hochgeklapptem Kameraspiegel einsetzbar. Gravur "220°" auf dem Fassungsring.
Das Objektiv erzeugt ein kreisrundes Bild mit einem Durchmesser von 21.6 Millimetern. Hoher Gebrauchswert, vor allem unter Meteorologen bei der Wolkenformations-Beobachtung. Bei der Benutzung an der Nikon F und F2 muß der Photomic-Aufsatz abgenommen werden. Der Spezialsucher gehört zum Lieferprogramm.
Nach Produktinformationen aus Tokio ab Januar 1969 mit der Nummer 656 001 hergestellt. Herstellungsende im März 1978 mit der Bezifferung 660 102.
Fisheye-Nikkor 5.6/6 mm: BCO 04 006.

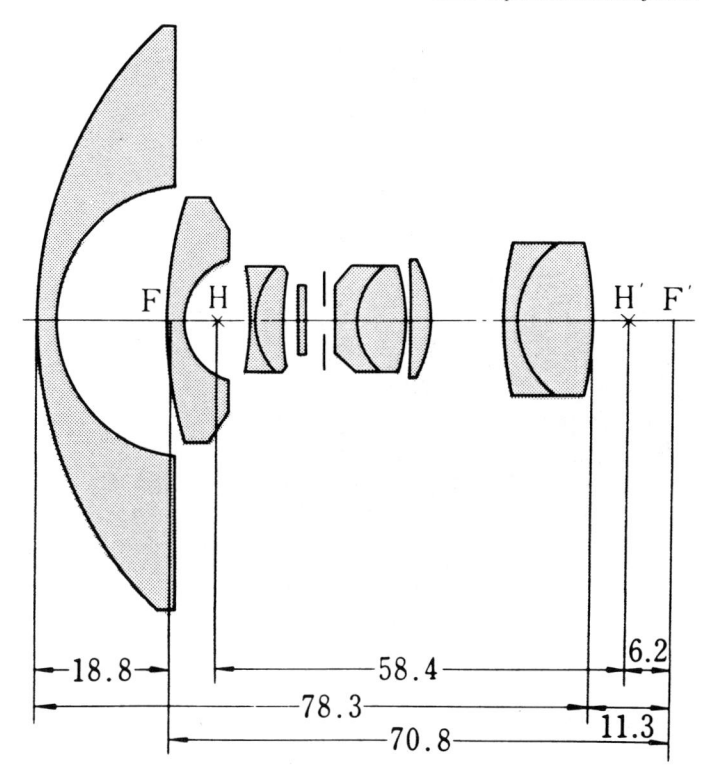

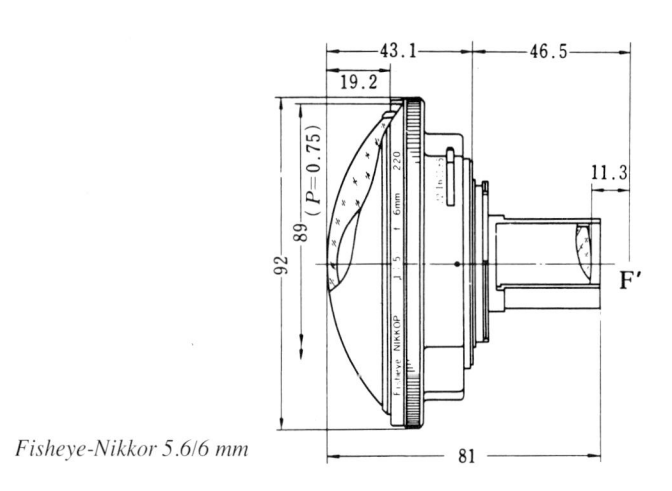

Fisheye-Nikkor 5.6/6 mm

Reflex-Superweitwinkelobjektive

Fisheye-Nikkor 5.6/7.5

Brennweite: 7.5 mm
Bildwinkel: 180°
Blenden: 5.6 bis 22
Distanzeinstellung: Fixfokus
Linsen/Gruppen: 9/6
Filter: L1A, Y48, Y52, O57, R60 und XO.
Erscheinungsdatum: Oktober 1966
Gewicht: 315 g

Dieses zweite Fischaugenobjektiv ersetzte den 8-Millimeter-Vorgänger. Das lichtstärkere Nachfolgemodell blieb ansonsten technisch vergleichbar, die Aufnahmeprojektion verringerte sich um einen Millimeter auf 23 Millimeter, dadurch wurde die runde Perspektive bei gerahmten Dias nicht angeschnitten. Auch hier Fotografiermöglichkeit nur mit hochgeklapptem Spiegel.
Mitgelieferter Spezialsucher und Zubehör. Keine Belichtungsmessung und kein Einsetzen des Objektives, wenn der Photomic auf dem Kameragehäuse sitzt.
Laut Produktionsliste ab Seriennummer 750 011 hergestellt. Ende der Fertigung mit der Nummer 752 222 im Februar 1970.
Fisheye-Nikkor 5.6/7.5 mm: BCO 04 007.

Fisheye-Nikkor 5.6/7.5 mm

Fisheye-Nikkor 2.8/8   1.800,-

Brennweite: 8 mm
Bildwinkel: 180°
Blenden: 2.8 bis 22
Distanzskala: ∞ - 30 cm
Linsen/Gruppen: 10/8
Filter: L1A, Y48, Y52, O56 und R60.
Erscheinungsdatum: März 1970
Gewicht: 1000 g

Erstes Nikkor-Fischauge mit voller Perspektivkontrolle über den Reflexspiegel. Ein Hochklappen des Spiegels und der Einsatz eines Spezialsuchers ist nicht erforderlich. Halbkugelförmiger Linsenaufbau oberhalb der Entfernungs-Einstelleinheit mit Berg-und-Tal-Fassung, angebauter Filter-Revolver für das schnelle Einschwenken von fünf verschiedenen Filtern. Projektionsgröße 23 Millimeter.
Es ist immer noch im Nikon-Programm und besitzt einen hohen Gebrauchswert, vor allem bei der Erzielung von Effekten in der Werbefotografie. Ein moderner Klassiker, ein "Muß" für den experimentierfreudigen Nikon-Praktiker.
Nach der Liste der hergestellten Nikon-Objektive ab Nr. 230 011 gebaut.
Fisheye-Nikkor 2.8/8 mm: BCO 04 008-1.

Mit der Umstellung auf das AI-System (ab Seriennummer 242 001) bekommt das 2.8/8 mm einen neuen Blendenring mit der automatischen Lichtstärkeneingabe und die zusätzliche ADR-Blendenskala für eine Direktablesung im Sucher. Als eines der wenigen Nikkore behält dieses Fischauge die klassische Berg-und-Tal-Entfernungseinstellung.
Fisheye-Nikkor 2.8/8 mm AI: BCO 04 008-2.

Ab Dezember 1982 verändert sich das Fischauge geringfügig durch die Anpassung auf AIS. Ein eingebauter Filter wird ersetzt, statt L1A kommt L1BC. Seriennummerkennzeichnung des 2.8/8 AIS ab Nr. 243 001.
Fisheye-Nikkor 2.8/8 mm AIS: BCO 04 008-3.

Fisheye-Nikkor 2.8/8 mm, mit AI-Anschluß.

Fisheye-Nikkor 8/8 mm, mit dem ersten Sucher.

Fisheye-Nikkor 8/8 mm, mit Standardsucher DF-1, angesetzt an einer Nikon F-Eyelevel.

Fisheye-Nikkor 8/8   2.000,-

Brennweite: 8 mm
Bildwinkel: 180°
Blenden: 8 bis 22
Distanzeinstellung: Fixfokus
Linsen/Gruppen: 9/5
Filter: L1A, Y48, Y52, O57, R60 und XO.
Erscheinungsjahr: 1962
Gewicht: 300 g

Das erste serienmäßige Kleinbild-Fischaugenobjektiv der Weltproduktion basiert auf einem Mittelformat-Versuchsmodell, der "Fisheye-Camera", die Ende der fünfziger Jahre von Nippon Kogaku in kleiner Serie gebaut wurde. Sie diente den Wissenschaftlern zur Dokumentation von Wolkenformationen und der verschiedenen Stellungen von Himmelskörpern. Fotografiermöglichkeit durch den langen hinteren Tubus nur mit hochgeklapptem Spiegel möglich, Projektionsgröße 24 Millimeter. Ein mitgelieferter Spezialsucher (zwei verschiedene Bauarten) vermittelt 160 Grad des eigentlichen Bildwinkels. Lieferung mit halbrunder Metall-Schutzkappe, Rückdeckel mit Befestigung für den Spezialsucher, dazu der Sucher mit kleinem Metall-Schutzdeckel und Lederköcher. Nur mit Nikon F und F2 ohne Photomic-Aufsatz verwendbar. Sehr gesucht bei F-Sammlern! Produktionsbeginn mit der Nummer 880 001 oder 880 003, laut Nikon-Unterlagen ab 880 101. Produktionseinstellung mit Nummer 890 388.
Fisheye-Nikkor 8/8 mm: BCO 04 009.

Fisheye-Nikkor 5.6/10 OP

Brennweite: 10 mm
Bildwinkel: 180°
Blenden: 5.6 bis 22
Distanzeinstellung: Fixfokus
Linsen/Gruppen: 9/6
Filter: L1A, Y48, Y52, O56, R60 und XO.
Erscheinungsdatum: Juli 1968
Gewicht: 400 g

Ein vollkommen anderes Fischaugen-Objektiv für die orthografische Projektion. Benutzung nur mit hochgeklapptem Spiegel möglich, sehr flache (asphärische) Frontlinse, kreisrunde Projektion mit 21 mm Durchmesser. Zwei optische Besonderheiten des Objektivs: die Objekte in der Bildmitte werden im Verhältnis zu denen am Bildrand größer abgebildet als bei einem "normalen" Fischauge. Dafür ist aber die Helligkeitsverteilung über das gesamte Bild gleichmäßig, sie fällt zum Rand hin nicht ab. Ein Spezialobjektiv, auch unter den Fischaugen nimmt es eine Sonderstellung ein. Keine Belichtungsmesserkupplung, aber auch mit einer Nikon F und F2 mit aufgesetztem Photomic einsetzbar. Lieferung mit Sucher.
Erste Seriennummer 180 011, gebaut bis Nummer 190 168 (August 1976).
Fisheye-Nikkor 5.6/10 mm OP: BCO 04 601.

Fisheye-Nikkor 5.6/10 mm OP mit dem Sucher DF-1

Reflex-Superweitwinkelobjektive

Nikkor 5.6/13 mm AIS

Nikkor 5.6/13

Brennweite: 13 mm
Bildwinkel: 118 °
Blenden: 5.6 bis 22
Distanzskala: ∞ - 30 cm
Linsen/Gruppen: 16/12
Filter: Y48, O56, R60 und Neutralglas.
Erscheinungsdatum: Dezember 1975
Gewicht: 1.2 kg

Das "weiteste" Weitwinkel in der Kleinbildfotografie ohne Fisheye-Verzeichnung wird nur auf Bestellung gefertigt. Dieses Nikkor der Superlative unterstreicht auch die optische Spitzenstellung der Nikon-Corporation! Ausgerüstet mit dem automatischen Korrektionsausgleich zur Erhaltung der hohen Abbildungsleistung für den Nahbereich, überzeugt es durch den spektakulären Bildwinkel besonders in der Architekturfotografie oder in engen Räumen. Auffallend große Frontlinse mit gezackter Sonnenblende. Drei Filter und ein Neutralglas zum Einsetzen auf die Hinterlinse gehören zum Lieferumfang. Erste Seriennummer 175 021.
Nikkor 5.6/13 mm: BCO 04 011-1.

Ein Jahr später wurde das Superweitwinkel auf das AI-Programm abgestimmt.
Nikkor 5.6/13 mm AI: BCO 04 011-2.

Der Typ 3 des Objektivs erhielt ab März 1982 neben dem AIS-Anschluß einen neuen Filtersatz für das rückwärtige Bajonett: L1BC, O56, A2 und B2, ab Nummer 175 901.
Nikkor 5.6/13 mm AIS: BCO 04 011-3.

Reflex-Superweitwinkelobjektive

Nikkor 3.5/15

Brennweite: 15 mm
Bildwinkel: 110°
Blenden: 3.5 bis 22
Distanzskala: ∞ - 30 cm
Linsen/Gruppen: 14/11
Filter: L1BC, O56, A2 und B2.
Erscheinungsdatum: August 1978
Gewicht: 630 g

Bedeutend kompakterer Nachfolger des 5.6/15, aber ebenfalls mit einer großen Frontlinse und einer auffällig gezackten Sonnenblende mit gravierten Objektivdaten ausgestattet. Das CRC-System verbessert die Abbildungsleistung im Nahbereich. AI-Austattung mit doppelter Blendenreihe und gummibeschichtetem Einstellring. Ein Super-Nikkor für die extreme Weitwinkelfotografie! Erste Seriennummer: 177 051.
Nikkor 3.5/15 mm: BCO 04 012-1.

Im Frühjahr 1982 erfolgte die Umstellung auf AIS, ab Seriennummer 180 001.
Nikkor 3.5/15 mm AIS: BCO 04 012-2.

Nikkor 3.5/15 mm AIS

Reflex-Superweitwinkelobjektive

Nikkor 5.6/15 mm AI

Nikkor 5.6/15

Brennweite: 15 mm
Bildwinkel: 110°
Blenden: 5.6 bis 22
Distanzskala: ∞ - 30 cm
Linsen/Gruppen: 15/12
Filter: L1A, Y48, O56 und R60.
Erscheinungsjahr: 1972 (photokina), Herstellung ab Juni 1973.
Gewicht: 560 g

Nikkor-Superweitwinkel ohne eine Fisheye-typische Verzeichnung. Die riesige, halbkugelförmige Frontlinse ist umgeben von einer auffällig gezackten und dafür genau berechneten Sonnenblende, auf der die Objektivdaten vermerkt sind. Die Entfernungseinstellung mit einem kurzen Schärfentiefenhinweis (bei diesem Objektiv schon fast überflüssig) liegen auf einem schmalen Ring oberhalb der Berg-und-Tal-Blendeneinstellung. Die vier eingebauten Filter können nach dem Eindrücken eines Arretierungshebels beliebig eingeschwenkt werden. Das Objektiv besitzt einen hohen Gebrauchswert und wird bevorzugt in der künstlerischen Fotografie eingesetzt. Fertigungsbeginn ab Seriennummer 321 001, nach Informationen aus Japan auch schon ab 320 001.
Nikkor 5.6/15 mm: BCO 04 013-1.

Typ 2 (1974) war eine Neurechnung und bestand nun aus 14 Linsen in 12 Gruppen, zu erkennen an der Bezeichnung QD-Auto.
Nikkor 5.6/15 mm (Typ 2): BCO 04 013-2.

Zur AI-Einführung 1977 (ab Seriennummer 340 001) erhielt das 15er eine andere Einstellfassung, der Blendenring bekam das AI-typische Aussehen.
Nikkor 5.6/15 mm AI: BCO 04 013-3.

Fisheye-Nikkor 2.8/16

Brennweite: 16mm
Bildwinkel: 180°
Blenden: 2.8 bis 22
Distanzskala: ∞ - 30 cm
Linsen/Gruppen: 8/5
Filter (im Lieferumfang): L1BC, O56, A2 und B2.
Erscheinungsjahr: photokina 1978, Verkauf ab Juli 1979.
Gewicht: 310 g

Mit einer weiter gesteigerten Lichtstärke auf 2.8 und einem noch größeren Bildwinkel bei hervorragender Schärfeleistung und trotzdem verringertem Gewicht aktualisierte Nikon mit diesem Objektiv das Programm. Die vier mitgelieferten Filter zum Anschluß an die Hinterlinse lassen sich durch die schnelle Bajonettfassung sehr einfach auswechseln. Gebaut ab Nummer 178 051.
Nikkor 2.8/16 mm: BCO 04 014-1.

Ab 1982 gab es das 2.8/16-mm-Fisheye in einer AIS-Ausführung, dabei veränderte sich auch der optische Linsenaufbau geringfügig, und es wurde 20 Gramm schwerer. Ab Nummer 185 001.
Nikkor 2.8/16 mm AIS: BCO 04 014-2.

Nikkor 2.8/16 mm AIS

Fisheye-Nikkor 3.5/16 mm.

Fisheye-Nikkor 3.5/16

Brennweite: 16 mm
Bildwinkel: 170°
Blenden: 3.5 bis 22
Distanzskala: ∞ - 30 cm
Linsen/Gruppen: 8/5
Filter: R60, O56, Y48 und Neutralglas.
Erscheinungsjahr: 1972, gebaut ab Februar 1973.
Gewicht: 330 g

Sehr kompaktes Fischaugen-Objektiv mit hervorragender Abbildungsleistung. Das Einschalten der eingebauten Filter erfolgt über einen eingebauten Filterrevolver. Die Belichtungen ergeben eine vollformatige, tonnenförmige Bildkomposition. Beim Einsatz ist das Hochklappen des Kameraspiegels nicht erforderlich. Der Einstellring ist schmal gehalten und hat eine Diamantschliff-Struktur. Sehr beliebt in der Werbefotografie und bei der Erzielung von außergewöhnlichen Effekten. Erste bekannte Seriennummer: 271 281.
Fisheye-Nikkor 3.5/16 mm: BCO 04 015-1. *700,-*

1976 gab es auch für das 3.5/16-mm-Fisheye eine andere, zweireihige Gummiarmierung für die Einstellfassung. Die Daten 1:3.5 f=16mm auf der Sonnenblende wurden verändert in 16mm 1:3.5.
Fisheye-Nikkor 3.5/16 mm (Typ 2): BCO 04 015-2. *800,-*

Mitte 1977 Anpassung an den AI-Standard mit doppelter Blendenreihe, ab Nummer 280 001.
Fisheye-Nikkor 3.5/16 mm AI: BCO 04 015-3. *800,-*

Nikkor 3.5/18

Brennweite: 18 mm
Bildwinkel: 100°
Blenden: 3.5 bis 22
Distanzskala: ∞ - 25 cm
Linsen/Gruppen: 11/10
Filtergewinde: 72 mm
Erscheinungsjahr: 1982, Herstellung ab Dezember 1981.
Gewicht: 350 g

Mit höherer Lichtstärke, einem anderen optischen Aufbau und der CRC-Nahbereichskorrektur bis 25 cm ersetzt dieses neue Objektiv das bis dahin vertriebene Nikkor 4/18 mm. Weitere Vorteile: das neue Superweitwinkel empfiehlt sich für das Einschrauben der 72-mm-Filter und läßt sich bequemer durch die kompakte Bauart in der Fototasche verstauen. Die Sonnenblende HK-9 gehört zum Lieferumfang. Seriennummern ab 180 051.
Nikkor 3.5/18 mm: BCO 04 016.

Nikkor 3.5/18 mm

Nikkor 4/18   1.000,-

Brennweite: 18 mm
Bildwinkel: 100°
Blenden: 4 bis 22
Distanzskala: ∞ - 30 cm
Linsen/Gruppen: 13/9
Filtergewinde: 86 mm und Einlegefilter der Serie 9
Erscheinungsdatum: November 1974 (photokina)
Gewicht: 315 g

Nach der 15-mm-Brennweite hat dieses leichte Nikkor den größten Bildwinkel, trotz der großen, gewölbten Frontlinsen erhielt es insgesamt eine sehr flache Bauart. Einige der Linsen beschichtete Nikon mit der NIC-Mehrschichtenvergütung, um unerwünschtes Streulicht zu verhindern. Unbedingt ratsam ist beim Aufnahmeeinsatz das Einschrauben der Sonnenblende, sie hält auch den Einlegefilter fest. Der große Bildwinkel und die steile Perspektive empfehlen sich nicht für Gruppenaufnahmen, sondern eher in der Architekturfotografie, beim Ablichten von Landschaften und in engen Räumen. Das 18er ist andererseits auch sehr beliebt in der künstlerischen Bildwiedergabe. Erste Seriennummer - nach Nikon-Unterlagen - ab 173 111.
Nikkor 4/18 mm: BCO 04 017-1.

1977 wurde das Objektiv auf das Design der AI-Objektive abgestimmt. Ab Nummer 190 001. Produktionsende im März 1982, erkennbar an der zusätzlichen Gravur "Nikon" auf der Außenseite des Filterringes.
Nikkor 4/18 mm AI: BCO 04 017-1-2.

Nikkor 4/18 mm, umgebaut auf AI.

Nikkor 4/18, letzte Version.

Nikkor 2.8/20 (Prototyp)

Brennweite: 20 mm
Bildwinkel: 94°
Blenden: 2.8 bis 22
Distanzskala: ∞ - 30 cm
Linsen/Gruppen: 14/9
Filtergewinde: 52 mm
Erscheinungsjahr: 1976
Gewicht: 245 g

Auf der photokina 1976 zeigte Nikon diesen Prototyp, wonach einige Exemplare in den Handel gelangten. Dieses lichtstarke Nikkor-Superweitwinkel bekam ein Frontgewinde für die Aufnahme von 52-mm-Filtern und hatte die kompakte Bauart wie ein Normalobjektiv, hierbei verhalf Nikon dem 14-Linser mit dem automatischen Korrektionsausgleich zur besseren Wiedergabe im Nahbereich.
Nikkor 2.8/20 mm (Prototyp): BCO 04 020-9.

Nikkor 2.8/20 mm (Prototyp)

Reflex-Superweitwinkelobjektive

Nikkor 2.8/20 mm

Nikkor 2.8/20

Brennweite: 20 mm
Bildwinkel: 94°
Blenden: 2.8 bis 22
Distanzskala: ∞ - 25 cm
Linsen/Gruppen: 12/9
Filtergewinde: 62 mm
Erscheinungsjahr: 1984
Gewicht: 260 g

Konsequent weiterentwickelte 20-mm-Brennweite mit vergleichsweise hoher Lichtstärke 2.8. Die CRC-Nahbereichskorrektur verhilft zu einer hervorragenden Schärfeleistung bis herunter auf den Mindestabstand von 25 cm. Durch die verhältnismäßig hohe Lichtstärke bei einem großen Bildwinkel mußte die Filterfassung auf 62 mm vergrößert werden, trotzdem ist dieses Nikkor kompakt und mit 260 Gramm Gewicht sehr leicht. Erste bekannte Seriennummer: 200 001, diese ist auch belegt vom 2/24, also auch Nummer 200 004 möglich.
Nikkor 2.8/20 mm: BCO 04 021.

Reflex-Superweitwinkelobjektive

AF-Nikkor 2.8/20

Brennweite: 20 mm
Bildwinkel: 94°
Blenden: 2.8 bis 22
Distanzskala: ∞ - 30 cm
Linsen/Gruppen: 12/9
Filtergewinde: 62 mm
Erscheinungsjahr: 1989
Gewicht: 260 g

Das erste Superweitwinkel für die Autofokus-Generation garantiert optimale Schärfe auch im Nahbereich. Der Aufbau und die optische Leistung dieses für seine Brennweite lichtstarken Objektivs ist mit dem Non-Autofokus-Nikkor vergleichbar.
Das Design entspricht der neuen AF-Linie, eine griffige Einstellfassung ermöglicht auch schnelles manuelles Eingreifen.
AF-Nikkor 2.8/20 mm: BCO 04 025.

AF-Nikkor 2.8/20 mm

4-17

Reflex-Superweitwinkelobjektive

Nikkor 3.5/20 mm

Nikkor 3.5/20 UD 400,-

Brennweite: 20 mm
Bildwinkel: 94°
Blenden: 3.5 bis 22
Distanzskala: ∞ - 30 cm
Linsen/Gruppen: 11/9
Filtergewinde: 72 mm
Erscheinungsdatum: November 1967
Gewicht: 390 g

1968 rückte dieses Nikkor an die Grenze der 100-Grad-Weitwinkelperspektive. Ein sehr schönes Objektiv mit beeindruckender Frontlinse und großzügiger Einstellfassung. Mattschwarzes Design, nur der Tiefenschärfenring silbern, Blendenring in Berg-und-Tal-Ausführung. Ein Nikkor für die künstlerische Fotografie bei dramatischer Perspektive.
Nachfolger wurde das kompakte 4/20 mm. Durch das ausgewogene Design beliebt bei den Sammlern und heute noch bei vielen Fotoaufträgen im Einsatz.
Das "UD" (U steht für ein Element, D für zehn Linsen) lief ab Seriennummer 421 241 vom Fließband. Die letzte mögliche Produktionsnummer ist 480 633.
Nikkor 3.5/20 mm UD: BCO 04 022.

Reflex-Superweitwinkelobjektive

Nikkor 3.5/20

Brennweite: 20 mm
Bildwinkel: 94°
Blenden: 3.5 bis 22
Distanzskala: ∞ - 30 cm
Linsen/Gruppen: 11/8
Filtergewinde: 52 mm
Erscheinungsjahr: 1979
Gewicht: 235 g

Ersetzte 1979 das 4/20 mit einer verbesserten Lichtstärke und weiter gesteigerter Leistung. Deutlich verkürzter Drehwinkel zur Beschleunigung der Scharfstellung, Filtergewinde 52 mm wie beim Vorgänger. Der 11-Linser wurde an das AI-Programm mit doppelter Blendenanzeige abgestimmt, kürzeste Einstellentfernung: 30 cm. Ab Nummer 176 121.
Nikkor 3.5/20 mm: BCO 04 023-1.

Mit der AIS-Anpassung (1981) und ab Nummer 210 001 bekam das 3.5/20 auch einen breiteren Objektivgreifring.
Nikkor 3.5/20 mm AIS: BCO 04 023-2.

Nikkor 3.5/20 mm AIS

Nikkor 4.0/20

Brennweite: 20 mm
Bildwinkel: 94°
Blenden: 4 bis 22
Distanzskala: ∞ - 30 cm
Linsen/Gruppen: 10/8
Filtergewinde: 52 mm
Erscheinungsdatum: August 1974
Gewicht: 210 g

Das Nikkor 4/20 hatte ein geringfügig schlechtere Lichtstärke als das erste Nikkor-"Zwanziger", konnte aber viele Vorteile aufweisen, darunter eine sehr kompakte Bauart, ein Standard-52-mm-Filtergewinde und das im Vergleich nahezu halbierte Gewicht.
Nikkor 4.0/20 mm: BCO 04 024-1.

Im März 1977 erschien das 4/20 als AI-Ausgabe. Gebaut von August 1974 bis Januar 1978 zwischen den Seriennummern 103 001 und 130 001.
Nikkor 4.0/20 mm AI: BCO 04 024-2.

Nikkor 4.0/20 mm AI

Nikkor 4/21 900,-

Brennweite: 21 mm
Bildwinkel: 92°
Blenden: 4 bis 16
Distanzskala: ∞ - 90 cm
Linsen/Gruppen: 8/6
Filtergewinde: 52 mm
Erscheinungsdatum: Oktober 1959
Gewicht: 135 g

Gleiche Rechnung wie das 21er-Meßsucher-Nikkor, allerdings im November 1959 für das Nikon F-Bajonett angepaßt. Langer hinterer Objektivtubus, der dicht an die Filmebene heranreicht. Bedeutend größere Bauart als das Meßsucher-Objektiv. Lieferung mit Spezialsucher, aufschiebbar auf die Rückwickelkurbel der Nikon F. Einsetzen in die Kamera nur mit hochgeklapptem Spiegel. Im Dezember 1965, ab Produktionsnummer 225 001 dahingehend verändert, daß auch ein Anschluß an die Nikkormat-Kameras möglich wurde. Bei Sammlern sehr gesucht.
Die offizielle Produktion begann mit der Nummer 220 111. Das letzte 21er verließ das Werk im September 1967 mit der Nummer 227 164. Erste Sucherausführungen mit einem schwarzen Sockel, spätere 21er-Sucher mit silbernem Fuß.
Nikkor 4/21 mm: BCO 02 001-40

Nikon F mit 4/21 mm

Nikkor 4/21 mm

4-21

Reflex-Weitwinkelobjektive

Nikkor 2/24

Brennweite: 24 mm
Bildwinkel: 84°
Blenden: 2 bis 22
Distanzskala: ∞ - 30 cm
Linsen/Gruppen: 11/10
Filtergewinde: 52 mm
Erscheinungsjahr: 1977
Gewicht: 305 g

Ein wenig auffallendes Objektiv, in der Größe mit einem Normal-Nikkor vergleichbar - aber der Geheimtip unter Fotografen, die mit dem "Bildermachen" ihren Lebensunterhalt verdienen. Für ein Superweitwinkel außergewöhnlich lichtstark. Durch Anwendung neuer Konstruktionsverfahren und den automatischen Korrekturausgleich bei kurzen Aufnahmedistanzen bis 30 cm verhilft dieses Nikkor zu einer sehr guten Schärfeleistung.

Das kompakte Standardobjektiv für den Reportageeinsatz, auch unter ungünstigen Lichtverhältnissen, vorgestellt auf der photokina 1976.

Nikkor 2/24 mm: BCO 04 031-1. 600,-

Ende 1981 erfolgte die Umstellung auf AIS, und damit verbunden erhielt das 2/24 einen breiteren silbernen Objektiv-Haltering. Das 2/24 bekam nach Nikon-Unterlagen den Serienanfang ab Nummer 176 021.

Nikkor 2/24 mm AIS: BCO 04 031-2.

Nikkor 2/24 mm

Nikkor 2.8/24

Brennweite: 24 mm
Bildwinkel: 84°
Blenden: 2.8 bis 16
Distanzskala: ∞ - 30 cm
Linsen/Gruppen: 9/7
Filtergewinde: 52 mm
Erscheinungsdatum: Juni 1967
Gewicht: 290 g

Erstes Nikkor-Objektiv mit "beweglichen Elementen" (floating elements) zur automatischen Korrektur der Bildfehler bei Aufnahmen aus naher Distanz. 1967 vorgestellt, seitdem bei Nikon-Fotografen sehr beliebt. Geriffelter Blendenring und Berg-und-Tal-Einstellfassung, Objektivdatengravur auf dem inneren Filterring, silberner Tiefenschärfenring.
Die erste Version ist erkennbar an der stark bläulichen Vergütung. Erste Produktionsnummer: 242 821.
Nikkor 2.8/24 mm: BCO 04 041-1. 330,-

Die zweite Bauart des 2.8/24 erhielt ab 1972 auf der Frontlinsenfassung den zusätzlichen Vermerk "C" für eine verbesserte Vergütung.
Nikkor 2.8/24 mm (C): BCO 04 041-2. 330

Die dritte Ausführung bekam im Mai 1975 ein mattschwarzes Design und eine Blendenerweiterung auf 22, dazu eine dreireihige gummierte Einstellfassung, ansonsten wie das Vorgängermodell.
Nikkor 2.8/24 mm (Typ 3): BCO 04 041-3. 350,-

Der vierte Typ (ab Seriennummer 525 001) wurde 1977 auf AI umgerüstet, dazu kam eine gründliche optische Überarbeitung (jetzt neun Linsen in neun Gruppen) und eine verkleinerte Objektivfassung.
Nikkor 2.8/24 mm AI: BCO 04 042-1. 400,-

Im Dezember 1981 kam die AIS-Version ab Nummer 700 001 mit dem breiteren Silber-Greifring auf den Markt. Das Gewicht verringerte sich auf 250 Gramm.
Nikkor 2.8/24 mm AIS: BCO 04 042-2. 450,-

Nikkor 2.8/24 mm, erste Version.

AF-Nikkor 2.8/24

Brennweite: 24 mm
Bildwinkel: 84°
Blenden: 2.8 bis 22
Distanzskala: ∞ - 30 cm
Linsen/Gruppen: 9/9
Filtergewinde: 52 mm
Erscheinungsjahr: 1988
Gewicht: 260 g

Bewährtes und beliebtes Nikkor in der Autofokus-Ausführung mit Blendenverriegelung in der Leichtbauweise. Konsequent auf AF-Betrieb gebaut mit sehr schmaler Einstellfassung für die manuelle Entfernungskorrektur. Durch die CRC-Korrektur optimale Schärfe bis in die Bildecken.
AF-Nikkor 2.8/24 mm: BCO 04 043.

AF-Nikkor 2.8/24 mm

Nikkor 2.0/28

Brennweite: 28 mm
Bildwinkel: 74°
Blenden: 2 bis 22
Distanzskala: ∞ - 30 cm
Linsen/Gruppen: 9/8
Filtergewinde: 52 mm
Erscheinungsjahr: 1971 (Fertigung ab August 1970)
Gewicht: 345 g

Die lichtstarke Alternative, wenn eine stärkere Weitwinkelperspektive als 35 mm und gleichzeitig eine hohe Lichtstärke gefordert wird. Mattschwarzes Design, vergleichbar dem 1.4/35-mm-Nikkor. Berg-und-Tal-Blendenring und großzügig bemessener Einstellring. Das erste 2/28 erhielt die Seriennummer 280 001 (No. statt Nr.).
Nikkor 2.0/28 mm: BCO 04 111-1. 450,-

Im Februar 1976 äußerliche Veränderung mit gummierter Einstellfassung und Diamantschliff-Blendenring.
Nikkor 2.0/28 mm (Typ 2): BCO 04 111-2. 400,-

1977 Angleichung an das AI-Design. Ab Nummer 450 001.
Nikkor 2.0/28 mm AI: BCO 04 111-3. 400,-

Im Dezember 1981 mit der Seriennummer 575 001 Umstellung auf AIS und Überarbeitung mit acht Linsen bei acht Gruppen, gleichzeitig auch Verringerung der Mindestdistanz auf 25 cm. Geringfügig höheres Gewicht.
Nikkor 2.0/28 mm AIS: BCO 04 112.

Nikkor 2.0/28 mm (erste Bauart)

Nikkor 2.0/28 mm, aktuelle Version.

Reflex-Weitwinkelobjektive

Nikkor 2.8/28

Brennweite: 28 mm
Bildwinkel: 74°
Blenden: 2.8 bis 22
Distanzskala: ∞ - 30 cm
Linsen/Gruppen: 7/7
Filtergewinde: 52 mm
Erscheinungsdatum: August 1974
Gewicht: 240 g

Dieses leichte und kompakte Objektiv erfreute speziell das Heer der Amateurfotografen. Die Neurechnung ersetzte das 3.5/28 mit seiner bescheidenen Lichtstärke und wurde in einer vergleichbaren Preiskategorie angesiedelt. Die Objektivdaten wurden außerhalb des Filtergewindes graviert, die Einstelleinheit zeigte sich gummibeschichtet im neuen Nikkor-Design. Objektivbezifferung ab Nr. 382 011.
Nikkor 2.8/28 mm: BCO 04 113-1. *300,-*

Im März 1977 erschien das 2.8/28 als AI-Version.
Nikkor 2.8/28 mm AI: BCO 04 113-2. *350,-*

Eine völlige Neukonstruktion zeigte Nikon Ende des Jahres 1981. Das 2.8/28 AIS bekam die CRC-Nahkorrektur und ließ sich auf 20 cm scharfstellen. Dieser verbesserte Acht-Linser wurde dadurch 10 Gramm schwerer. Serienbezifferung ab 635 001.
Nikkor 2.8/28 mm AIS: BCO 04 114.

Nikkor 2.8/28 mm AI

Nikon 2.8/28 Series-E

Brennweite: 28 mm
Bildwinkel: 74°
Blenden: 2.8 bis 22
Distanzskala: ∞ - 30 cm
Linsen/Gruppen: 5/5
Filtergewinde: 52 mm
Erscheinungsdatum: November 1979
Gewicht: 150 g

Sehr preiswertes Normalweitwinkel für den Anschluß an AI-Kameras. Die sehr flache, platzsparende Bauweise und das geringe Gewicht sind dabei nicht zu unterschätzende Vorteile.
Komplett mattschwarzes Finish mit Sichtfenster für die Entfernungseinstellung. Zweireihige, breit geriffelte Kunststoffeinstelleinheit, kein Blendenmitnehmerzinken für alte Nikon-Kameras montiert. Ab Nummer 179 0601.
Nikkor 2.8/28 mm Series-E: BCO 04 115-1.

Im Laufe der Modellpflege optisch verändert, zusätzlicher feiner Silberring für den schnelleren Objektivwechsel und feinere Gummibelegung der Entfernungseinstelleinheit. 5 Gramm schwerer als der Vorgänger.
Nikkor 2.8/28 mm Series-E (Typ 2): BCO 04 115-2.

Nikkor 2.8/28 mm Series-E, Version 2.

AF-Nikkor 2.8/28 mm

AF-Nikkor 2.8/28

Brennweite: 28 mm
Bildwinkel: 74°
Blenden: 2.8 bis 22
Distanzskala: ∞ - 30 cm
Linsen/Gruppen: 5/5
Filtergewinde: 52 mm
Erscheinungsjahr: 1986
Gewicht: 195 g

Standardweitwinkel-Nikkor speziell für AF-Kameras in Leichtbauweise. Schmaler, geriffelter Entfernungseinstellring. Wer auf Zoom verzichten möchte, hat hier eine preiswerte und leistungsmäßig hervorragende Alternative ohne starke weitwinkel-typische Verzeichnungen.
AF-Nikkor 2.8/28 mm: BCO 04 116.

Nikkor 3.5/28

Brennweite: 28 mm
Bildwinkel: 74°
Blenden: 3.5 bis 16
Distanzskala: ∞ - 60 cm
Linsen/Gruppen: 6/6
Filtergewinde: 52 mm
Erscheinungsdatum: März 1960
Gewicht: 215 g

Im März 1960 kam endlich ein 28-mm-Nikkor. Das kompakte Objektiv hatte, wie das erste Nikkor 2/50, die kleinen Markierungsstriche über der Blende und unterhalb der Entfernungswerte. Auf den silbernen Filterrrand gravierte das Werk die Objektivdaten, auf der Frontseite war dafür kein Platz. Stark bläuliche Vergütung, Rand-Vignettierung bei Filterbenutzung, geriffelter Blendenring, nur Feet-Hinweis. Laut Produktionsliste begann die Numerierung mit 301 011 und endete mit 355 242.
Nikkor 3.5/28 mm: BCO 04 121-1. 400,-

Die zweite Version hatte auch den silbernen Ring, jedoch fehlten die feinen Markierungsstriche. Der Blendenring blieb fein geriffelt. Ab Nummer 625 611.
Nikkor 3.5/28 mm (Typ 2): BCO 04 121-2. 350,-

1973 wurde das 28er-Weitwinkel erneut überarbeitet: der Filterring wurde schwarz, es gab zudem einen leichter greifbaren Berg-und-Tal-Blendenring. Zusätzliche bessere "C"-Vergütung. - Ab Nummer 850 001.
Nikkor 3.5/28 mm (C): BCO 04 121-3. 300,-

Die vierte Variante (1975) ist zuerst einmal an der Blendenerweiterung auf 22 zu erkennen, zusätzlich gab es statt der Berg-und-Tal-Fassungen des Vorgängers einen gummiüberzogenen Einstellring. Die Kennzeichnung der Objektivdaten erfolgt nicht mehr auf dem äußeren Rand der Filterfassung, sondern auf dem vorderen abgeschrägten Teil des Scharfstellringes. Die Mindesteinstellentfernung verringerte sich auf 30 cm. Das Gewicht beträgt jetzt 230 Gramm. Gebaut ab Seriennummer 195 531.
Nikkor 3.5/28 mm (Typ 4): BCO 04 122. 300,-

Im Januar 1977 erneute grundlegende Neurechnung und Anpassung an das AI-Design mit Blendenskala für Direktablesung im Sucher. Erkennbar an der größeren Hinterlinse. Objektivdaten jetzt innerhalb des Filtergewindes. NIC-Mehrschichtenvergütung für bessere Kontrastwiedergabe und Unterdrückung von Streulicht. Ab Seriennummer 176 0201.
Nikkor 3.5/28 mm AI: BCO 04 123-1. 300,-

Die sechste Version dieses Objektivs erhielt 1981 die Anpassung auf AIS. Gewicht 220 Gramm. - Ab Nummer 210 0001.
Nikkor 3.5/28 mm AIS: BCO 04 123-2. 300,-

Nikkor 3.5/28 mm, erste Bauart.

Nikkor 3.5/28 mm, vierte Version.

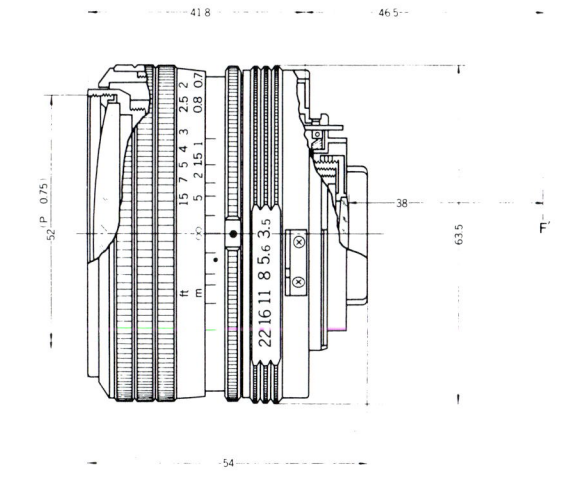

PC-Nikkor 3.5/28 mm

PC-Nikkor 3.5/28

Brennweite: 28 mm
Bildwinkel: 74°
Ausnutzbarer Bildwinkel: 92°
Blenden: 3.5 bis 22
Distanzskala: ∞-30 cm
Linsen/Gruppen: 9/8
Filtergewinde: 72 mm
Erscheinungsdatum: Oktober 1980
Gewicht: 380 g

Nachfolge-Typ des PC-Nikkor 4.0/28 mit höherer Lichtstärke und verbesserter Abbildungsleistung bei jeder Entfernungseinstellung durch die CRC-Technik. Neues Design der Verstellschraube, der Blendenring besitzt keinen Verstellnocken mehr, sondern eine Riffelung über den gesamten Umfang.
Nach den Produktionsunterlagen gebaut ab Nr. 179 121. Es sind aber PR-Fotos bekannt, auf denen das 3.5/28-PC die Nummer 100 101 trägt.
PC-Nikkor 3.5/28 mm: BCO 04 131.

PC-Nikkor 4/28

800,-

Brennweite: 28 mm
Bildwinkel: 74°
Ausnutzbarer Bildwinkel: 92°
Blenden: 4 bis 22
Distanzskala: ∞ - 30 cm
Linsen/Gruppen: 10/8
Filtergewinde: 72 mm
Erscheinungsdatum: Juni 1975
Gewicht: 410 g

1974 erschien dieses Shift-Objektiv mit einem deutlich größeren Bildwinkel als der Vorgänger 2.8/35-PC und erweitert dadurch den Aufgabenbereich, vor allem in der Architekturfotografie. Verschiebung bis zu 11 Millimeter aus der optischen Achse und in 12 Rasteinstellungen, alle 30° rund um die eigene Achse drehbar, dadurch Ausgleich horizontaler wie auch vertikaler Linien.

Ohne Automatikblende, Voreinstellung per Hand notwendig, gummibeschichteter Entfernungsring und griffige Chromschraube zur Perspektiv-Verschiebung. Die Schraubenachse ist freiliegend. Mindesteinstellung bis 30 cm, Blenden von 4 bis 22. Gebaut nach Nikon-Angaben ab Nr. 174 041. Produktionsende September 1983.
PC-Nikkor 4/28 mm: BCO 04 141.

PC-Nikkor 4/28 mm an einer Nikon F2AS, dazu ein Schnittmodell eines 3.5/28-PC und das erste Nikon Shiftobjektiv an einer Nikon F.

Reflex-Weitwinkelobjektive

Nikkor 1.4/35 mm (alte Version)

Nikkor 1.4/35 mm AIS

Nikkor 1.4/35

Brennweite: 35 mm
Bildwinkel: 62°
Blenden: 1.4 bis 22
Distanzskala: ∞-30 cm
Linsen/Gruppen: 9/7
Filtergewinde: 52 mm
Erscheinungsjahr: 1971 (Produktionsbeginn im Mai 1970)
Gewicht: 415 g

Superlichtstarkes Weitwinkel mittlerer Perspektive im unauffälligen mattschwarzen Design für den Reportage-Einsatz. Sehr große Berg- und Tal-Scharfstellfläche und griffiger Blendenring. Gute Abbildungseigenschaften schon bei voller Öffnung durch CRC. In der ersten Ausführung (von Nummer 350 001 bis 377 067) interessant für Sammler. Hoher Gebrauchswert!
Nikkor 1.4/35 mm: BCO 04 151-1. 500,-

1976 wurde die Berg- und Tal-Einstellfläche durch einen Fokussierring mit Gummibelag ersetzt.
Nikkor 1.4/35 mm (Typ 2): BCO 04 151-2. 500,-

Die dritte Bauart des 1.4/35 unterschied sich vom Typ 2 durch eine Blendenskala, die nur noch bis zum Wert 16 reichte, mit AI-Anpassung. - Ab Seriennummer 385 001.
Nikkor 1.4/35 mm AI: BCO 04 152-1. 500,-

1982 wurde das 1.4/35 auf das AIS-Programm abgestimmt, ab Seriennummer 430 001.
Nikkor 1.4/35 mm AIS: BCO 04 152-2.

Für den Einsatz im Kosmos bestellte die NASA mehrere mattschwarz lakkierte 1.4/35-Nikkore; sie entsprachen ansonsten der Serienversion (siehe auch Foto NASA-Nikon F).
Nikkor 1.4/35 NASA: BCO 04 602.

Nikkor 2/35

Brennweite: 35 mm
Bildwinkel: 62°
Blenden: 2 bis 16
Distanzskala: ∞ - 30 cm
Linsen/Gruppen: 8/6
Filtergewinde: 52 mm
Erscheinungsdatum: August 1962
Gewicht: 285 g

Ende 1965 erschien die erste Serie der neuen Nikkor-Gebrauchsobjektive mit Ausrichtung auf hohe Lichtstärke, um den professionellen Ansprüchen der wichtigsten Nikon-Kunden gerecht zu werden. Erster Vertreter war das bei der Reportage-Fotografie geschätzte 35-mm-Weitwinkel mit der Lichtstärke 1:2.0.
Dieses kompakte Nikkor bekam eine breite Einstellfassung, behielt aber den antiquierten und schlecht faßbaren fein geriffelten Blendenring. Auf den äußeren Ring der mattschwarzen Filterfassung gravierte Nikon die Objektivdaten und die Seriennummer.
Der erste Typ hatte eine leicht gelbliche Vergütung.
Auf AI umgebaut ist es noch vielfach im täglichen Einsatz, deshalb nur beschränkt für Sammler interessant. Diese erste Version wurde bis März 1967 hergestellt. Seriennummern von 102 105 bis 110 999.
Nikkor 2/35 mm: BCO 04 153-1. 300,-

Als erste Veränderung bekam das 2.0/35 im Jahre 1973 (ab Nr. 835 001) eine bessere Vergütung, kenntlich gemacht durch ein "C" für "coated" und äußerlich an der bläulich schimmernden Objektivbeschichtung erkennbar.
Nikkor 2/35 mm (C): BCO 04 153-2. 300,-

Typ 3: 1974 wurde das Objektiv grundlegend verändert und bekam ein neues, komplett schwarzes Design mit Gummi-Einstellfassung und Diamantschliff-Blendenring, Blendenreihe erweitert auf 22. Datenbeschriftung auf der Vorderseite. Seriennummern ab 880 001.
Nikkor 2/35 mm (Typ 3): BCO 04 154-1. 300,-

Der Typ 4 erschien mit der weiteren Veränderung als AI-Nikkor (ab Nummer 920 001). Gleiches Design, aber jetzt mit zusätzlich kleiner Blendenreihe für die Direkteinspiegelung und AI-Mitnehmerzinken.
Nikkor 2/35 mm AI: BCO 04 154-2. 300,-

Im Juni 1981 (ab Nummer 210 001) Angleichung des 2/35 auf AIS.
Nikkor 2/35 mm AIS: BCO 04 154-3. 330,-

Nikkor 2/35 mm, Baureihe ab 1981.

Nikkor 2/35 mm, erste Version, an einer F Photomic.

AF-Nikkor 2.0/35

Brennweite: 35 mm
Bildwinkel: 62°
Blenden: 2 bis 22
Distanzskala: ∞ - 25 cm
Linsen/Gruppen: 6/5
Filtergewinde: 52 mm
Erscheinungsjahr: 1989
Gewicht: 215 g

Das lichtstärkste Weitwinkel der Nikkor-Autofokus-Reihe besitzt einen schmalen, aber trotzdem noch gut bedienbaren gummierten Ring für die Entfernungseinstellung. Spärliche Objektivdaten auf der Frontseite, Wiederholung links und rechts vom Entfernungssichtfenster auf der Bedienungsseite. Bis auf den neuen Blendenverriegelungshebel gleiches Design wie die AF-Normalobjektive.
AF-Nikkor 2.0/35 mm: BCO 04 155.

AF-Nikkor 2.0/35 mm

Nikon 2.5/35 Series-E

Brennweite: 35 mm
Bildwinkel: 62°
Blenden: 2.5 bis 22
Distanzskala: ∞ - 30 cm
Linsen/Gruppen: 5/5
Filtergewinde: 52 mm
Erscheinungsjahr: 1979
Gewicht: 160 g

Sehr leichtes Weitwinkelobjektiv der Sonderserie E, das Nikon zusammen mit der EM auf den Markt brachte. Aus Kostengründen ohne Mitnehmerzinken ausgestattet. Komplett schwarze Ausführung mit einer Aussparung für das Ablesen der Entfernungsdaten. Unter dem teilweise farbigen Blendenring ist eine Skala für die AI-Sucher-Innenablesung graviert. Der Entfernungsring besitzt eine Einstellfassung im zweireihigen Kästchen-Design. Preiswerte und raumsparende Alternative zum 2.8/35-Nikkor.
Nikon 2.5/35 mm Series-E: BCO 04 156-1.

Im Mai 1981 abgeändertes E-Objektiv mit einem silbernen Blendengreifring und einer Entfernungseinstellfassung, die den anderen AI-Nikkoren gleicht.
Nikon 2.5/35 mm Series-E (Typ 2): BCO 04 156-2.

Nikon 2.5/35 mm Series-E

Reflex-Weitwinkelobjektive

Nikkor 2.8/35

Brennweite: 35 mm
Bildwinkel: 62°
Blenden: 2.8 bis 16
Distanzskala: ∞ - 30 cm
Linsen/Gruppen: 7/6
Filtergewinde: 52 mm
Erscheinungsjahr: 1959
Gewicht: 200 g

Das 2.8/35 war das erste Weitwinkel für eine Nippon Kogaku-Spiegelreflexkamera. Das Design orientierte sich an dem 2/50-Nikkor, es bekam einen breiten silbernen Filterring, den geriffelten Blendenring und hatte noch die feinen Markierungsstriche sowie ein rotes "R" für Infrarot.
Nikkor 2.8/35 mm: BCO 04 161-1. 400,-

Die zweite Version des Nikkor 2.8/35 erschien im Februar 1962. Zwei Ausführungen waren möglich: mit Meterskala oder mit Meter und Feet, keine Markierungsstriche mehr und ohne das "R" für die Infrarotkorrektur.
Nikkor 2.8/35 mm (Typ 2): BCO 04 161-2. 250,-

In einer dritten Bearbeitung (1974) bekam das Objektiv einen Berg-und-Tal-Blendenring zur besseren Handhabung. Je nach Exportauftrag erschien es mit einer Feet- oder Blendenskala, später mit beiden Angaben.
Nikkor 2.8/35 mm (Typ 3): BCO 04 161-3. 250,-

Anfang 1975 wurde das 2.8/35-mm-Nikkor grundlegend verändert und als Sechslinser in sechs Gruppen gebaut, dazu kam ein komplett schwarzes Design mit gummierter Einstellfassung und einem Blendenring mit Diamantschliff. Die Blendenreihe wurde auf den Wert 22 erweitert. Auffallend ist, die große Frontlinse der Vorgängertypen wurde zur Kontraststeigerung gegen eine streulichtunempfindlichere Linse mit einem deutlich kleineren Durchmesser ausgetauscht.
Nikkor 2.8/35 mm (Typ 4): BCO 04 162-1. 250,-

Weitere Veränderung im April 1978 durch die Anpassung auf das AI-System mit ADR-Skala zur Direktablesung im Kamera-Sucher. - Ab Nummer 773 111.
Nikkor 2.8/35 mm AI: BCO 04 162-2. 250,-

Mit einer kleinen Veränderung (Neurechnung mit fünf Linsen in fünf Gruppen) baute Nikon das 2.8/35 mm weiter.
Nikkor 2.8/35 mm (Typ 6): BCO 04 163-1. 250,-

Ab September 1981 Angleichung des Objektivs auf AIS, des weiteren keine Veränderungen - weder im optischen Aufbau, noch im Design. Diese Version begann mit der Nummer 521 001.
Nikkor 2.8/35 mm AIS: BCO 04 163-2.

Nikkor 2.8/35 mm (alt)

Nikkor 2.8/35 mm (neu)

PC-Nikkor 2.8/35

Brennweite: 35 mm
Bildwinkel: 62°
Ausnutzbarer Bildwinkel: 78°
Blenden: 2.8 bis 32
Distanzskala: ∞ - 30 cm
Linsen/Gruppen: 8/7
Filtergewinde: 52 mm
Erscheinungsdatum: Januar 1968
Gewicht: 335g

Ersetzte im Mai 1968 (ab Seriennummer 851 001) das erste Nikkor-Shift 3.5/35. Diese lichtstärkere Version erhielt eine Berg-und-Tal-Einstellfassung und einen fein geriffelten Blendenring mit Vorwahlmöglichkeit. Eine Silberschraube dient zur Objektivverstellung. Teilweise farbig gravierte Blendenreihe. Eine Millimeterskala gibt Aufschluß über die seitliche Verschiebung, 12 gerastete Stellungen in Abständen von 30° bestimmen den Winkel der Drehung.
PC-Nikkor 2.8/35 mm: BCO 04 171-1. 550,-

Im Oktober 1975 (ab Seriennummer 900 001) änderte Nikon das Shift-Nikkor geringfügig, die Berg-und-Tal-Einstellfassung wich einer gummibeschichteten Entfernungseinstelleinheit. Der Blenden- und Blendenvorwahlring bekamen eine Diamantschliff-Fassung. Das Design der Silberschraube wurde beibehalten.
PC-Nikkor 2.8/35 mm (Typ 2): BCO 04 171-2. 550,-

Eine Neurechnung des PC-Nikkors 2.8/35 stellte Nikon auf der photokina 1980 vor, ab Seriennummer 179 091. Das jetzt siebenlinsige Spezialobjektiv erhielt eine bedeutend größere und damit griffigere schwarzlackierte Verstellschraube mit aufgravierter Filmebenenkorrektur für die Perspektiv-Verstellung. Durch eine veränderte Mechanik laufen die Einstellvorgänge noch weicher und präziser als beim Vorgängerobjektiv. Das Gewicht verringerte sich auf 320 Gramm.
PC-Nikkor 2.8/35 mm (Typ 3): BCO 04 172.

PC-Nikkor 2.8/35 mm, aktuelle Version, an einer Nikon F3.

PC-Nikkor 2.8/35 mm

PC-Nikkor 3.5/35

600,-

Brennweite: 35 mm
Bildwinkel: 62°
Ausnutzbarer Bildwinkel: 78°
Blenden: 3.5 bis 32
Distanzskala: ∞ - 30 cm
Linsen/Gruppen: 7/6
Filtergewinde: 52 mm
Erscheinungsdatum: Juli 1962
Gewicht: 290 g

Weltweit erstes serienmäßiges Kleinbild-Spiegelreflexobjektiv zur Perspektiv-Kontrolle und Herstellung von Panorama-Aufnahmen. Diese optische Sensation wurde im Juni 1962 der Fachpresse vorgestellt und bekam nach Nikon-Produktionsunterlagen die Anfangsseriennummer 102 105. Keine automatische Springblende, Blendenvorwahl mit zwei Ringen wie beim ersten Micro-Nikkor. Dezentrierung mittels seitlicher Schraube bis maximal 11 Millimeter. Um 360 Grad drehbar, ideal für Hochformat-Aufnahmen. Nur eine Version bekannt, silberner Frontring mit eingravierten Blendenwerten (bis 32), Mindestdistanz 30 cm. Als Meilenstein in der Objektiventwicklung äußerst begehrt bei den Nikon-Sammlern!
PC-Nikkor 3.5/35 mm: BCO 04 175.

PC-Nikkor 3.5/35 mm

GN-Nikkor 2.8/45

350,-

Brennweite: 45 mm
Bildwinkel: 50°
Blenden: 2.8 bis 32
Distanzskala: ∞ - 80 cm
Linsen/Gruppen: 4/3
Filtergewinde: 52 mm
Erscheinungsdatum: August 1968
Gewicht: 150 g

Sehr flaches Spezialobjektiv, entwickelt für die Blitzfotografie. Vor der Verbreitung der computergesteuerten Blitzgeräte eine interessante Nikon-Alternative, die bei unterschiedlichen Entfernungen richtig belichtete Aufnahmen lieferte, ohne daß die Fotografin oder der Fotograf zeitraubende Leitzahlrechnungen durchführen mußte. Die Leitzahl des entsprechenden Kolben- oder Elektronenblitzgerätes wurde einfach auf der Skala des Guide-Number-Nikkors eingestellt und verriegelt. Bei der Scharfstellung erfolgte dadurch automatisch die richtige Blendenkombination. Einziges Nikon-Reflexobjektiv mit einem Unendlich-Anschlag rechts.

Durch die kompakte Bauweise als Ergänzungsobjektiv für die Reise- und Reportagefotografie beliebt. Gehört durch die besondere Konstruktion in die Vitrine des F-Sammlers.

Gebaut bis März 1977. Erste Seriennummer nach japanischen Informationen: 710 101.

GN-Nikkor 2.8/45 mm: BCO 04 605.

GN-Nikkor 2.8/45 mm

Nikkor 1.2/50 mm AIS

Nikkor 1.2/50

Brennweite: 50 mm
Bildwinkel: 46°
Blenden: 1.2 bis 16
Distanzskala: ∞ - 50 cm
Linsen/Gruppen: 7/6
Filtergewinde: 52 mm
Erscheinungsdatum: März 1978
Gewicht: 390 g

Das lichtstärkste Objektiv im aktuellen Programm der Nicht-Autofokus-Objektive verhilft zu einem sehr hellen Sucherbild und eignet sich besonders für Reportageeinsätze, wo mit dem vorhanden Licht gearbeitet werden muß und eine auffällige Blitzfotografie nicht in Frage kommen kann. Im Gegensatz zum gleich lichtstarken Vorgänger mit 55 mm Brennweite hat dieses Nikkor deutlich bessere Abbildungseigenschaften und kann schon bedenkenlos bei offener Blende eingesetzt werden. Mindestdistanz: 50 cm. Breiter gummibeschichteter Einstellring und Objektivgravur zwischen dem Filtergewinde und Fokussierring. Alle Normalobjektive mit 50 mm Brennweite unter Ausnahme des 2/50 erhielten schon 1976, also noch vor der AI-Einführung, den AI-typischen breiten Greifring mit farbigen Strichmarkierungen für die Schärfentiefe, jedoch zuerst mit einem Index-Strich für die Entfernungs- und Blendeneinstellung. Erst 1979, vor der AIS-Einführung, wurde dieser schwarze Strich durch einen Index-Punkt ersetzt. Erste Seriennummer: 177 051.
Nikkor 1.2/50 mm: BCO 04 211-1. 600,-

Im September 1981 erschien die AIS-Version des 1.2/50-Nikkor (ab Nummer 250 001), äußerlich zu bestimmen an dem schwarzen Indexpunkt unter der Typenbeschriftung, die sich jetzt etwas weiter außerhalb auf der Vorderansicht des Scharfeinstellringes befindet. Das lichtstarke Nikkor ist jetzt auch uneingeschränkt an Kameras mit Blenden- und Programmautomatik zu benutzen.
Nikkor 1.2/50 mm: BCO 04 211-2.

Nikkor 1.4/50

Brennweite: 50 mm
Bildwinkel: 46°
Blenden: 1.4 bis 16
Distanzskala: ∞ - 60 cm
Linsen/Gruppen: 7/6
Filtergewinde: 52 mm
Erscheinungsdatum: Januar 1962
Gewicht: 320 g

Als Nachfolger des 1.4/5.8 cm erschien im März 1962 ein neues, lichtstarkes Normalobjektiv. Die Scharfstellfassung wurde sehr schmal gehalten, der Blendenring blieb gerieft, Mindestdistanz 0.60 Meter. Fast dreieckiger und spitzer Blendenmitnehmer. Auf dem Frontring stand nun die Brennweitenbezeichnung in mm statt in cm. Das Objektiv hatte statt der blauen Vergütung des Vorgängers eine stark gelbliche Beschichtung. Die Bestimmung der Seriennummern ist schwierig, nach Unterlagen aus Tokio erfolgte der Produktionsstart bei Nummer 314 101.
Nikkor 1.4/50 mm: BCO 04 221-1. 250,-

Als weitere Verbesserung (Typ 2) gab es im Februar 1966 das viel gekaufte Nikkor 1.4/50 mit einer breiteren Scharfstellfassung sowie Berg- und-Tal-Griffmulden am Blendenring. Spitzer Blendenmitnehmer und starke gelbliche Vergütung wie beim Vorgänger. Dieses Nikkor wurde nur mit der Bezeichnung Nippon Kogaku ausgeliefert.
Nikkor 1.4/50 mm (Typ 2): BCO 04 221-2. 200,-

Im November 1967 gab es geringfügige Veränderungen gegenüber dem Vorgängerobjektiv. Der Blendenmitnehmer wurde durch neuere und leichter kuppelbare Photomic-Aufsätze halbrund gestaltet. Ansonsten baugleich mit dem Nikkor von 1966.
Nikkor 1.4/50 mm (Typ 3): BCO 04 221-3. 200,-

Als vierte Ausgabe des 1.4/50 erschien im April 1972 eine Neurechnung mit sieben Linsen in fünf Gruppen. Äußerlich erkennbar ist dieses Nikkor an dem schwarzen Filterring und einer rötlich schimmernden Vergütung, dazu Gravur "C".
Nikkor 1.4/50 mm (Typ 4, C): BCO 04 221-4. 200,-

Eine erneute - diesmal starke Veränderung - erfuhr das Nikkor 1.4/50 im November 1974 durch die Anpassung an das modernisierte Objektivprogramm. Die Einstellfassung ist jetzt gummibeschichtet (dreireihig) und der Blendenring mit Diamantschliff ausgestattet, dazu kommt eine neue Mindestdistanzeinstellung von 45 cm.
Nikkor 1.4/50 mm (Typ 5): BCO 04 221-5. 200,-

Nikkor 1.4/50 mm, Typ 2. 4

Nikkor 1.4/50 mm, Typ 5.

Nikkor 1.4/50 (Forts.)

Im April 1976 kam eine Neurechnung: flachere Bauweise durch den Einbau dünnerer Linsen, jetzt sieben Linsen in sechs Gruppen. Durch diese Veränderung Gewichtseinsparung um 20 % auf nur noch 260 Gramm. Erkennbar ist diese Version an der zweireihigen gummierten Einstellfassung. Die bunten Schärfentiefenmarkierungen befinden sich jetzt auf dem breiteren Blendengreifring.
Nikkor 1.4/50 mm (Typ 6): BCO 04 221-6. *200,-*

Weitere Veränderung und optische Verbesserung nach Einführung des AI-Systems (Typ 7 ab Nummer 394 0001). Farbige Schärfentiefenskala auf dem silbernen Mittelring und zweite AI-Skala für die Blenden-Direktablesung auf der Unterseite, dazu kommt der geteilte lichte Blendenmitnehmer, um das 1.4/50 auch an älteren Nikon-Kameras mit Blendenmitnehmer benutzen zu können. Jetzt deutlich flachere Bauweise mit einer zweireihigen Gummi-Einstellfassung.
Nikkor 1.4/50 mm AI: BCO 04 221-7. *250,-*

Im September 1981 Anpassung des Nikkor 1.4/50 auf AIS (ab Seriennummer 510 0001) durch die Einarbeitung einer Kerbe auf der Bajonettanschluß-Seite des Objektivs, dadurch auch Fotografie mit Programmautomatik möglich.
Nikkor 1.4/50 mm AIS: BCO 04 221-8.

Im November 1984 erscheint ein optisch weiter verbessertes 1.4/50-Nikkor mit einem sehr kurzen Scharfstellweg zwischen 45 cm und ∞.
Nikkor 1.4/50 mm AIS (Typ 2): BCO 04 221-9.

Nikkor 1.4/50 mm, Typ 7.

AF-Nikkor 1.4/50

Brennweite: 50 mm
Bildwinkel: 46°
Blenden: 1.4 bis 16
Distanzskala: ∞ - 45 mm
Linsen/Gruppen: 7/6
Filtergewinde: 52 mm
Erscheinungsjahr: 1986
Gewicht: 255 g

Mit der Vorstellung der Autofokus-Generation wurde diese lichtstarke Standardbrennweite radikal umgeändert. Zu der leichten Bauweise (nur noch 255 g) kam ein Sichtfenster für den Entfernungsbereich, ein Blendenfeststeller und zusätzlich an der Seite markierte Objektivdaten mit dem neuen Signet der Nikon-Corporation. Durch die Konstruktion als AF-Objektiv blieb nur noch ein schmaler Ring für die manuelle Entfernungseinstellung.
AF-Nikkor 1.4/50 mm: BCO 04 222.

AF-Nikkor 1.4/50 mm

Reflex-Normalobjektive

Nikkor 1.8/50

Brennweite: 50 mm
Bildwinkel: 46°
Blenden: 1.8 bis 16
Distanzskala: ∞ - 45 cm
Linsen/Gruppen: 6/5
Filtergewinde: 52 mm
Erscheinungsdatum: Januar 1978
Gewicht: 220 g

Flache Bauweise wie das letztgebaute 2/50-Nikkor (ab März 1978). Einstellfassung mit zweireihiger Gummiarmierung. Der beschriftete Ring innerhalb der Filterfassung ist um ca. 45° nach innen geneigt, ansonsten Abstimmung auf das Design der AI-Objektive. Mindestdistanz 45 cm. Fertigung ab Nummer 176 0801.
Nikkor 1.8/50 mm AI: BCO 04 231-1. 150,-

Die zweite Ausführung bekommt 1979 eine auf den Wert 22 erweiterte Blendenskala. Der Ring innerhalb des Filtergewindes ist nicht mehr trichterförmig.
Nikkor 1.8/50 mm AI (Typ 2): BCO 04 231-2. 150,-

Ab März 1980 (ab Nummer 313 5001) gebaut als AIS-Nikkor mit eingearbeiteter Kerbe für Blenden- und Programmautomatik. Der Diamantschliff-Blendenring ist jetzt nur noch zweireihig.
Nikkor 1.8/50 mm AIS: BCO 04 231-3.

Mit dem Erscheinen der F-301 kam ein neues 1.8/50-Nikkor auf den Markt, dem 1.8/50 aus der E-Serie sehr ähnlich, auch hierbei wurde die Blendengabel nicht mehr montiert. Schmaler, längsgeriffelter Kunststoffring für die Entfernungseinstellung und silberner Greifring. Naheinstellung nur bis 60 cm. Gebaut ab der Nr. 400 001.
Nikkor 1.8/50 mm AIS (Typ 2): BCO 04 231-4.

Diese Version gab es auch mit einer Naheinstellung bis 45 cm. Dafür mußten allerdings bewegliche Fassungsteile durch eine Öffnung im Bajonettring geführt werden (Verschmutzungsgefahr!). Ein solches Objektiv mit der Nummer 2230 868 wurde in Australien verkauft, in Europa ist es nicht bekannt.
Nikkor 1.8/50 mm AIS: BCO 04 231-41.

Nikkor 1.8/50 mm (aktuelle Version)

Nikkor 1.8/50 mm, zweite Ausführung.

Reflex-Normalobjektive

AF-Nikkor 1.8/50

Brennweite: 50 mm
Bildwinkel: 46°
Blenden: 1.8 bis 22
Distanzskala: ∞ - 45 cm
Linsen/Gruppen: 6/5
Filtergewinde: 52 mm
Erscheinungsjahr: 1986
Gewicht: 210 g

Das preiswerteste Normalobjektiv für die AF-Serie. Im Design fast gleiche Ausführung wie das lichtstärkere 1.4/50-AF und mit einem sehr schmalen Entfernungsring ausgerüstet.
AF-Nikkor 1.8/50 mm: BCO 04 232-1.

1990 erscheint ein weiter überarbeitetes AF-Standard-Objektiv mit ausreichender manueller Fokussiermöglichkeit durch einen breiteren Scharfstellring. Angebauter Schieber zur Verriegelung der kleinsten Blende. Entfernungsanzeige nicht mehr im Sichtfenster. Mit 155 Gramm deutlich weniger Gewicht.
AF-Nikkor 1.8/50 mm (Typ 2): BCO 04 232-2.

AF-Nikkor 1.8/50 mm (aktuelle Bauart)

AF-Nikkor 1.8/50 mm mit UV-Filter L37c

Reflex-Normalobjektive

Nikon 1.8/50 Series-E

Brennweite: 50 mm
Bildwinkel: 46°
Blenden: 1.8 bis 22
Distanzskala: ∞ - 60 cm
Linsen/Gruppen: 6/5
Filtergewinde: 52 mm
Erscheinungsdatum: Dezember 1978
Gewicht: 135 g

1979 kam als ökonomische und platzsparende Alternative mit der Vorstellung der kompakten Nikon EM ein neues 1.8/50 mit der Bezeichnung Nikon Series-E. Durch die sehr flache Bauweise mußte das Objektiv mit einem extrem schmalen Entfernungsring auskommen, der Mitnehmerzinken und der silberne Greifring fehlt. Mindesteinstellung nur 60 cm, Kunststoff-Fassung und mattschwarzes Design.
Nikon 1.8/50 mm Series-E: BCO 04 233-1.

1981 wurde das 1.8/50 Series-E mit dem gewohnten silbernen Greifring ausgestattet, ansonsten gleiche Bauart wie der Vorgänger, aber 20 Gramm schwerer. Erste Seriennummer: 105 5001.
Nikon 1.8/50 mm Series-E (Typ 2): BCO 04 233-2.

Nikon 1.8/50 mm Series-E

Nikkor 2/50

Brennweite: 50 mm
Bildwinkel: 46°
Blenden: 2 - 16
Distanzskala: ∞ bis 60 cm
Linsen/Gruppen: 7/5
Filtergewinde: 52 mm
Erscheinungsdatum: Februar 1959
Gewicht: 200 g

Das erste Nikkor-Reflexobjektiv, vorgestellt mit der Nikon F im Juni 1959, war ein Normalobjektiv 50 mm mit der Lichtstärke 1:2.0. Der erste Typ war daran zu erkennen, daß, wie bei den Meßsucherobjektiven, ein rotes "R" zur Kennzeichnung des Infrarot-Fokusindex vermerkt wurde. Zusätzlich gab es über jedem Blendenwert und unter jeder Feet-Markierung einen kleinen Strich. Die Blendenwerte wurden in vier verschiedenen Farben ausgelegt, diese bunten Markierungen zeigten sich zur Tiefenschärfenbestimmung wieder auf der silbernen Haltefassung. Die Einstellfassung ist sehr schmal, die Fassung für die Blendenveränderung wurde nur fein gerieffelt, es gab keine Griffmulden. Hinweis auf der Unterseite des silbernen Greifringes: "Pat. Pend.". Flache, leicht bläulich vergütete Frontlinse.
Gravur auf der Vorderseite: "Nippon Kogaku Japan Nikkor-S Auto 1:2 f=5cm". Die Bezifferung begann mit der Nummer (graviert No.) 520 001. Produktionsbeginn möglicherweise erst ab Nummer 520 101 (mit der Gravur No. statt Nr.). In Europa schwer, in Japan und den USA eher zu finden.
Nikkor 2/50 mm S-Auto: BCO 04 241-1. 450,-

Typ 2 hatte nicht mehr die Markierungsstriche an der Blenden- und Feetskala, zwei Distanzangaben wurden jetzt graviert: Meter oder Feet. Kein "R" mehr für Infrarot, nur noch ein kleiner, roter Punkt. Ansonsten das Design wie der Vorgänger.
Nikkor 2/50 mm S-Auto (Typ 2): BCO 04 241-2. 350,-

Typ 3 (1964) bekam einen etwas breitere Einstellfassung, dazu einen griffigen Ring für die Blendenveränderung. Auf dem Frontring steht nun "Nikkor-H Auto", Beleg für eine neue Rechnung: sechs Linsen in vier Gruppen. Das Objektiv hat eine stark gewölbte Vorderlinse mit einer bläulichen Vergütung, immer noch No. statt Nr., Produktionsangaben durch die Massenfertigung nicht mehr möglich.
Nikkor 2/50 mm H-Auto: BCO 04 241-3. 150,-

Mit der vierten Bauart verbesserte Nikon das 2/50 mit einer neuen Vergütung. Auf dem Frontring steht jetzt "Nikkor HC-Auto".
Nikkor 2/50 mm HC-Auto: BCO 04 241-4. 150,-

Nikkor 2/50 mm (S-Auto)

Nikkor 2/50mm (H-Auto)

Reflex-Normalobjektive

Nikkor 2/50 (Forts.)

Die fünfte Ausgabe des 2/50 kam 1974 in die Neubearbeitung. Nun rundherum mattschwarzes Design mit Gummi-Einstelleinheit und Diamantschliff-Blendenring. Die Objektivbezeichnung wie H-Auto entfiel, grünlich schimmernde Vergütung, Mindestdistanz: 45 cm.
Nikkor 2/50 mm (Typ 5): BCO 04 241-5. 150,-

Typ 6 des Nikkor-Normalobjektivs 2/50 wurde mit der Anpassung auf das AI-Design mitverändert (ab Seriennummer 350 0001). Noch flachere Bauart, AI-Mitnehmerzinken und AI-Blendenreihe. 1978 durch den Nachfolger 1.8/50 ersetzt!
Nikkor 2/50 mm AI: BCO 04 241-6. 150,-

Nikkor 2/50 mm (Typ 6)

Nikkor 2/50 mm (HC-Auto)

UV-Nikkor 4.5/50

Brennweite: 50 mm
Bildwinkel: 46°
Blenden: 4.5 bis 32
Distanzskala: ∞ - 24 cm
Linsen/Gruppen: 6/6
Filtergewinde: 52 mm
Erscheinungsjahr: 1988
Gewicht: 240 g

Speziell für die Ultraviolett-Fotografie fertigt Nikon dieses Spezialobjektiv. Der Spektralbereich erstreckt sich von 220 nm bis 900 nm bei 70% spektraler Transmission. Das UV-Nikkor ist mit AIS-Blendenkupplung, Blendenmitnehmer und Tiefenschärfenskala ausgerüstet.
UV-Nikkor 4.5/50 mm: BCO 04 606.

Reflex-Normalobjektive

Nikkor 1.2/55 mm (Prototyp)

Nikkor 1.2/55

Brennweite: 55 mm
Bildwinkel: 43°
Blenden: 1.2 bis 16
Distanzskala: ∞ - 60 cm
Linsen/Gruppen: 7/5
Filtergewinde: 52 mm
Erscheinungsjahr: 1965, Produktion ab November 1967.
Gewicht: 425 g

Mit diesem lichtstarken Normal-Nikkor lieferte Nikon seinen Beitrag für das Fotografieren unter extrem schlechten Lichtverhältnissen, allerdings durften bei offener Blende in der Abbildungsleistung keine Wunder erwartet werden. Die klotzige Glasfront (teilweise mit Mehrfachbeschichtung) zwang zu einer Objektivdatengravur auf dem oberen Rand der Einstellfassung. Der Blendenring bekam rundherum eine Berg-und-Tal-Fassung, dazu bekam das 1.2/55 einen breiten Objektivgreifring. Auffällig bei diesem Lichtriesen ist die außergewöhnlich große Hinterlinse. Frühe Exemplare (Nippon Kogaku) besitzen noch die spitz geformte Mitnehmergabel, sie wurde für spätere 1.2/55-Nikkore abgerundet. Es existieren Fotos von einem Prototypen ähnlich der Bauart des 1.4/5.8 cm mit geriffeltem Blendenring, einer Objektivdatengravur innerhalb der Filterfassung und bläulicher Vergütung. Die optische Rechnung entsprach dem Serien-Exemplar.

Das 1.2/55 ist bei den Reflex-Sammlern gefragt und im Gegensatz zum 1.1/50 bei den Nikon-Meßsucherkameras noch verhältnismäßig preisgünstig zu erwerben. Serienstart ab Nummer 184 711.
Nikkor 1.2/55 mm: BCO 04 251-1. 450,-
Nikkor 1.2/55 mm (Prototyp): BCO 04 251-9.

Im Oktober 10/72 erhielt das "High-speed"-Nikkor eine neue, rötlich schimmernde Vergütung und die Bezeichnung SC-Auto (C stand für coated=vergütet) und konnte dadurch mit besseren Abbildungs-Ergebnissen aufwarten.
Nikkor 1.2/55 mm (C): BCO 04 251-2. 450,-

Im April 1976 wurde das lichtstarke 1.2/55 mit einer gummierten Entfernungsfassung versehen, dazu kam der Diamantschliff-Blendenring. Dabei wurde das Nikkor auch geringfügig im Aufbau überarbeitet, die Mindestdistanz verringerte sich auf 50 cm, das Gewicht reduzierte sich um 10 Gramm.
Nikkor 1.2/55 mm (Typ 3): BCO 04 251-3. 350,-

Im Frühjahr 1977 veränderte Nikon das 1.2/55, um es der AI-Linie anzupassen. Wie alle AI-Nikkore bekam es eine doppelte Blendenreihe und den lichten Mitnehmerzinken. (Ab Seriennummer 400 001.)
Nikkor 1.2/55 mm AI: BCO 04 251-4. 350,-

Nikkor 1.2/55 mm (erste Version)

Nikkor 1.2/55 (Forts.)

Aus der Serienproduktion wurde ein Nikkor-Objektiv 1.2/55 abgeändert mit einer mattschwarzen Lackierung für den Einsatz im Weltraum. Auffällige Objektivdatengravur mit NASA-Bezeichnung. Eingesetzt im Apollo- und Skylab-Programm.
NASA-Nikkor 1.2/55 mm: BCO 04 611-1.

Vom NASA-Nikkor 1.2/55 existiert eine Dummy-Version für Ausstellungs- und Demonstrationszwecke.
NASA-Nikkor 1.2/55 mm (Dummy): BCO 04 611-8.

Eine weitere Version existiert in Form eines speziellen UV-Nikkors für den Einsatz im Weltall. Blenden von 2 bis 16, großer Blenden-Rastring für die Arbeit mit Handschuhen. Feste Entfernungseinstellung auf Unendlich. Auffällige Objektivdatengravur, hitzebeständige Lackierung schwarz-anthrazit. NASA-Code vermerkt (P/N und SEB-Nummer).
NASA-UV-Nikkor 2/55 mm: BCO 04 612-1.

Das gleiche Objektiv wurde auch als Demonstrationsmodell oder Ausstellungsteil hergestellt.
NASA-UV-Nikkor 2/55 mm (Dummy): BCO 04 612-8.

Nikkor 1.2/55 mm (NASA-Version)

NASA-Micro-Nikkor 2.8/55 mm

UV-Nikkor 2/55 mm für die NASA

Reflex-Normalobjektive

Micro-Nikkor 2.8/55 mm

AF-Micro-Nikkor 2.8/55 mm

Micro-Nikkor 2.8/55

Brennweite: 55 mm
Bildwinkel: 43°
Blenden: 2.8 bis 32
Distanzskala: ∞ - 25 cm
Linsen/Gruppen: 6/5
Filtergewinde: 52 mm
Erscheinungsdatum: Dezember 1979
Gewicht: 290 g

Den Wünschen vieler Fotografen, die den Nahbereich erschließen wollen und denen die Lichtstärke des bisherigen Micro-Nikkor 3.5/55 nicht ausreichte, entsprach dieses neue Objektiv. Es verhalf auch beim Arbeiten mit dem Balgengerät oder mit Zwischenringen zu einem deutlich helleren Sucherbild, bei dem Arbeiten mit einer Schnittbildentfernungsmesser-Mattscheibe sind die Meßkeile ohne Abdunkelung gut sichtbar. Trotz dieser Lichtstärkensteigerung behielt diese Universaloptik hervorragende Abbildungseigenschaften. Der Schneckengang geht herunter bis zur Minimaldistanz von 25 cm, entsprechend dem Abbildungsmaßstab 1:2, mit dem Automatik-Zwischenring PK-13 Erweiterung des Einstellbereichs bis 1:1, desgleichen auch mit der Verwendung der Telekonverter TC-200 und TC-201. Durch seine Vielseitigkeit das "ideale" Normalobjektiv. Serienanfang bei Nummer 179 041.
Micro-Nikkor 2.8/55 mm: BCO 04 261-1.

Diese Autofokus-Version des 2.8/55-Micro blieb nur für einen verhältnismäßig kurzen Zeitraum im Nikon-Programm. Mindestabstand 29.9 cm und maximaler Abbildungsmaßstab 1:1. Sehr schmaler Ring für das manuelle Fokussieren. Filtergewinde 62 mm, Gewicht 420 Gramm.
AF-Micro-Nikkor 2.8/55 mm: BCO 04 261-2.

Für den Einsatz im All baute Nikon ein Micro-Nikkor 2.8/55, ein dafür abgeändertes Serienobjektiv. AI-Übertragung und breite Berg- und Tal-Einstelleinheit statt gummierter Grifffläche. Deutlich größer gravierte Entfernungsdaten (nur Feet), NASA-Numerierung.
NASA-Micro-Nikkor 2.8/55 mm: BCO 04 613-1.

Das NASA-Micro-Nikkor wurde auch als Dummy-Version für Ausstellungen hergestellt.
NASA-Micro-Nikkor 2.8/55 mm (Dummy): BCO 04 613-8.

Micro-Nikkor 3.5/55 (Blendenvorwahl)

Brennweite: 55 mm
Bildwinkel: 43°
Blenden: 3.5 bis 22
Distanzskala: ∞ - 21 cm
Linsen/Gruppen: 5/4
Filtergewinde: 52 mm
Erscheinungsdatum: August 1961
Gewicht: 235 g

1961 kam das erste Makro-Objektiv von Nikon für das Reflexsystem. Einstellbar bis zum Abbildungsmaßstab 1:1, Mindestdistanz: 21 cm. Keine Blendenmitnehmerzinken angebaut, keine automatische Springblende, dafür ein Blendenvorwahlring. Beim Verstellen auf die Mindestdistanz über einen schmalen Berg-und-Tal-Ring verändert sich die Länge von 6.6 auf 12 cm. Zwei farbig gravierte Schärfentiefenskalen und zwei Distanzhinweise (nur Feet) und rot ausgelegte Abbildungsmaßstäbe, breiter silberner Blendenring. Von der Verarbeitung her macht das 3.5/55 den Eindruck eines Prototypen oder Vorserienobjektivs. Nur kurze Zeit im Verkaufsprogramm, daher sehr selten und gefragt bei den Nikon Reflex-Sammlern! Produktionsstart mit der Nummer 171 529.
Micro-Nikkor 3.5/55 mm: BCO 04 271.

Micro-Nikkor 3.5/55 mm

Reflex-Normalobjektive

Micro-Nikkor 3.5/55 mm (Version 1)

Micro-Nikkor 3.5/55 mm (Version 2)

Micro-Nikkor 3.5/55

Brennweite: 55 mm
Bildwinkel: 43°
Blenden: 3.5 bis 32
Distanzskala: ∞ - 24.1 cm
Linsen/Gruppen: 5/4
Filtergewinde: 52 mm
Erscheinungsjahr: 1966
Gewicht: 235 g

Extrem scharfzeichnendes Spezialobjektiv für den Mikro- und Makrobereich, jederzeit auch als Normalobjektiv einsetzbar, ergänzte das Nikkor gleicher Bauart, hatte jetzt aber eine automatische Springblende (bis 32). 1:1-Bereich nur mit dem mitgelieferten M-Zwischenring. Stufenlose Einstellung auf die Mindestdistanz 24 cm. Breite Berg-und-Tal-Einstellfassung, feiner Chromring als Filtergewinde, gravierte Anzeige für die Belichtungskorrektur und den Abbildungsmaßstab. Erste Version mit geriffeltem Blendenring. Durch die Bauweise Sonnenblende nicht erforderlich. Ab Nummer 211 001.
Micro-Nikkor 3.5/55 mm: BCO 04 272-1. 350,-

Die verbesserte Ausgabe des automatischen Micro-Nikkor 3.5/55 (1970) bekam eine diamantschliffartige Fassung für die Scharfstelleinheit. Erreichung des Abbildungsmaßstabes 1:1 nur mit dem dazugehörenden M2-Ring. Blendenring mit Berg-und-Tal-Fassung. Auch mit einer verbesserten Vergütung als P-Auto C geliefert. Ab Nummer 600 001.
Micro-Nikkor 3.5/55 mm (C): BCO 04 272-2. 300,-

Weitere Anpassung im Design an das Objektivprogramm im Mai 1975 (ab Nummer 730 001). Jetzt mit gummibeschichteter Einstellfläche, dazu kommt ein neuer PK-13-Automatikzwischenring für Offenblendmessung bis zur Abbildung in der natürlichen Größe 1:1.
Micro-Nikkor 3.5/55 mm (Typ 3): BCO 04 272-3. 300,-

Im März 1977 erschien das Micro als AI-Nikkor ab Seriennummer 940 001 mit doppelter Blendenreihe und lichtem Mitnehmerzinken.
Micro-Nikkor 3.5/55 mm AI: BCO 04 272-4. 330,-

Noct-Nikkor 1.2/58

Brennweite: 58 mm
Bildwinkel: 40° 50'
Blenden: 1.2 bis 16
Distanzskala: ∞ - 50 cm
Linsen/Gruppen: 7/6
Filtergewinde: 52 mm
Erscheinungsdatum: Februar 1977
Gewicht: 485 g

Lichtstarke Objektive neigen speziell bei Nachtaufnahmen zu einer Abbildung von komatypischen Lichtschweifen bei der Wiedergabe von hellen Lichtquellen. Das "Noct" wurde dagegen mit einer asphärischen Fläche im Vorderglied ausgestattet und verhilft der Bildwiedergabe zu weitgehender Streulicht- und Reflexfreiheit, auch bei voll geöffneter Blende und bis zur Mindestdistanz von 50 cm.
Gleiche Bauform wie das 1.2/55, aber jetzt mit gummibeschichteter Einstellfassung und Anpassung auf AI mit doppelter Blendenskala für die Sucherdirektablesung.
Erstmals gezeigt auf der photokina 1976. Ein verhältnismäßig teures Spezialobjektiv. Serienbeginn mit der Nummer 172 011.
Noct-Nikkor 1.2/58 mm: BCO 04 621-1.

Im April 1982 Anpassung des 1.2/58 an die AIS-Baureihe mit der Startnummer 185 001.
Noct-Nikkor 1.2/58 mm AIS: BCO 04 621-2.

Noct-Nikkor 1.2/58 mm AIS

Nikkor 1.4/58

Brennweite: 58 mm
Bildwinkel: 40° 50'
Blenden: 1.4 bis 16
Distanzskala: ∞ - 60 cm
Linsen/Gruppen: 7/5
Filtergewinde: 52 mm
Erscheinungsdatum: Oktober 1959
Gewicht: 355 g

Das 1.4/5.8 wurde das erste lichtstarke Normalobjektiv für die Nikon F. Erkennbar ist es an dem schmalen, silbernen Filterring. Auch beim ersten Typ gab es keine Markierungsstriche und kein Infrarot-"R". Meter und Feet-Skala! Stark blaue Vergütung. Brennweitenangabe in cm. Erste Version nur geriffelter Blendenring, zweite Ausgabe mit dezentem Berg-und-Tal-Ring, Pat.-Pend.-Gravur. Das Objektiv blieb nur kurz auf dem Markt. Produktionsbeginn ab Nummer 140 051, Fertigungsende mit der Nummer 179 051 im Januar 1962.

Nikkor 1.4/5.8 cm (geriffelter Blendenring): BCO 04 281-1. 500,-
Nikkor 1.4/5.8 cm (Berg-und-Tal-Blendenring): BCO 04 281-2. 500,-

Nikkor 1.4/5.8 cm

AF-Nikkor 2.8/60

Brennweite: 60 mm
Bildwinkel: 39° 40'
Blenden: 2.8 bis 22
Distanzskala: ∞ - 21.9 cm
Linsen/Gruppen: 8/7
Filtergewinde: 62 mm
Erscheinungsjahr: 1989
Gewicht: 455 g

Im Herbst 1989 zeigt die Nikon-Corporation zum erstenmal ein Kleinbild-Nikkor mit der Brennweite 60 mm. Das AF-Micro erreicht ohne Zubehör den maximalen Abbildungsmaßstab 1:1. Besonderen Wert legten die Konstrukteure auf den breiten und griffigen Einstellring, damit das Objektiv auch ohne Autofokus-Betrieb optimal bedient werden kann. Ansonsten im Design den anderen AF-Nikkoren mit Sichtfenster, Blendenfeststeller und seitlich aufgedruckten Objektivdaten angepaßt.
AF-Nikkor 2.8/60 mm: BCO 04 291.

AF-Nikkor 2.8/60 mm

AF-Nikkor 2.8/80

Brennweite: 80 mm
Bildwinkel: 30° 20'
Blenden: 2.8 bis 32
Distanzskala: ∞ - 1 m
Linsen/Gruppen: 6/4
Filtergewinde: 52 mm
Erscheinungsjahr: 1983
Gewicht: 390 g

Zwei grundsätzlich andere Objektive als bisher konstruiert zeigte Nikon 1983 bei der Vorstellung der ersten Spiegelreflex-Autofokuskamera F3AF: ein 2.8/80-mm-Tele und ein 3.5/200-mm-Tele mit ED-Glas. Beide Objektive waren die ersten serienmäßigen Nikkor-Autofokus-Objektive.

Das AF-Nikkor 2.8/80 bekam einen breiten Kunstlederbezug und - schon ein Vorgriff auf die Zukunft - einen schmalen Ring für die manuelle Entfernungseinstellung. Die Fokusfeststellung erfolgt über einen Knopfdruck. Die Wahl zwischen AF-Betrieb oder manueller Scharfeinstellung kann über einen griffigen Betriebsartenschalter angewählt werden. Die Entfernungseinstellung ist in einem Sichtfenster kontrollierbar.

Unter Nikon-Sammlern mittlerweile sehr gefragt. Serienbezifferung ab Nummer 182 011.

AF-Nikkor 2.8/80 mm: BCO 04 401.

AF-Nikkor 2.8/80 mm

AF-Nikkor 4.5/80

Brennweite: 80 mm
Bildwinkel: 30° 20'
Blenden: 4.5 bis 32
Distanzskala: ∞ - 1 m
Linsen/Gruppen: 15/9
Filtergewinde: 82 mm
Erscheinungsjahr: 1971
Gewicht: 2.7 kg (mit Batterien)

Auf der PHOT EXPO 1971 in Chicago zeigte Nikon den Prototypen eines automatisch scharfstellenden Nikkor-Objektivs. Dieses große und schwere Objektiv bewies schon damals, daß die Nikon-Ingenieure die Autofokus-Technik realistisch einschätzten. Das aufwendig gebaute Objektiv arbeitete mit einem lichtelektrischen Empfänger, einer Entfernungsmeßeinheit mit Verstärker und einem Servomotor. Der Filmempfindlichkeitsbereich erstreckte sich von 25-6400 ASA. Dieser Urahn aller Nikkor-Autofokus-Objektive kam nicht in den Handel.
AF-Nikkor 4.5/80 mm: BCO 04 651.

AF-Nikkor 4.5/80 mm

Reflex-Teleobjektive

Nikkor 1.4/85

Brennweite: 85 mm
Bildwinkel: 28° 30'
Blenden: 1.4 bis 16
Distanzskala: ∞ - 85 cm
Linsen/Gruppen: 7/5
Filtergewinde: 72 mm
Erscheinungsjahr: 1980 (gebaut ab März 1981)
Gewicht: 620 g

Ein absolutes Profi-Objektiv mit auffallend dominierender Frontlinse für den Hallensport, Bühnenfotos und anderen Aufnahmesituationen, wo eine hohe Lichtstärke zählt. Selbst bei offener Blende gelingen Bilder von beeindruckender Schärfe. Die Close-Range-Correction garantiert hervorragende Ergebnisse auch im kritischen Nahbereich. Ein Traumobjektiv! Fertigungsbeginn mit der Seriennummer 179 091.
Nikkor 1.4/85 mm: BCO 04 402.

Nikkor 1.4/85 mm

Nikkor 1.8/85

Brennweite: 85 mm
Bildwinkel: 28° 30'
Blenden: 1.8 bis 22
Distanzskala: ∞ - 1 m
Linsen/Gruppen: 6/4
Filtergewinde: 52 mm
Erscheinungsdatum: Mai 1964
Gewicht: 420 g

Dieses Portrait-Tele verdient die Bezeichnung "legendär", für viele professionelle Fotografen war dieses Objektiv der Grund, auf Nikon umzusteigen. Das "Fünfundachtziger" ist ein äußerst handliches Objektiv, das durch die große Blendenöffnung ein sehr helles Sucherbild vermittelte.
Der erste Typ (ab Seriennummer 188 011) besaß einen deutlichen, silberfarbenen Filterring, die Objektivdaten gravierte das Werk auf den Rand der schmalen Entfernungs-Einstellfassung (cm-Angabe). Geriffelter Blendenring ohne "Berg-und-Tal", Blenden bis 22, einstellbare Mindestentfernung 1 m. In dieser ersten Ausführung sehr selten in Europa!
Nikkor 1.8/85 mm: BCO 04 404-1. 700,-

Die zweite Ausgabe des 85er kam im dezenten Mattschwarz, immer noch hatte es einen geriffelten Blendenring, erhielt aber jetzt eine bedeutend breitere Einstellfassung. Die Objektivdaten liegen bei dieser zweiten Version innerhalb des Filtergewindes.
Nikkor 1.8/85 mm (Typ 2): BCO 04 404-2. 400,-

Typ 3 wurde nur geringfügig überarbeitet, die Objektivdaten und der Herstellervermerk Nippon Kogaku befinden sich jetzt auf einem Ring oberhalb der Entfernungseinstelleinheit.
Nikkor 1.8/85 mm (Typ 3): BCO 04 404-3. 350,-

Die vierte Version (ab Nummer 410 001) zeigte sich 1974 gründlich überarbeitet, die Berg-und-Tal-Einstelleinheit wich einer griffigen Gummiarmierung, der Blendenring erhielt eine rutschfeste Riffelung. Die Mindestdistanz verringerte sich auf 85 cm. Das 1.8/85, auf AI umgebaut, wird noch heute tausendfach für die Reportage- und Modefotografie eingesetzt.
Nikkor 1.8/85 mm (Typ 4): BCO 04 404-4. 350,-

Nikkor 1.8/85 mm (erste Version)

Nikkor 1.8/85 mm (Typ 3)

Reflex-Teleobjektive

AF-Nikkor 1.8/85

Brennweite: 85 mm
Bildwinkel: 28° 30'
Blenden: 1.8 bis 16
Distanzskala: ∞ - 85 cm
Linsen/Gruppen: 6/6
Filtergewinde: 62 mm
Erscheinungsjahr: 1988
Gewicht: 415 g

Für den Betrieb an die Nikon-Autofokus-Kameras angepaßtes leichtes Kurz-Tele. Eine Besonderheit ist die Rückteil-Fokussierung, dabei wird nur das hintere Linsenglied zur Scharfeinstellung verschoben, diese Technik ermöglicht beim Autofokus-Betrieb noch schnellere Schärfenerfassung. Von der Rechnung ähnlich dem klassischen 1.8/85 mm für die manuelle Scharfeinstellung. Noch griffige Einstellfassung, Entfernungsdaten im Sichtfenster, spärliche Frontgravur, zusätzliche Objektivdaten mit dem Firmenschriftzug auf der Bedienungsseite vermerkt. Die Gegenlichtblende HN-23 gehört zum Lieferumfang.
AF-Nikkor 1.8/85 mm: BCO 04 405.

AF-Nikkor 1.8/85 mm

Nikkor 2.0/85

Brennweite: 85 mm
Bildwinkel: 28° 30'
Blenden: 2 bis 22
Distanzskala: ∞ - 0.85 m
Linsen/Gruppen: 5/5
Filtergewinde: 52 mm
Erscheinungsdatum: April 1977
Gewicht: 310 g

Dieses Kurz-Tele mit der Lichtstärke 2.0 kam als völlige Neukonstruktion. Hintergrund: Zur Nikon-Kompaktklasse mit den Kameras FM und FE gehörten auch kleine Objektive. Die Lichtstärke verringerte sich im Vergleich zum 1.8/85 geringfügig auf den Wert 2.0. Objektivdaten auf der inneren Frontlinsenfassung. Nur als Nikkor mit AI-Anschluß produziert! Beginn der Serie bei Nummer 175 111.
Nikkor 2.0/85 mm: BCO 04 406-1.

Im Oktober 1981 ging das 2/85 als AIS-Version in den Handel (ab Nummer 270 001), damit es auch für die Programmautomatiken der neuen Kameraklasse wie FG und FA benutzt werden konnte.
Nikkor 2.0/85 mm AIS: BCO 04 406-2.

Nikkor 2.0/85

Reflex-Teleobjektive

Nikon 2.8/100 mm Series-E

Nikon 2.8/100 Series-E

Brennweite: 100 mm
Bildwinkel: 24° 20'
Blenden: 2.8 bis 22
Distanzskala: ∞ - 1 m
Linsen/Gruppen: 4/4
Filtergewinde: 52 mm
Erscheinungsdatum: März 1979
Gewicht: 220 g

Im März 1980 stellte Nikon mit der totalautomatischen EM auch eine preisgünstige Objektivserie vor. Das im schwarzen Finish gehaltene Einhunderter überraschte durch das geringe Gewicht und sammelte auch in der Abbildungsleistung Pluspunkte. Grundsätzlich wurde bei der E-Serie auf die Montage eines Blendenmitnehmers verzichtet. Anders als bei vielen anderen Nikkoren fehlte hier ein silberner Greifring. Neu war eine Aussparung für das Ablesen der Entfernungseinstellung. Die Einstellfassung bestand aus kleinen, quadratisch geformten Noppen in vier Reihen. Start der Serie mit der Nummer 178 0701.
Nikon 2.8/100 mm Series-E: BCO 04 411-1.

Im Mai 1981 paßte Nikon das 100-mm-Objektiv der E-Serie an das äußere Erscheinungsbild der anderen AI-Objektive an. Damit erhielt das Objektiv einen silbernen Greifring und eine anders geformte Einstellfassung. Durch technische Verbesserung der Fassung konnten die Innenreflexionen reduziert werden.
Nikon 2.8/100 mm Series-E (Typ 2): BCO 04 411-2.

Nikkor 1.8/105

Brennweite: 105 mm
Bildwinkel: 23° 30'
Blenden: 1.8 bis 22
Distanzskala: ∞ - 1 m
Linsen/Gruppen: 5/5
Filtergewinde: 62 mm
Erscheinungsdatum: März 1981
Gewicht: 580 g

Lichtstarkes Kurztele für die Theater-, Sport- und Portraitfotografie. Dieses Nikkor empfiehlt sich, wenn die gängige 85-mm-Brennweite nicht ausreicht und der Sprung zum 135er zu groß wird. Ein modernes und superscharfes Objektiv mit einer aufwendigen Mehrschichtenvergütung. Eine kurze ausziehbare Gegenlichtblende ist eingebaut. Die erste Seriennummer ist 179 091.
Nikkor 1.8/105 mm: BCO 04 412.

Nikkor 1.8/105 mm

Reflex-Teleobjektive

Nikkor 2.5/105 mm, Typ 2 (links) und Typ 3.

Nikkor 2.5/105 mm (Typ 6)

Nikkor 2.5/105 mm AIS (Typ 7, 1981)

Nikkor 2.5/105

Brennweite: 105 mm
Bildwinkel: 23° 20'
Blenden: 2.5 bis 22
Distanzskala: ∞ - 1.20 m
Linsen/Gruppen: 5/3
Filtergewinde: 52 mm
Erscheinungsdatum: Februar 1959
Gewicht: 375 g

Mit der Nikon F kam auch die Reflex-Version des Meßsucher-Nikkors. Der optische Aufbau ist identisch mit dem Vorgänger aus der S-Serie. Feine Markierungsstriche und rotes Versal-R für Infrarotverschiebung. Geriffelter Blendenring (bis 22), breiter silberner Filterring, stark bläuliche Vergütung. Das 105er entwickelte sich durch seine Handlichkeit und hervorragende Abbildungsleistung zum Lieblingstele vieler amerikanischer Fotografen und gehörte mit der Nikon F zur Standardausrüstung für die Reportage- und Landschaftsfotografie. Für Nikon-Reflex-Sammler. Das legendäre 105er nahm seinen Anfang mit der Seriennummer 120 102.
Nikkor 2.5/105 mm: BCO 02 403-41. 600,-

Beim Typ 2 des 105-mm-Tele-Nikkors (1962) fehlten die feinen Markierungsstriche, ansonsten keine Veränderungen.
Nikkor 2.5/105 mm (Typ 2): BCO 02 403-42. 450,-

Typ 3 ging mit einer geschmeidig arbeitenden Berg- und Tal-Blendenfassung, die den geriffelten Blendenring ablöste, in Serie.
Nikkor 2.5/105 mm (Typ 3): BCO 02 403-43. 350,-

Typ 4: Anfang 1973 gründliche Überarbeitung mit fünf Linsen in vier Gruppen, mattschwarzes Finish, Blendenreihe erweitert auf 32. Verringerung der kürzesten Einstellentfernung auf einen Meter. Weiterhin neu der breite Einstellring für die Entfernung und eine rötlich schimmernde Vergütung - durch die gesteigerten Abbildungseigenschaften weltweit "das Referenzobjektiv". Neues Gewicht: 435 Gramm. Ab Nummer 50 0001.
Nikkor 2.5/105 mm (Typ 4): BCO 04 413-1. 400,-

Typ 5/Mai 1975: Neuer gummibezogener Scharfstellring und damit Anpassung an das äußerlich veränderte Nikkor-Programm, die optischen Daten blieben gleich.
Nikkor 2.5/105 mm (Typ 5): BCO 04 413-2. 400,-

Typ 6: Bei der Produktionsumstellung Anfang 1977 auf die AI-Reihe (ab Nummer 740 001) wieder Reduzierung der Blendenwerte auf 22.
Nikkor 2.5/105 mm AI: BCO 04 413-3. 400,-

Typ 7 erschien 1981 als AIS-Version mit einer eingebauten, herausziehbaren Sonnenblende. Ab Nr. 890 001.
Nikkor 2.5/105 mm AIS: BCO 04 413-4.

Reflex-Teleobjektive

Micro-Nikkor 2.8/105

Brennweite: 105 mm
Bildwinkel: 23°
Blenden: 2.8 bis 32
Distanzskala: ∞ - 41 cm
Linsen/Gruppen: 10/9
Filtergewinde: 52 mm
Erscheinungsdatum: April 1984
Gewicht: 515 g

Ersetzte das Micro 4/105 mm. Die höhere Lichtstärke verschafft ein helleres Sucherbild und erleichtert das Scharfstellen bei der Arbeit im Nahbereich. Nahgrenze bis herunter auf 41 cm, dadurch Abbildungsmaßstab 1:2. Mit dem Zwischenring PN-11 weitere Steigerung auf 1:0.88. Feststellschraube zum Fixieren des Entfernungsringes. Orangefarben ausgelegte Distanzhinweise für die Bestimmung des Abbildungsmaßstabes mit und ohne Zwischenring. Fertigungsstart mit Produktionsnummer 182 061.
Micro-Nikkor 2.8/105 mm: BCO 04 414-1.

Im Frühjahr 1990 zeigte Nikon ein neues 2.8/105-Micro für die automatische Entfernungseinstellung. Das 2.8/105-AF besitzt "floating elements" und einen Fokusbegrenzer, der die Vorwahl eines begrenzten Schärfebereichs erlaubt. Abbildungsmaßstab bis 1:1.
AF-Micro-Nikkor 2.8/105 mm: BCO 04 414-2.

Micro-Nikkor 2.8/105 mm

AF-Micro-Nikkor 2.8/105 mm

4-67

Nikkor 4/10.5 cm

Nikkor 4/105

Brennweite: 105 mm
Bildwinkel: 23° 20'
Blenden: 4 bis 22
Distanzskala: ∞ - 80 cm
Linsen/Gruppen: 3/3
Filtergewinde: 34.5 mm
Erscheinungsjahr: 1959
Gewicht: 230 g

Mysteriöses nicht-automatisches Nikkor-Objektiv, vergleichbar dem 4/105 mm aus der Meßsucherzeit, exakt gleicher optischer Aufbau, angepaßt über einen breiten Anschlußteller, Objektivdaten mit cm-Brennweitenvermerk. Die Vorwahlblende wurde konstruiert wie beim 2.5/180, Blendengravur auf dem silbernen Filterring, Minimaleinstellung bis 80 cm. Infrarot-Markierung mit einem kleinen roten Punkt. Dieses Nikkor-T 10.5 cm ist ein sehr kleines Objektiv, die Sonnenblende mit den gravierten Objektivdaten und dem angedeuteten Nippon Kogaku-Warenzeichen gehört zum Lieferprogramm.
Nikkor 4/105 mm: BCO 04 415.

Micro-Nikkor 4/105

Brennweite: 105 mm
Bildwinkel: 23° 20'
Blenden: 4 bis 32
Distanzskala: ∞ - 47 cm
Linsen/Gruppen: 5/3
Filtergewinde: 52 mm
Erscheinungsjahr: 1974
Gewicht: 500 g

Nikons erstes Tele-Micro erfüllte vor allem die Forderungen der Naturfotografen, es erlaubt einen größeren Arbeitsabstand zum Motiv und löst das Hauptmotiv stärker vom Hintergrund. Durch das Stativgewinde am mitgelieferten Automatikring PN-1 lassen sich durch die bessere Schwerpunktlage weitgehend Vibrationen bei der Aufnahme vermeiden. Ohne diesen Ring reicht es stufenlos von unendlich bis 47 cm (Abbildungsmaßstab 1/2 der Originalgröße, mit Ring sogar bis 1:1). Das 105er-Micro ist abblendbar bis 32, wichtig für das Arbeiten mit den Ringblitzgeräten. Äußerlich entspricht es der neuen Nikon-Objektivgeneration mit gummibeschichteter Entfernungseinstellung und Diamantschliff-Blendenring. Die Frontlinsenfassung ist trichterförmig. Neben der Meter- und Feetskala sind die Daten der Abbildungsmaßstäbe eingraviert.
Micro-Nikkor 4/105 mm: BCO 04 416-1.

Geringfügig verbesserte AI-Version (1977) mit einer kleinen Chrom-Feststellschraube für die Entfernungseinstellung. Erleichtert das Arbeiten mit diesem Objektiv in Vertikalstellung an der Reproeinrichtung.
Micro-Nikkor 4/105 mm AI: BCO 04 416-2.

1981 lieferte Nikon das 4/105-Micro als AIS-Ausgabe.
Micro-Nikkor 4/105 mm AIS: BCO 04 416-3.

Micro-Nikkor 4/105 mm (zweite Version)

Micro-Nikkor 4/105 mm

Reflex-Teleobjektive

Bellows-Nikkor 4/105 mm

Bellows-Nikkor 4/105

Brennweite: 105 mm
Bildwinkel: 23° 20'
Blenden: 4 bis 32
Distanzskala: Einstellung über das Balgengerät
Linsen/Gruppen: 5/3
Filtergewinde: 52 mm
Erscheinungsjahr: 1970
Gewicht: 230 g

Objektivkopf für den Einsatz am Balgengerät. Nachfolger des 4/135, angepaßtes Nikkor-Objektivdesign, silberner Blendenring mit 1/3-Blendenstufen-Rastung. Mattschwarze Ausführung mit einem großen Vorwahlring, berechnet für den Bereich zwischen unendlich bis zur 1.3fachen Vergrößerung.
Bellows-Nikkor 4/105 mm: BCO 04 417.

UV-Micro-Nikkor 4.5/105

Brennweite: 105 mm
Bildwinkel: 23° 20'
Blenden: 4.5 bis 32
Distanzskala: ∞ - 48 cm
Linsen/Gruppen: 6/6
Filtergewinde: 52 mm
Erscheinungsjahr: 1984
Gewicht: 525 g

Spezialobjektiv bis zum Maßstab 1:2 für höchste Anforderungen im Bereich der Ultraviolett-Fotografie z. B. in Kriminallabors, in der medizinischen Forschung, bei der Untersuchung von Kunstwerken oder bei Fabrikationsanalysen in der Industrie. Die Spektralübertragung dieses verzeichnungsfreien Nikkors erreicht 70% von 220 bis 900 nm. Durch den Einsatz von Fluorit- und Quarzglas entfällt jegliches Nachfokussieren im gesamten UV-Bereich. Eingebaute, ausziehbare Sonnenblende.
UV-Micro-Nikkor 4.5/105 mm: BCO 04 653.

UV-Micro-Nikkor 4.5/105 mm

Medical-Nikkor 4/120

Brennweite: 120 mm
Bildwinkel: 20° 30'
Blenden: 4 bis 32
Distanzskala: 1.6 m - 35 cm, mit Nahlinse 26 cm.
Linsen/Gruppen: 9/6
Filtergewinde: 49 mm
Filmempfindlichkeitsbereich: 25-800 ISO (15-30 DIN)
Erscheinungsdatum: Dezember 1981
Gewicht: 890 g

Mit höherer Lichtstärke und leichterer Bedienbarkeit löste dieses neue Medical-Nikkor das altbewährte 5.6/200 ab. Mit diesem Spezial-Nikkor (gebaut ab Nummer 180 041) lassen sich stufenlos einstellbare Abbildungsmaßstäbe von 1:11 bis 1:1 erreichen, bei Verwendung der mitgelieferten Nahlinse von 1:1.25 bis 2:1. Durch die eingebaute Innenfokussierung bleibt das Objektiv bei der Nahfotografie unverändert kompakt. Die Belichtungsregelung erfolgt automatisch, die Blendeneinstellung ist mit der Distanzeinstellung gekuppelt. Die Leistungsabgabe der eingebauten Xenon-Ringblitzleuchte wird über die Filmempfindlichkeitseinstellung gesteuert.

Der Abbildungsmaßstab kann im Sucher angezeigt werden, eine Einbelichtung auf das Filmmaterial ist möglich. Wie beim 5.6/200-Medical besitzt auch dieses Objektiv eine eingebaute Pilotlampe. Lieferbar mit dem Netzteil LA-2 oder dem Gleichspannungsgerät LD-2.

Das ideale Objektiv für den medizinischen Bereich, aber auch für die Fotografie in Wissenschaft und Industrie.
Medical-Nikkor 4/120 mm:
BCO 04 655.

Medical-Nikkor 4/120 mm

Nikkor 2/135

Brennweite: 135 mm
Bildwinkel: 18°
Blenden: 2 bis 22
Distanzskala: ∞ - 1.30 m
Linsen/Gruppen: 6/4
Filtergewinde: 72 mm
Erscheinungsdatum: Dezember 1975
Gewicht: 860 g

Dieses lichtstarke und kurzgebaute Tele-Nikkor bringt auch unter extrem schlechten Lichtverhältnissen scharfe Bildergebnisse in der Sport-, Theater- und Personenfotografie. Ein Geheimtip in der "Available-Light-Fotografie".
Serienmäßig mit einer eingebauten und ausziehbaren Sonnenblende ausgerüstet, auf der die Objektivdaten eingraviert sind. Erste Version ab Nummer 175 011 (ohne AI) mit farbiger Schärfentiefenmarkierung oberhalb des Greifringes.
Nikkor 2/135 mm: BCO 04 421-1. 700,-

In der zweiten Ausgabe (1977) kam das 2/135 als AI-Nikkor auf den Markt, ansonsten identisch mit der Vorgänger-Ausgabe. Serienanfang bei Nummer 190 001.
Nikkor 2/135 mm AI: BCO 04 421-2. 700,-

Die dritte, heute noch aktuelle AIS-Version, gebaut ab Dezember 1981 mit der Erstnummer 201 001, unterscheidet sich von den ersten beiden 2/135-mm-Nikkoren durch eine farbig ausgelegte Tiefenschärfenskala auf dem silbernen Greifring und einen kürzeren Schneckengang bei der Entfernungseinstellung.
Nikkor 2/135 mm AIS: BCO 04 421-3.

Nikkor 2/135 mm

Nikkor 2.8/135 (Typ 1)

Nikkor 2.8/135 AIS

Nikkor 2.8/135

Brennweite: 135 mm
Bildwinkel: 18°
Blenden: 2.8 bis 22
Distanzskala: ∞ - 1.50 m
Linsen/Gruppen: 4/4
Filtergewinde: 52 mm
Erscheinungsdatum: November 1965
Gewicht: 610 g

Ende 1965 entsprach Nikon den Wünschen nach einem lichtstärkeren Tele und einer längeren Brennweite als 105 mm. Dieses Nikkor gefiel speziell den Fotoamateuren. Eingebaute Sonnenblende und erstmalig eine neue griffige Einstellfassung (vergleichbar dem zweiten Typ des 3.5/55-Micro-Nikkor), dazu kam ein Berg-und-Tal-Blendenring. Einstellbar bis 1.50 m und Blendenwerte bis 22, Gravur der Objektivdaten auf dem inneren Filterring, breite silberne Tiefenschärfenskala. Gebaut ab Nummer 135 001.
Nikkor 2.8/135 mm: BCO 04 422-1. 350,-

Die zweite Ausgabe des 2.8/135 erschien im Februar 1974 ab Nummer 380 001 mit einer neuen Vergütung und erhielt die Bezeichnung Q.Auto.C-Nikkor. Das Gewicht vergrößerte sich geringfügig auf 620 Gramm.
Nikkor 2.8/135 mm (Typ 2): BCO 04 422-2. 300,-

Typ 3 des 2.8/135 mm erschien 1975 mit einer gummiarmierten Einstellfassung (fünfreihig). Diamantschliff-Blendenring und Objektivdaten-Gravur außerhalb des Filtergewindes. Komplett mattschwarzes Design, eingebaute Sonnenblende. Ab Nr. 430 001.
Nikkor 2.8/135 mm (Typ 3): BCO 04 422-3. 300,-

Im April 1976 weitere Neubearbeitung, jetzt mit fünf Linsen in vier Gruppen, Blendenreihe erweitert auf 32, bedeutend kompaktere Bauart, nur noch 430 Gramm leicht, verminderte Einstellentfernung auf 1.30 m. Objektivdatengravur auf der ausziehbaren Sonnenblende, Anpassung an das neue AI-Design. Gummiarmierung auf der Einstelleinheit jetzt dreireihig. Gebaut ab Nummer 730 001.
Nikkor 2.8/135 mm (Typ 4): BCO 04 423-1. 300,-

Im März 1977 ab Seriennummer 770 001 Umstellung und Produktion als AI-Objektiv mit zweireihigen Blendenwerten. Sonst keine Veränderungen.
Nikkor 2.8/135 mm AI: BCO 04 423-2. 300,-

Vollkommene Neubearbeitung Anfang der achtziger Jahre, bedeutend kompaktere Bauart, vierreihige Gummiarmierung, AIS-Umbau. Ab Seriennummer 900 001.
Nikkor 2.8/135 mm AIS: BCO 04 423-3.

Nikon 2.8/135 Series-E

Brennweite: 135 mm
Bildwinkel: 18°
Blenden: 2.8 bis 32
Distanzskala: ∞ - 1.50 m
Linsen/Gruppen: 4/4
Filtergewinde: 52 mm
Erscheinungsdatum: März 1981
Gewicht: 395 g

Mit der Vorstellung der Nikon EM kam auch eine neue Gruppe von Objektiven in das Angebot. Diese preisgünstige Serie E in Kunststoff-Fassung wurde 1981 durch ein Tele 2.8/135 mit der Zusatzbezeichnung E ergänzt. Das kompakte Objektiv unterschied sich von den anderen Nikkor-Typen durch das Fehlen der Mitnehmergabel, dazu war die Entfernungseinstellung (bis 1.50 m) nur in einer Aussparung oberhalb des griffigen Blendenringes zu kontrollieren. Gravur der spärlichen Objektivdaten (135 mm 1:2.8) und der Seriennummer (ab 180 031) auf der ausziehbaren Sonnenblende. Weitreichende Blendenausstattung bis zum Wert 32. Silberner Greifring.
Nikon 2.8/135 mm Series-E AI: BCO 04 424-1.

Spätere Anpassung des 2.8/135 E als AIS-Version.
Nikon 2.8/135 mm Series-E AIS: BCO 04 424-2.

Nikon 2.8/135 mm Series-E

Reflex-Teleobjektive

Nikkor 3.5/135 mm (Typ 1)

Nikkor 3.5/135 mm (Typ 2)

Nikkor 3.5/135

Brennweite: 135 mm
Bildwinkel: 18°
Blenden: 3.5 bis 22
Distanzskala: ∞ - 1.50 m
Linsen/Gruppen: 4/3
Filtergewinde: 52 mm
Erscheinungsdatum: Februar 1959
Gewicht: 375 g

Erstes längeres Teleobjektiv für das neue Nikon F-Objektivprogramm, vorgestellt 1959. Die erste Version im Design ähnlich wie das 2/50 mit Markierungsstrichen und rotem "R". Breiter silberner Front- und Greifring und geriffelte Einheit zur Blendenverstellung, Mindestdistanz 1.50 m. Ein lichtschwaches Objektiv mit sehr guten Abbildungseigenschaften, nach japanischen Unterlagen gebaut ab Nummer 720 101.
Nikkor 3.5/135 mm: BCO 04 425-1. 400,-

Typ 2 (1966) ohne Markierungsstriche und ohne "R", ansonsten vergleichbar wie der Vorgänger, auch hier starke bläuliche Vergütung.
Nikkor 3.5/135 mm (Typ 2): BCO 04 425-2. 250,-

Typ 3 (1969): Keine besonderen Veränderungen. Breite silberne Schärfentiefenskala und sehr griffiger Berg-und-Tal-Blendenring. Kleinste Blende jetzt 32, auch mit der Bezeichnung Nikon auf dem Frontring.
Nikkor 3.5/135 mm (Typ 3): BCO 04 425-3. 150,-

Typ 4: Im August 1974 als Q.Auto.C-Nikkor mit neuer, rötlich schimmernder Vergütung angeboten (ab Nummer 111 111). Neues Gewicht 460 Gramm.
Nikkor 3.5/135 mm (Typ 4): BCO 04 425-4. 150,-

Typ 5 wurde ab Februar 1976 nur ein gutes Jahr lang angeboten, es hatte statt der Berg-und-Tal-Einstellfassung einen gummiummantelten Ring. Die Proportionen entsprachen denen des Vorgängers.
Nikkor 3.5/135 mm (Typ 5): BCO 04 425-5. 150,-

Typ 6: Grundlegende Überarbeitung 1977 ab Seriennummer 193 501, mit 9 cm Länge außergewöhnlich kompakt. Neugerechneter Vierlinser mit einzelstehenden Elementen. AI-Design mit eingebauter Sonnenblende und weiter auf 1.30 m verkürzter Mindestdistanz. Das Gewicht verringerte sich auf 400 Gramm. Für die Leistung sehr preisgünstig.
Nikkor 3.5/135 mm AI: BCO 04 426-1. 200,-

Typ 7 kam im April 1982 als AIS-Objektiv ab Seriennummer 290 001 auf den Markt.
Nikkor 3.5/135 mm AIS: BCO 04 426-2. 250,-

Bellows-Nikkor 4/135

Brennweite: 135 mm
Bildwinkel: 18°
Blenden: 4 bis 22
Distanzskala: ∞ - 21 cm
Linsen/Gruppen: 4/3
Filtergewinde: 43 mm
Erscheinungsjahr: 1959
Gewicht: 250 g

Objektivkopf für das Balgengerät, Überbleibsel aus der Meßsucherära. Für die Reflexkameras an das Nikon-Bajonett angeglichen. Silberner Frontring und silberner Bajonettring, Einstellbereich bis zum Abbildungsmaßstab 1:1, kann mit dem Zwischenring E2 und Zwischenringsatz K noch bedeutend erweitert werden. Anschlußmöglichkeit an das Nikon-Bajonett ohne Balgengerät über den Adapter BR-1.
Bellows-Nikkor 4/135 mm (kurze Fassung): BCO 04 427-1.

Für eine schnellere und bequemere Handhabung am Balgengerät baute Nikon ein längeres 4/135. Es ist ideal für den Bereich von unendlich bis zum Abbildungsmaßstab 1:1 (mit dem Balgengerät PB-4) oder 1:1.4 (mit dem Balgen Modell 3). Manuelle Blendenvoreinstellung, Filtergewinde 43 mm wie beim Vorgänger, Blenden bis 22. Geliefert mit einem Filteradapter. Gewicht 260 Gramm.
Bellows-Nikkor 4/135 mm (lange Fassung): BCO 04 427-2.

Bellows-Nikkor 4/135 (lange Fassung)

Bellows-Nikkor 4/135 mm (kurze Fassung)

Nikkor 2.8/180 mm (erste Version)

Nikkor 2.8/180 mm ED

Nikkor 2.8/180

Brennweite: 180 mm
Bildwinkel: 13° 40'
Blenden: 2.8 bis 32
Distanzskala: ∞ - 1.80 m
Linsen/Gruppen: 5/4
Filtergewinde: 72 mm
Erscheinungsdatum: Juni 1970
Gewicht: 830 g

Das ideale, lichtstarke Tele-Nikkor für die Sport- und Theaterfotografie. Griffige Scharfstellfläche und breiter Berg-und-Tal-Blendenring, eingebaute Sonnenblende, eingravierte Objektivdaten auf dem Objektivkörper, mattschwarze Ausführung, großer silberner Greifring für den schnellen Objektivwechsel, sehr präzise Einstellung bis auf 1.80 m.
In der ersten Ausführung ab Seriennummer 312 011 für Sammler interessant.
Nikkor 2.8/180 mm: BCO 04 431-1. 600,-

1976 wich der feine Diamantschliff-Fokussierring einer gummibezogenen Einstellfläche, neu hinzu kamen der Blendenring im Design der AI-Nikkore und eine bessere Objektivvergütung (ab Nummer 350 001). Keine weiteren Veränderungen zum Vorgänger.
Nikkor 2.8/180 mm (Typ 2): BCO 04 431-2. 600,-

Mitte 1977 kam das 2.8/180 als AI-Nikkor auf den Markt (gefertigt ab Seriennummer 360 001).
Nikkor 2.8/180 mm AI: BCO 04 431-3. 800,-

Konsequente Weiterentwicklung der 180-mm-Brennweite durch erstmaligen Einsatz von ED-Glas bei einer mittleren Tele-Brennweite. Erkennungszeichen: schmaler Goldring und ED-Hinweis oberhalb der gummierten sechsreihigen Einstellfläche und Seriennummer ab 380 001. 80 Gramm leichter und schlankere Bauart als der Vorgänger, fünf Linsen in fünf Gruppen, farbig ausgelegte Tiefenschärfenskala auf dem silbernen Greifring. Äußere Abstimmung auf die AI-Serie. International das Standardobjektiv der Sport- und Reportagefotografen.
Nikkor 2.8/180 mm ED: BCO 04 431-4. 1.000,-

AF-Nikkor 2.8/180

Brennweite: 180 mm
Bildwinkel: 13° 40'
Blenden: 2.8 bis 22
Distanzskala: ∞ - 1.50 m
Linsen/Gruppen: 8/6
Filtergewinde: 72 mm
Erscheinungsdatum: 1988
Gewicht: 750 g

Für die Nikon-Autofokus-Kameras entwickelte Nikon ein neues 180er mit Innenfokussierung (8 Linsen in 6 Gruppen). Das AF-Nikkor 2.8/180 IF-ED konnte nur noch einen schmalen Entfernungseinstellring vorweisen und bekam ein AF-übliches Sichtfenster zur Kontrolle der Einstellung. Die Daten erschienen auf einem Schild oberhalb der Blendenskala. Das Gewicht verringerte sich auf 720 Gramm.
AF-Nikkor 2.8/180 mm: BCO 04 432-1.

1988 zeigte Nikon ein neues AF 2.8/180 IF-ED mit deutlich breiterer Fläche für die manuelle Entfernungseinstellung, einem griffigen Schalter für die Umstellung vom automatischen auf manuellen Betrieb und fast durchgängiger Hammerschlag-Lackierung. Ein Schild oberhalb der Blendenreihe trägt die Objektivdaten. Eingebaute Sonnenblende wie bei den anderen 180-mm-Nikkoren. Acht Linsen in sechs Gruppen. Gewicht: 750 Gramm.
AF-Nikkor 2.8/180 mm IF-ED: BCO 04 432-2.

AF-Nikkor 2.8/180 mm

AF-Nikkor 2.8/180 mm (letzte Version)

Nikkor 2.0/200 ED

Brennweite: 200 mm
Bildwinkel: 12° 10'
Blenden: 2 bis 22
Distanzskala: ∞ - 2.50 m
Linsen/Gruppen: 10/8
Filtergewinde: 122 mm
Vorstellung: 1977
Gewicht: 2.3 kg

Erste Version des superlichtstarken 2/200 ohne Innenfokussierung, ausgerüstet mit ED-Glas, AI-Blendenkupplung und Offenblendmessung. Breiterer Vorderlinsenaufbau als der Nachfolger, Objektivgravur oberhalb des Entfernungsringes. Ging nicht in die Serienproduktion, möglicherweise sind einige davon in den Handel gelangt!
Nikkor 2.0/200 mm ED: BCO 04 433.

Nikkor 2/200 IF-ED

Brennweite: 200 mm
Bildwinkel: 12° 10'
Blenden: 2 bis 22
Distanzskala: ∞ - 2.50 m
Linsen/Gruppen: 10/8
Filtergewinde: 122 mm
Erscheinungsdatum: April 1977
Gewicht: 2.3 kg

Extreme Lichtstärke mit optimaler Leistung für Theater-, Hallensport- und Reportagefotografie. Bauartbedingt große Frontlinse wie beim 2.8/300. Goldring als Kennzeichen für ED-Qualität. Auch ideal mit den Zweifach- und 1.4x-Konvertern. Mindesteinstellung durch schnelles Scharfstellen über Innenfokussierung bis 2.50 m. Stativring mit Trageösen. Seriennummern ab 176 111.
Nikkor 2/200 IF-ED: BCO 04 434-1. 4.000,-

1982 wurde das 2/200 IF-ED an das AIS-Programm angeglichen (ab Produktionsnummer 178 501), sonst keine Veränderungen.
Nikkor 2/200 IF-ED AIS: BCO 04 434-2.

1985 erhielt das 2/200 einen permanent eingebauten UV-Frontlinsenschutzfilter, daher wurde das 122-mm-Filtergewinde durch ein Schubfach für Gelatinefilter ersetzt. Das Gewicht erhöhte sich auf 2.55 Kilogramm.
Nikkor 2/200 IF-ED (Typ 3): BCO 04 434-3.

Nikkor 2/200 mm IF-ED

AF-Nikkor 3.5/200 IF-ED

Brennweite: 200 mm
Bildwinkel: 12° 20'
Blenden: 3.5 bis 32
Distanzskala: ∞ - 2 m
Linsen/Gruppen: 8/6 plus hintere Staubsperre
Filtergewinde: 62 mm
Erscheinungsjahr: 1983
Gewicht: 870 g

Zweites serienmäßiges AF-Nikkor mit Innenfokussierung und ED-Glas für die F3AF. Schmaler Entfernungseinstellring, robuster Betriebsartenschalter, Sichtfenster für die Entfernungskontrolle, Fokusfeststeller, eingebaute Gegenlichtblende mit den gravierten Objektivdaten und ein feiner Goldring als ED-Erkennungszeichen charakterisieren dieses besondere Nikkor. Im Gegensatz zum 2.8/80-AF-Nikkor besitzt es noch eine AF-Bereichseinstellung über vier Raststufen. Ein moderner Klassiker, unter Sammlern sehr gefragt. Bekam wie das Schwester-Objektiv 2.8/80 eine 182er Nummer: ab 182 501.
AF-Nikkor 3.5/200 IF-ED: BCO 04 435.

AF-Nikkor 3.5/200 mm IF-ED

Nikkor 4/200

Brennweite: 200 mm
Bildwinkel: 12° 20'
Blenden: 4 bis 22
Distanzskala: ∞ - 3 m
Linsen/Gruppen: 4/4
Filtergewinde: 52 mm
Erscheinungsdatum: Oktober 1961
Gewicht: 600 g

Gehört zur zweiten Objektivserie für die Nikon F, die 1961 vorgestellt wurde (Fertigungsziffern bei der ersten Version zwischen 169 211 und 218 177), erkennbar an dem geriffelten Blendenring bis zum Wert 22. Die Minimaleinstellung hat ein Limit von 3 m. Die Objektivdatengravur (20 cm statt 200 mm) befindet sich auf einem silbernen Zwischenstück oberhalb des schmalen Schärfenringes. Schlanke und lange Frontfassung - Nikon konstruierte das Objektiv in dieser Form, damit konsequenterweise auch hier die Standardfilter 52 mm eingeschraubt werden konnten. Eingebaute, ausziehbare Gegenlichtblende.
Nikkor 4/20 cm: BCO 04 436-1. 350,-

Gleiche Ausführung mit Silberring, aber mit Brennweitenangabe in mm.
Nikkor 4/200 mm (Typ 2): BCO 04 436-2. 300,-

Die dritte Ausgabe des 4/200 kam im Februar 1966 und erhielt eine breite Scharfstelleinheit. Der silberne Ring mit den Objektivdaten fiel weg.
Nikkor 4/200 mm (Typ 3): BCO 04 436-3. 300,-

Im April 1969 mit einer griffigen Berg-und-Tal-Fassung für den Blendenring und einer veränderten Minimaldistanz von zwei Metern, dazu eine Blendenerweiterung auf den Wert 32.
Nikkor 4/200 mm (Typ 4): BCO 04 436-4. 250,-

Eine grundlegend neue und sehr kompakte Konstruktion mit fünf Linsen in fünf Gruppen erschien 1976. Es wurde das ideale Tele-Nikkor für die Jackentasche (nur 540 Gramm leicht) und bekam eine breite, gummibeschichtete Einstellfläche sowie - mittlerweile auch Nikon-Standard - die NIC-Mehrschichtenvergütung. Die Datengravur befindet sich auf einem schmalen Ring oberhalb der Entfernungseinstellung. Ab Nummer 670 003.
Nikkor 4/200 mm (Typ 5): BCO 04 437-1. 250,-

Im März 1977 gab es eine neue Serienproduktion des 4/200 ab Nummer 710 001 mit AI-Anschluß ohne wesentliche Veränderungen.
Nikkor 4/200 mm AI: BCO 04 437-2. 300,-

Im Dezember 1981 ab Nummer 900 001 eine Angleichung als AIS-Nikkor für den Gebrauch der Blenden- und Programmautomatik. Gewicht 510 Gramm.
Nikkor 4/200 mm AIS: BCO 04 437-3.

Nikkor 4/200 mm (zweite Version)

Nikkor 4/200, vierte Version, umgebaut auf AI.

Nikkor 4/200 AIS

Reflex-Teleobjektive

Micro-Nikkor 4/200 IF

Brennweite: 200 mm
Bildwinkel: 12° 20'
Blenden: 4 bis 32
Distanzskala: ∞ - 0.71 m
Linsen/Gruppen: 9/6
Filtergewinde: 52 mm
Erscheinungsdatum: August 1978
Gewicht: 740 g

Eine Alternative für das Fotografieren sehr scheuer Kleintiere, bei denen ein großer Aufnahmeabstand ratsam ist. Ohne Zubehör läßt sich dieses Zweihunderter bis auf 71 cm fokussieren, das entspricht einem Abbildungsmaßstab von 1:0.5. Durch die Innenfokussierung vereinfacht sich die Entfernungseinstellung, die Länge des Objektives verändert sich nicht. Interessant auch der Einsatz dieses Allround-Teles mit dem 300er-Konverter, dadurch wird der Maßstab 1:1 erreicht, bei einer Brennweite von 400 mm. Die preisgünstige Nutzung der Standardfilter und eine sehr leichtgängige Entfernungseinstellung sind weitere Vorteile. Ab Seriennummer 178 021.
Micro-Nikkor 4/200 mm IF: BCO 04 438-1. 900,-

Im Mai 1982 als AIS-Typ mit einer abnehmbaren Stativ-Halterung gebaut. Gewicht 800 Gramm. Seriennummer ab 200 001.
Micro-Nikkor 4/200 mm AIS: BCO 04 438-2.

Micro-Nikkor 4/200 mm IF

Medical-Nikkor 5.6/200

Brennweite: 200 mm
Bildwinkel: 12° 20'
Blenden: 5.6 bis 45
Distanzskala: 3.40 m Mindestabstand ohne Vorsatzlinsen, mit den stärksten Vorsatzlinsen 22 cm.
Linsen/Gruppen: 4/4
Filtergewinde: 38 mm
Erscheinungsdatum: November 1962
Gewicht: 665 g

Erstes Kleinbild-Spezialobjektiv für die Verwendung im Nahbereich mit Einstell-Licht und eingebautem Ringblitzgerät. Veränderung der Abbildungsmaßstäbe (von 1/15 bis 3x) mit beigelieferten 6 Vorsatzlinsen. Mindestdistanz 22 cm (mit den beiden stärksten Nahlinsen), kleinste Blende 45. Ideal in der medizinischen Dokumentation bei der schattenlosen Ausleuchtung von Mundhöhlen usw., Einbelichtung von fortlaufenden Nummern und Abbildungsmaßstäben möglich.
Zunehmend auch für Sammler interessant, aber immer noch gute Gebrauchseigenschaften.
Lieferung mit Energieteil, Vorsatzlinsen und Anschlußkabel in Ledertasche für das Energieteil oder in kompletter Kombitasche.
Diese erste Bauart des Medical hatte die Vorsatzlinsenkombinationen als Grafik auf dem Vorderteil eingraviert, darüber standen die Objektivdaten "Medical-NIKKOR Auto 1:5.6 f=200mm Nippon Kogaku Japan", weiterhin kamen zur Helligkeitseinstellung der einzubelichtenden Daten die Versalbuchstaben A, B, C und D. Auf dem unteren Ring befindet sich die ASA-Einstellung. Der runde Anschluß für das graulackierte Energieteil bekam vier Metallkontakte. Seriengravur ab Nummer 104 011. Gebaut bis Nummer 113 011 (März 1972).
Medical-Nikkor 5.6/200 mm: BCO 04 656-1.

Das neuere Medical-Nikkor vom Typ 2 (ab Juli 1972, Bezifferung ab 120 011) bekam ein Schild mit einer mehrfarbigen Kombinationstabelle für die Arbeit mit den Vorsatzlinsen und zur Bestimmung der Abbildungsmaßstäbe. Der Anschlußstecker für die Energieversorgung benötigte nur noch drei Metallkontakte. Die Objektivdaten und die Seriennummer wanderten auf die Unterseite. Zusätzlich bessere Objektivvergütung.
Medical-Nikkor 5.6/200 mm (Typ 2): BCO 04 656-2.

Medical-Nikkor 5.6/200, erste Ausführung.

Medical-Nikkor 5.6/200 mm mit Vorsatzlinsen.

Reflex-Teleobjektive

Nikkor 2/300 IF-ED

Brennweite: 300 mm
Bildwinkel: 8° 10'
Blenden: 2 bis 16
Distanzskala: ∞ - 4 m
Linsen/Gruppen: 11/8
Filtergewinde: Spezialhalterung für 52-mm-Filter oder 122 mm
Erscheinungsjahr: 1981
Gewicht: 7 kg

Dieser schwergewichtige und hochlichtstarke Glasbrocken mit ED-Gläsern erzeugt schon mit der Anfangsöffnung superscharfe Bilder, eine Stativbenutzung vorausgesetzt. Durch die eingebaute Innenfokussierung leichtgängige Handhabung. Ideal für Eishockey und andere Hallensportarten. Mit dem Zweifachkonverter kommt die Fotografin oder der Fotograf auf eine 600-mm-Brennweite bei Blende 4. Eine absolute Spitzenleistung im Objektivbau, das Traumobjektiv für extreme fotografische Aufgaben.
Nikkor 2/300 mm IF-ED: BCO 04 441-1. *8.000,-*

Die AIS-Version des 2/300 wurde mit einer längeren Sonnenblende ausgerüstet, dazu kam ein UV-Frontschutzfilter, dadurch ist nur noch die Benutzung vom 52-mm-Filtern für die Spezialhalterung möglich.
Nikkor 2/300 mm AIS: BCO 04 441-2.

Nikkor 2/300 mm IF-ED

Nikkor 2.8/300

Brennweite: 300 mm
Bildwinkel: 8° 10'
Blenden: 2.8 bis 22
Distanzskala: ∞ - 3.50 m
Linsen/Gruppen: 6/5
Filtergewinde: 122 mm
Erscheinungsjahr: 1971
Gewicht: 3 kg

In Chicago demonstrierte Nikon erstmalig einen 300-mm-Prototypen mit der Lichtstärke 2.8, davon wurden nur 72 Exemplare hergestellt (von der Seriennummer 603 011 bis 603 082) und gelangten teilweise in den Handel. Das Super-Nikkor hatte keine automatische Springblende und mußte bei der Belichtungsmessung mit einem Vorwahlring benutzt werden.
Nikkor 2.8/300 mm: BCO 04 442.

Reflex-Teleobjektive

Nikkor 2.8/300 ED

Brennweite: 300 mm
Bildwinkel: 8° 10'
Blenden: 2.8 bis 32
Distanzskala: ∞ - 4 m
Linsen/Gruppen: 6/5
Filtergewinde: 122 mm
Erscheinungsjahr: 1976 (gebaut ab Oktober 1975 bis Mai 1976)
Gewicht: nicht bekannt

Zur Olympiade in Montreal konnten die Sportfotografen ein neues Vorserienobjektiv bewundern, das 2.8/300 mit ED-Glas. Auch bei diesem Nikkor gab es keine automatische Springblende, die Belichtungsmessung muß über die Arbeitsblende erfolgen. Mit zwei Vorwahlringen können bestimmte Distanzen angewählt werden. Als ED-Erkennungszeichen umfaßt ein schmaler Goldring das Objektiv. Sehr selten, nur wenige Objektive erreichten den Handel. Erste Seriennummer: 604 011.
Nikkor 2.8/300 mm ED: BCO 04 443. 4.000,-

Nikkor 2.8/300 mm ED

Nikkor 2.8/300 IF-ED

Brennweite: 300 mm
Bildwinkel: 8° 10'
Blenden: 2.8 bis 22
Distanzskala: ∞ - 4 m
Linsen/Gruppen: 8/6
Filtergewinde: Halter für 39-mm-Filter
Erscheinungsdatum: November 1977
Gewicht: 2.5 kg

Das Serienobjektiv mit automatischer Springblende und AI-Ausstattung entwickelte sich schnell zum Traumobjektiv, begehrt in der Mode- und Sportfotografie und als Alternative bei Stadion-Flutlichtbeleuchtung und Hallenaufnahmen. Durch die Innenfokussierung gleichbleibende Schwerpunktverteilung bei der Distanzveränderung. Hervorragende Abbildungseigenschaften durch die Ausstattung mit ED-Glas. Ideal für die Action-Fotografie mit der Motorkamera. Angebauter Stativring mit Trageösen, drehbares Stativgewinde. Nur vier Meter als kürzeste Einstellentfernung. Gebaut ab Nummer 605 101.
Nikkor 2.8/300 mm IF-ED: BCO 04 444-1.

Das beliebte 2.8/300 IF-ED erlangte 1982 im Zuge der Modellpflege eine praxisnahe Überarbeitung: jetzt wurde zum Schutz der Frontlinse ein farbloses UV-Filter eingebaut, dazu kam ein Gummischutzring, der das Objektiv beim vertikalen Abstellen vor Beschädigungen schützt, und eine verbesserte Sonnenblende. Anpassung an das AIS-Programm. Seriennummern ab 609 001.
Nikkor 2.8/300 mm IF-ED (Typ 2): BCO 04 444-2.

Typ 3 des 2,8/300 IF-ED (1985) ließ sich bis auf drei Meter herunter fokussieren. Zur Hammerschlaglackierung kam ein Typenschild auf den Objektivtubus anstatt der vorher verwendeten Objektivringbeschriftung.
Nikkor 2.8/300 mm IF-ED (Typ 3): BCO 04 444-3.

Als aktuelles Objektiv kam ein auf AF-Technik umgerüstetes Nikkor mit einem Schalter für Autofokus-Betrieb und manuelle Einstellung. Zwei Einstellringe erlauben AF-Vorwahl zwischen drei Metern und unendlich. Ansonsten wie der Nicht-AF-Vorgängertyp. Gewicht 2700 Gramm.
AF-Nikkor 2.8/300 mm IF-ED: BCO 04 445.

AF-Nikkor 2.8/300 mm IF-ED

Reflex-Teleobjektive

AF-Nikkor 4/300 IF-ED

Brennweite: 300 mm
Bildwinkel: 8° 10'
Blenden: 4 bis 32
Distanzskala: ∞ - 2.50 m
Linsen/Gruppen: 8/6
Filtergewinde: Filterschublade für 39-mm-Filter
Erscheinungsjahr: 1988
Gewicht: 1.33 kg

Dieses Autofokus-Nikkor hat eigentlich alles, was in der modernen Fotografie geschätzt wird: fast nicht mehr zu steigernde Abbildungseigenschaften, schnelle Bedienung auch bei manueller Handhabung, relativ hohe Lichtstärke, geringes Gewicht und einen für diese Leistung günstigen Preis.
In Kurzform: Eingebaute und ausziehbare Sonnenblende, angebautes, drehbares Stativgewinde, Filterschublade für 39-mm-Filter, Markierungsring für die Vorbestimmung von verschiedenen Entfernungen, griffiger Schalter für das Umschalten auf AF-Betrieb und breiter Scharfstellring. Nahezu ideal für AF-Betrieb und manuelles Arbeiten.
AF-Nikkor 4/300 mm IF-ED: BCO 04 446.

AF-Nikkor 4/300 mm IF-ED

Reflex-Teleobjektive

Nikkor 4.5/300

Brennweite: 300 mm
Bildwinkel: 8° 10'
Blenden: 4.5 bis 22
Distanzskala: ∞ - 4 m
Linsen/Gruppen: 5/5
Filtergewinde: 72 mm
Erscheinungsdatum: Juni 1964
Gewicht: 980 g

Im Sommer 1964 kam ein Nikkor für die sechsfache Abbildungsgröße: das 4.5/300. Von der Bauart erinnert es an ein 200er mit einem dicken Vorderlinsen-Aufbau. Mit diesem Objektiv zeigte Nikon einen zweiten Filtergrößen-Standard: 72 mm. Mindestdistanz 4 m, angebauter Stativanschluß für Hoch- oder Querformat, sehr große Einstellfassung, eingebaute Gegenlichtblende, breiter silberner Ring mit farbiger Tiefenschärfenskala und geriffelter Blendenring (bis 22). Objektivdatengravur versteckt auf dem oberen Teil des Tele-Nikkors.
Schönes, noch handliches Gebrauchsobjektiv, dadurch selten neuwertige Stücke auffindbar. Seriennummern ab 304 501.
Nikkor 4.5/300 mm: BCO 04 447-1. 500,-

Die zweite Ausgabe des 4.5/300 erschien im Januar 1969 und war ein vollständige Neurechnung mit sechs Linsen in fünf Gruppen und bekam den Zusatz H-Auto. Das Gewicht erhöhte sich auf 1100 Gramm.
Nikkor 4.5/300 mm (H-Auto): BCO 04 447-2. 450,-

Im März 1975 kam ein Nachfolger in mattschwarzer Aufmachung mit der neuartigen, griffigen Gummibeschichtung auf der Einstellfassung. Weitere Ausstattung: neuer, um 360 Grad drehbarer Stativring und breit aufgerauhter Blendenring. Gewicht 1140 Gramm.
Nikkor 4.5/300 mm (Typ 3): BCO 04 447-3. 450,-

1977, im Jahr der Umstellung von Nikon-Kameras und Objektiven auf AI erschien das 4.5/300 ebenfalls serienmäßig (ab Nummer 510 001) mit einem AI-Anschluß. Sonst keine weiteren Veränderungen.
Nikkor 4.5/300 mm AI: BCO 04 447-4. 450,-

Im Dezember 1981 erschien wieder eine vollständige Neubearbeitung des 4.5/300. Es blieb bei sechs Linsen in fünf Gruppen, diese wurden allerdings anders verteilt. Äußerlich wirkt das neue AIS-Objektiv bedeutend dicker und nicht so elegant wie die Vorgängertypen, kann aber mit besseren Abbildungseigenschaften aufwarten. Zur weiteren Veränderung gehört ein neuer, abnehmbarer Stativring. Jetzt Abblendmöglichkeit bis auf 32, Mindesteinstellung nur noch 3.50 m.
Nikkor 4.5/300 mm AIS: BCO 04 447-5.

Nikkor 4.5/300 mm (zweite Version)

Nikkor 4.5/300 mm (dritte Version)

Reflex-Teleobjektive

Nikkor 4.5/300 ED

Brennweite: 300 mm
Bildwinkel: 8° 10'
Blenden: 4.5 bis 22
Distanzskala: ∞ - 4 m
Linsen/Gruppen: 6/4
Filtergewinde: 72 mm
Erscheinungsjahr: 1975
Gewicht: 1.1 kg

Eine weitere unauffällige, aber optisch radikale Änderung des 4.5/300 kam 1975. Das Objektiv erhielt einen feinen Goldring graviert, Kennzeichen eines ED-Objektives. Keine Infrarotmarkierung, weil Nachfokussierung mit ED-Gläsern unnötig, ansonsten gleiches Design wie die schwarze Ausführung des 4.5/300-Nikkor mit gummierter Einstellfassung.
Nikkor 4.5/300 mm ED: BCO 04 448-1. 1.000,-

Die zweite Version des 4.5/300-ED erhielt 1977 den serienmäßigen AI-Anschluß (ab Nummer 190 001).
Nikkor 4.5/300 mm ED AI: BCO 04 448-2. 1.200,-

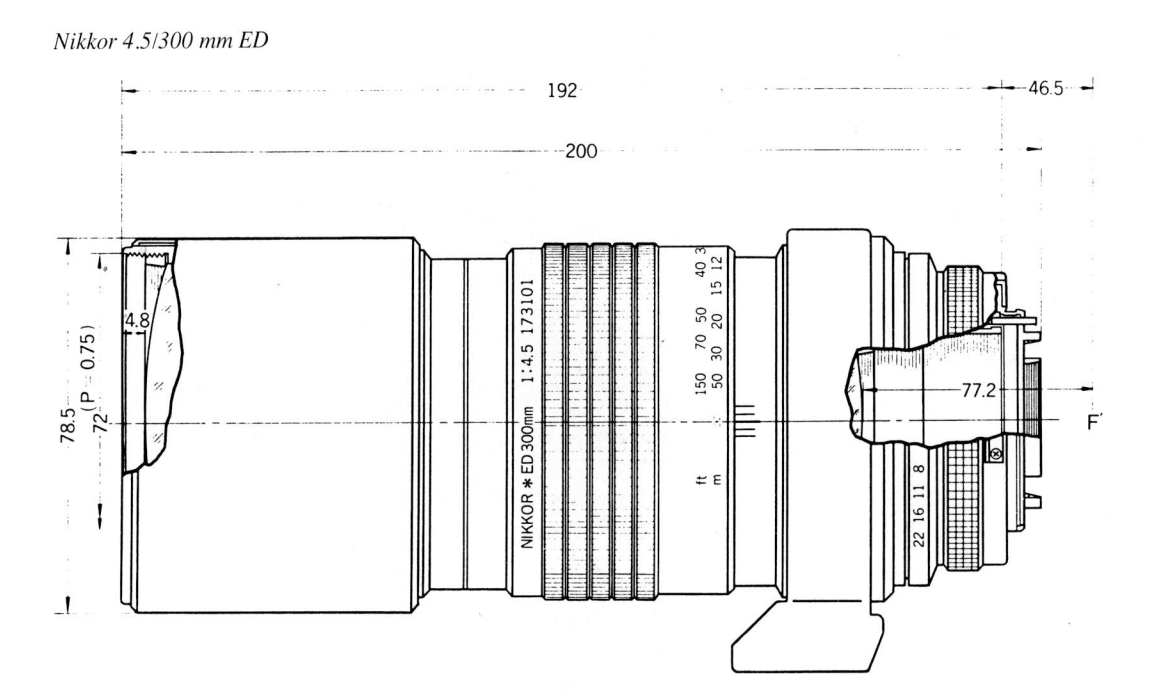

Nikkor 4.5/300 mm ED

Nikkor 4.5/300 IF-ED

Brennweite: 300 mm
Bildwinkel: 8° 10'
Blenden: 4.5 bis 22
Distanzskala: ∞ - 2.50 m
Linsen/Gruppen: 7/6
Filtergewinde: 72 mm
Erscheinungsdatum: August 1978
Gewicht: 990 g

Ein vollkommen neues 4.5/300 IF-ED zeigte Nikon anläßlich der Kölner photokina 1978. IF steht für Innenfokussierung, dabei verschieben sich nur einzelnen Glieder bei einer Distanzveränderung und halten das Objektiv gleichmäßig kompakt. ED steht für die Verwendung von ED-Glas (Referenzobjektiv bei vielen Testvergleichen). Schlanke Bauweise und breiterer, vorderer Objektivtubus mit Goldring als Erkennungszeichen für ein ED-Objektiv. Radikal verbesserte Mindesteinstellung von nur 2.50 Meter. Ausziehbare Gegenlichtblende, abnehmbarer Stativring und 72-mm-Filterfassung. Objektivgravur ab Nummer 200 001.
Nikkor 4.5/300 mm IF-ED: BCO 04 449-1.

In der zweiten Produktionsphase des 4.5/300 IF-ED ab Nummer 210 001 (Dezember 1981) bekam dieses "Referenz-Nikkor" einen AIS-Anschluß.
Nikkor 4.5/300 mm IF-ED AIS: BCO 04 449-2.

Nikkor 4.5/300 mm IF-ED AIS an einer Nikon FM2

Nikkor 2.8/400 IF-ED

Brennweite: 400 mm
Bildwinkel: 6° 10'
Blenden: 2.8 bis 22
Distanzskala: ∞ - 4 m
Linsen/Gruppen: 8/6
Filtergewinde: Halterung für 52-mm-Serienfilter und Gelatinefilter
Erscheinungsjahr: 1985
Gewicht: 5.15 kg

Für diese Brennweite sensationell lichtstarkes Teleobjektiv mit ED-Glas für den rein professionellen Einsatz bei Sportaufnahmen von der Tribüne oder in der Halle. Weltweit bei der Vorstellung das erste Objektiv dieser Brennweite mit einer solchen Lichtstärke! Trotz der großen Bauart läßt sich das 2.8/400 spielend leicht über die Innenfokussierung scharfstellen, eine Stativbenutzung ist zwingend erforderlich. Robuster L-Bügel für das Tragen des über 5 Kilogramm schweren Objektivs, fest eingebauter UV-Frontschutzfilter, Spezialhalter für 52-mm-Standardfilter, drehbares Stativgewinde.
Nikkor 2.8/400 mm IF-ED: BCO 04 451.

Nikkor 2.8/400 mm IF-ED an einer F3

Nikkor 3.5/400 IF-ED

Brennweite: 400 mm
Bildwinkel: 6 ° 10'
Blenden: 3.5 bis 22
Distanzskala: ∞ - 4.50 m
Linsen/Gruppen: 8/6
Filter: Steckfilter 39 mm oder Schraubfilter 122 mm
Erscheinungsdatum: April 1976
Gewicht: 2.8 kg.

Rein professionelles Spitzenobjektiv achtfacher Vergrößerung mit ED-Glas für Sport und Reportage. Bei der Vorstellung das lichtstärkste 400er des Weltangebotes, bei dieser Größe sehr vorteilhafte Innenfokussierung. Eingebaute Filterschublade für 39 mm und vorprogrammierte Entfernungs-Einstellung.

Die erste Ausgabe zeigte sich mit einem Goldring als ED-Hinweis auf dem trichterförmigen, vorderen Objektivtubus, dazu kam auch die Gravur der Objektivdaten. Nur von April bis Mai 1976 gebaut, ab Nummer 175 121.
Nikkor 3.5/400 mm IF-ED: BCO 04 452-1.   4.400,-

Die zweite Bauart des 3.5/400 IF-ED erschien im Juni 1977 mit einem AI-Anschluß (ab Nummer 176 091). Zusätzlich wurde der vordere Objektivkopf schmaler gestaltet, die Objektivdaten (schwarz unterlegt) und der Goldring erscheinen jetzt auf dem Mittelstück zwischen Fokussiereinheit und Sonnenblende.
Nikkor 3.5/400 mm IF-ED AI: BCO 04 452-2.   4.600,-

Der AIS-Typ des 3.5/400 IF-ED läßt sich an der Hammerschlaglackierung bestimmen. Keine weiteren optischen Veränderungen zum Vorgänger. Seriennummern ab 181 501.
Nikkor 3.5/400 mm IF-ED AIS: BCO 04 452-3.

Nikkor 3.5/400 mm IF-ED

Objektivkopf Nikkor 4.5/400

Brennweite: 400 mm
Bildwinkel: 6° 10'
Blenden: 4.5 bis 22
Distanzskala: ∞ - 5 m
Linsen/Gruppen: 4/4
Filtergewinde: 122 mm. (Mit der später gelieferten Einstellfassung AU-1 sind 52-mm-Filter über Standard-Filterhalter möglich.)
Erscheinungsdatum: August 1964
Gewicht: 3.1 kg mit Einstellfassung FU, 3.3 kg mit AU-1.

Das 4.5/400 ersetzte 1964 (ab Seriennummer 400 111) das 4.5/350 aus der Zeit der Nikon-Meßsucherkameras. Dieses ließ sich über den N/F-Adapter an der Nikon F und Nikkormat benutzen. Diese Lösung war auf Dauer zu umständlich und nicht sehr sicher, zudem paßte das 350er nicht mehr in das neue Objektivprogramm. Das 400er ist eigentlich nur ein Objektivkopf, erst mit der zusätzlichen Einstellfassung (focusing unit) mit eingebauter vollautomatischer Springblende ist das Fotografieren möglich. Die Fokusverstellung erfolgt über einen griffigen Gummiring, die Mindestdistanz beträgt fünf Meter, das Gewicht 3.1 Kilogramm. Eingebaute, ausziehbare Sonnenblende. Blendenreihe von 4.5 bis 22. Das 4.5/400 wurde später nicht als verbesserte Version mit ED-Glas gebaut - im Gegensatz zu den Objektivköpfen 600, 800 und 1200 mm aus der gleichen Baureihe.
Objektivkopf Nikkor 4.5/400 mm: BCO 04 453-1.

Typ 2 des 4.5/400 (1973) mit einer Mehrschichtenvergütung. Gravur: Q.Auto.C, ab Nummer 410 801.
Objektivkopf Nikkor 4.5/400 mm (Typ 2): BCO 04 453-2.

Objektivkopf Nikkor 4.5/400 mm, eingedreht in die erste Einstellfassung an einer Nikkorex F.

Nikkor 5.6/400

Brennweite: 400 mm
Bildwinkel: 6° 10'
Blenden: 5.6 bis 32
Distanzskala: ∞ - 5 m
Linsen/Gruppen: 5/3
Filtergewinde: 72 mm
Erscheinungsdatum: Februar 1976
Gewicht: 1.4 kg

Ein sehr schönes, langbrennweitiges Tele-Nikkor mit großzügig dimensionierter Einstellfläche und griffigem Blendenring. Mit der Motorkamera sind noch gut Schnappschüsse aus der freien Hand möglich. Fest angebaute Stativhalterung, großzügig gestalteter Berg-und-Tal-Ring für die Blendeneinstellung, ausziehbare Sonnenblende. Zum Zeitpunkt der Vorstellung das längste Teleobjektiv mit Blendenmitnehmer. In den 70er Jahren der Geheimtip bei den Modefotografen, heute sehr gesucht unter den Nikon-Fans. Serienproduktion ab Nummer 256 011 oder 256 022. Gebaut bis September 1975. Endnummer 257 440.
Nikkor 5.6/400 mm: BCO 04 454-1.

In der gleichen Bauart mit geringfügig veränderter Scharfstelleinheit und fast identischer Rechnung wie das normale Vierhunderter-Nikkor, jedoch zur Steigerung der Abbildungsleistung mit ED-Glas ausgerüstet, kam das 5.6/400 ED. Kennzeichen: ein goldener Ring oberhalb der Einstellentfernung, weiterhin kamen ein verbessertes Stativgewinde und ein anderer Blendenring mit Diamantschliff. Hergestellt von September 1975 bis Juni 1983, von Nummer 260 001 bis 261 178 (einschließlich der AI-Version).
Nikkor 5.6/400 mm ED: BCO 04 454-2.

Das 5.6/400 ED erschien im März 1977 mit einem AI-Anschluß und kleiner Änderung bei der Scharfstelleinheit.
Nikkor 5.6/400 mm (Typ 3): BCO 04 454-3.

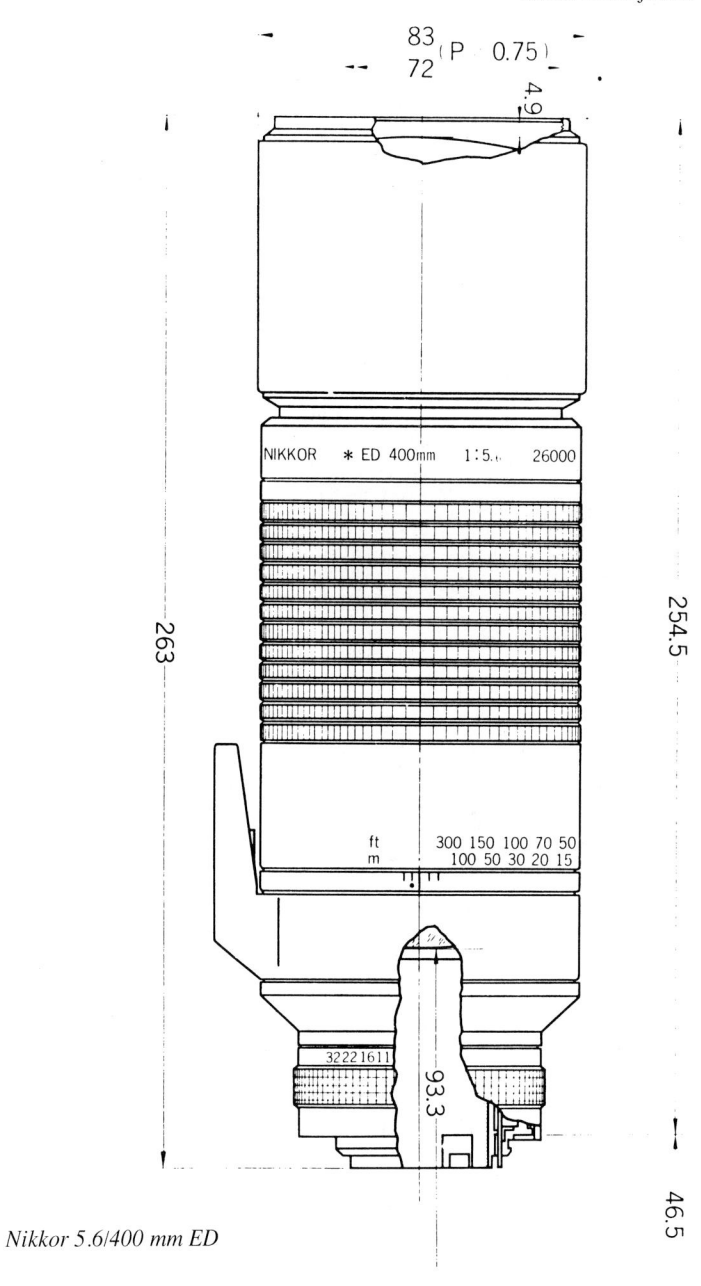

Nikkor 5.6/400 mm ED

Reflex-Teleobjektive

Nikkor 5.6/400 IF-ED

Brennweite: 400 mm
Bildwinkel: 6° 10'
Blenden: 5.6 bis 32
Distanzskala: ∞ - 4 m
Linsen/Gruppen: 7/6
Filtergewinde: 72 mm
Erscheinungsdatum: 1978
Gewicht: 1.2 kg

Grundsätzlich anders baute Nikon 1978 das Nachfolgemodell des 5.6/400. Das neue Nikkor 5.6/400 IF-ED erhielt neben der bewährten Ausrüstung mit ED-Glas eine Innenfokussierung. Die deutlich schlankere Konstruktion bekam einen abnehmbaren Stativring und kam mit Filtern der Größe 72 mm aus. Erkennbar an einer Seriennummer ab 280 001. Das ED-Nikkor läßt sich gut mit der Handfläche abstützen und mit zwei Fingern blitzschnell scharfstellen. Weitere Ausstattung: griffiger Diamantschliff-Blendenring und ausziehbare Sonnenblende mit feinem Goldring als ED-Hinweis. Die optimale Entscheidung, wenn es nicht auf hohe Lichtstärke ankommt. Gewicht: 1200 Gramm.
Nikkor 5.6/400 mm IF-ED: BCO 04 455-1. *2.100,-*

Im Februar 1982 kam das 5.6/400 IF-ED in der AIS-Ausführung (ab Nummer 287 601).
Nikkor 5.6/400 mm IF-ED AIS: BCO 04 455-2.

Nikkor 5.6/400 mm IF-ED (letzte Version) an einer F2AS mit Blendensteuerung DP-12 und Motor MD-3.

Nikkor 4/500 IF-ED P

Brennweite: 500 mm
Bildwinkel: 5°
Blenden: 4 bis 22
Distanzskala: ∞ - 5 m
Linsen/Gruppen: 8/6
Filtergewinde: Halterung für 39-mm-Filter und Gelatinefilter, UV-Frontschutzfilter fest eingebaut.
Erscheinungsjahr: 1988
Gewicht: 2950 g

Dieses lichtstarke und noch handliche Tele-Nikkor eignet sich besonders für die Sport- und Tierfotografie. Das 4/500-P besitzt als erstes Nicht-AF-Nikkor eine eingebaute CPU-Einheit für den elektronischen Datenaustausch zwischen Kamera und Objektiv, es trägt daher die Zusatzbezeichnung P = programmiert. Die gespeicherten Objektivdaten im Objektiv ermöglichen eine uneingeschränkte Benutzung mit manueller Scharfstellung, auch an allen Nikon-Autofokus-Kameras.
Nikkor 4/500 mm IF-ED P: BCO 04 461.

Nikkor 4/500 mm IF-ED P

Reflex-Teleobjektive

Spiegel-Nikkor 5/500

Brennweite: 500 mm
Bildwinkel: 5°
Blenden: Blende 5 feststehend
Distanzskala: ∞ - 15 m
Linsen/Grupppen: 5/4
Filtergewinde: 39 mm für die Hinterlinse. 5 Filter gehören zum Lieferumfang. 122-mm-Filterfassung bei der Vorderlinse.
Erscheinungsdatum: August 1961
Gewicht: 1.7 kg

Außergewöhnlich lichtstarkes Spiegellinsen-Nikkor, aber sehr groß und schwierig zu fokussieren. Die Entfernungseinstellung erfolgt über eine für das Objektiv sehr schmal geratene Berg-und-Tal-Einstellfassung an der Bajonett-Seite zwischen Kamera und Objektivkörper. Zu lange Mindestdistanz von 15 Metern. Nur eine schwarze Version bekannt. Angebauter Stativanschluß. Lieferung mit UV-, Gelb-, Grün-, Rot- und Orangefilter plus Köcher und Gegenlichtblende. Die Objektivdaten mit der Brennweitenbezeichnung in cm sind zwischen dem Objektivbajonett und der Entfernungseinstellung graviert. Sehr gesucht bei den Nikon F-Sammlern. Ein seltenes Nikkor-Objektiv, trotz der neunjährigen Bauzeit (von Nummer 171 011 bis 183 318).
Spiegel-Nikkor 5/500 mm: BCO 04 462-1. *1.000,-*

Das Vorserienobjektiv (Prototyp) des 5/500 hatte keine durchgängige Einstellflächenbeschichtung. Sonst mit dem Serienobjektiv vergleichbar.
Spiegel-Nikkor 5/500 mm (Prototyp): BCO 04 462-9.

Spiegel-Nikkor 5/500 mm

Spiegel-Nikkor 8/500

Brennweite: 500 mm
Bildwinkel: 5°
Blenden: Blende 8, feststehend.
Distanzskala: ∞ - 4 m
Linsen/Gruppen: 5/3
Filtergewinde: 39 mm für die Hinterlinse. Zum Lieferumfang gehörten L37, Y52, O56, R60 und Graufilter ND4.
Erscheinungsdatum: Dezember 1968
Gewicht: 1 kg

Bedeutend kompaktere Bauweise als der Vorgänger 5/500 und eine weitaus günstigere Mindestentfernung von vier Metern. Einstellentfernungseinheit fast über die ganze Objektivlänge. Mattschwarzes Design, Distanzeinstellung über den Unendlich-Wert. Die einschraubbare Sonnenblende und der Köcher wurden mitgeliefert. Serienproduktion ab Nummer 501 001.
Spiegel-Nikkor 8/500 mm: BCO 04 463-1.

Im April 1974 bekam das Spiegel-Nikkor 8/500 ab Seriennummer 530 001 eine neue Vergütung und die Gravur "Reflex-Nikkor C".
Spiegel-Nikkor 8/500 mm (C): BCO 04 463-2.

Zur AI-Einführung 1977 wurde ein neuer Typ des 8/500 entwickelt, der aber nicht in die Produktion ging.
Spiegel-Nikkor 8/500 mm (AI-Prototyp): BCO 04 463-9.

Spiegel-Nikkor 8/500 mm

Spiegel-Nikkor 8/500 (Typ 2)

Brennweite: 500 mm
Bildwinkel: 5°
Blenden: Blende 8, feststehend.
Distanzskala: ∞ - 4 m
Linsen/Gruppen: 6/6
Filtergewinde: 39 mm für die Hinterlinse. Zum Lieferumfang gehören L37c, O56, A2, B2 und Graufilter ND4.
Erscheinungsdatum: 1984
Gewicht: 840 g

Zur photokina 1984 kam ein bedeutend kompakteres 8/500 auf den Markt und ersetzte das beliebte und viel verkaufte 8/500 aus dem Jahre 1969. Weiterer Vorteil: eine deutliche Reduzierung der Mindestdistanz von 4 Metern (wie beim Vorgänger) auf 1.50 m (dadurch wird ein beachtlicher Aufnahmemaßstab von 1:2.5 erreicht) und günstiges Tragegewicht von 840 Gramm. Durch die Neurechnung ergab sich auch eine gleichmäßigere Helligkeitsverteilung bis in die Bildecken, wichtig bei der Scharfstellung mit der Vollmattscheibe. Serienmäßig drehbarer Stativring und orangefarben markierter Nahbereichshinweis. Die fünf mitgelieferten Filter L37c, O56, A2, B2 und ND4 sind für das hintenliegende 39-mm-Einschraubgewinde vorgesehen.
Spiegel-Nikkor 8/500 (Typ 2): BCO 04 464.

Spiegel-Nikkor 8/500 mm

Nikkor 4/600 IF-ED

Brennweite: 600 mm
Bildwinkel: 4° 10'
Blenden: 4 bis 22
Distanzskala: ∞ - 6.50 m
Linsen/Gruppen: 8/6
Filtergewinde: 39 mm in Spezialhalterung
Erscheinungsdatum: Juli 1977
Gewicht: 5.2 kg

Im Rahmen einer Nikon-Betreuung beim Leichtathletik-Welt-Cup im September 1977 in Düsseldorf konnten drei Exemplare dieses neuen Super-Teles mit ED-Glas ausprobiert werden. Durch die Konstruktion mit Innenfokussierung verändert sich bei der Distanzverschiebung nicht die Baulänge. Der mitgelieferte Konverter TC-14 erhöhte die Brennweite auf 840 mm bei einer Lichtstärke von 5.6. Vollautomatische Springblende und Offenmeßmethode. Serienbezifferung ab 176 121.
Nikkor 4/600 mm IF-ED: BCO 04 471-1.

1982 noch einmal überarbeitete Version des 4/600 IF-ED (ab Nummer 178 001) mit einem robusten Stativbügel am Ende der Einstellfassung und Markierungen für die Schärfenvorwahl. Zusätzliche Benutzungsmöglichkeit für Gelatine-Filter. Neues Gewicht: 6.3 kg.
Nikkor 4/600 IF-ED: BCO 04 471-2.

Mit einem geringfügig veränderten Tubus kam der Typ 3 des 4/600 IF-ED 1985 heraus. Trotz des eingebauten UV-Frontschutzfilters konnte das Gewicht auf 5650 Gramm verringert werden.
Nikkor 4/600 IF-ED: BCO 04 471-3.

Nikkor 4/600 mm IF-ED

Nikkor 5.6/600

Brennweite: 600 mm
Bildwinkel: 4° 10'
Blenden: 5.6 bis 22
Distanzskala: ∞ - 11 m
Linsen/Gruppen: 5/4
Filtergewinde: 122 mm
Erscheinungsdatum: August 1964
Gewicht: 3.6 kg mit Einstellstutzen FU, 4.8 kg mit Stutzen AU-1.

Längerbrennweitiges Nikkor-Tele für den ersten Einstellstutzen und auch für den späteren AU-1 (mit Einschraubfassung für 52-mm-Filter) geeignet. Bauart vergleichbar dem 4.5/400-mm-Nikkor. Stativbenutzung wird dringend empfohlen. Die Serienbezifferung beginnt mit der Nummer 600 111.
Nikkor 5.6/600 mm: BCO 04 472-1. 800,-

Typ 2 kam 1974 ab Nummer 611 001 auf den Markt, mit der Bezeichnung 5.6/600 P.Auto.C als Hinweis auf die Mehrschichtenvergütung. Gebaut bis Nummer 611 258.
Nikkor 5.6/600 mm (Typ 2): BCO 04 472-2. 800,-

Nikkor 5.6/600 mm

Nikkor 5.6/600 ED

Brennweite: 600 mm
Bildwinkel: 4° 10'
Blenden: 5.6 bis 22
Distanzskala: ∞ - 11 m
Linsen/Gruppen: 5/4
Filtergewinde: 122 mm (oder 52 mm mit AU-1)
Erscheinungsdatum: April 1975
Gewicht: 3.5 kg mit FU, 4.7 kg mit AU-1.

Teleobjektiv langer Brennweite für die Verwendung mit dem alten und neueren Einstellstutzen. Radikal verbesserte Abbildungseigenschaften durch den Einbau von ED-Glas. Zur äußeren Kennzeichnung mit einem goldenen Ring versehen. Seriennummer ab 650 001.
Nikkor 5.6/600 mm ED: BCO 04 473. 1.000,-

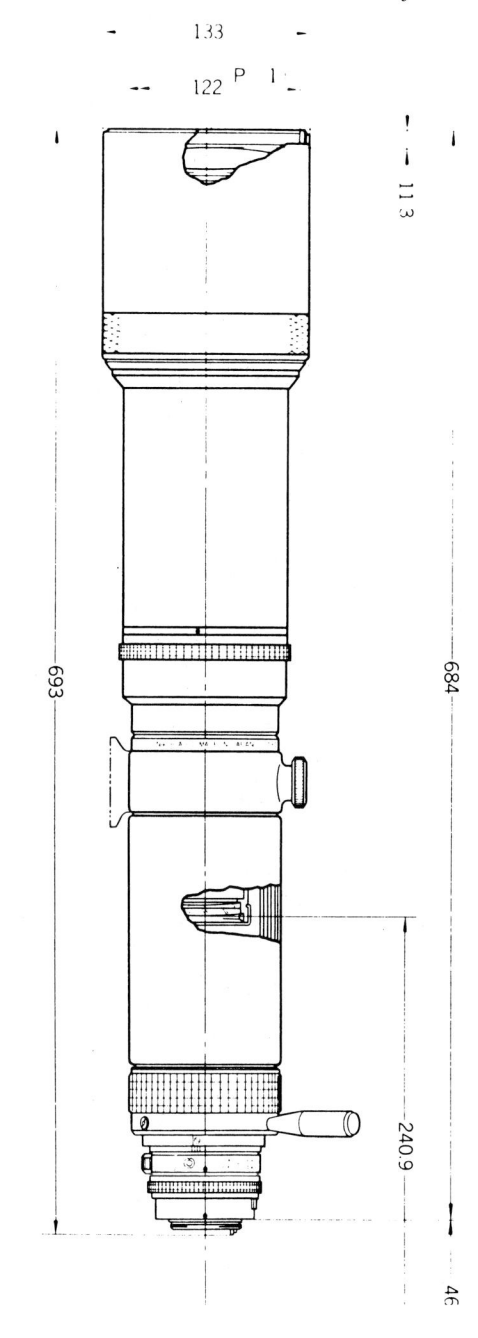

Nikkor 5.6/600 mm ED

Nikkor 5.6/600 IF-ED

Brennweite: 600 mm
Bildwinkel: 4° 10'
Blenden: 5.6 bis 22
Distanzskala: ∞ - 5.50 m
Linsen/Gruppen: 7/6
Filtergewinde: 122 mm oder 39-mm-Spezialhalterung
Erscheinungsdatum: April 1976
Gewicht: 2.7 kg

Modernes und scharfes Tele-Nikkor mit ED-Glas und schneller Innenfokussierung, mit Pistolengriff oder Einbeinstativ noch gut einzusetzen. Ausgerüstet mit automatischer Springblende, Offenblendmessung und Distanzvorwahlring. Die Alternative, wenn Gewicht und Größe keine große Rolle spielen. Erste Objektivnummer: 176 011.
Nikkor 5.6/600 mm IF-ED: BCO 04 474-1. 3.200,-

Typ 2 kam 1977 mit der Anpassung an das AI-Programm. Ab Seriennummer 176 091.
Nikkor 5.6/600 mm IF-ED AI: BCO 04 474-2. 3.300,-

1982 gab es geringfügige Verbesserungen: Abblendmöglichkeit bis Blende 32, Gelatinefilterfach und Hammerschlaglackierung. AIS-Typ ab 178 501.
Nikkor 5.6/600 mm IF-ED AIS: BCO 04 474-3. 3.500,-

Weiter überarbeitete Version (1985) mit Gummischutzring und eingebautem, farblosen UV-Filter zum Schutz vor Beschädigungen. Mindestdistanz 5 Meter, Gewicht 2.8 Kilogramm.
Nikkor 5.6/600 mm IF-ED (Typ 4): BCO 04 474-4.

Nikkor 5.6/600 mm IF-ED

Nikkor 5.6/800 IF-ED

Brennweite: 800 mm
Bildwinkel: 3°
Blenden: 5.6 bis 32
Distanzskala: ∞ - 8 m
Linsen/Gruppen: 8/6
Filtergewinde: Halterung für 52-mm-Filter und Gelatine-Filter
Erscheinungsjahr: 1985
Gewicht: 5.4 kg

Dieses 800er mit der kleinsten Blende von 5.6 ersetzte das bisher angebotene 8/800 IF-ED. Mit der neuen Rechnung zählt dieses Super-Teleobjektiv zu den lichtstärksten 800-mm-Objektiven des Weltmarktes. Durch die Innenfokussierung läßt sich mit dem Ferntele reaktionsschnell arbeiten. Die Frontlinse ist mit einem Schutzglas ausgestattet, die Gegenlichtblende und ein Transportkoffer gehören zum Lieferumfang. Wie der Vorgänger erzielt das Objektiv durch ED-Glas hervorragende Abbildungseigenschaften.
Nikkor 5.6/800 mm IF-ED: BCO 04 476.

Nikkor 5.6/800 mm IF-ED

Reflex-Teleobjektive

Nikkor 8/800

Brennweite: 800 mm
Bildwinkel: 3°
Blenden: 8 bis 22 automatisch (8 bis 64 manuell)
Distanzskala: ∞ - 19 m (FU), ∞ - 20 m mit AU-1.
Linsen/Gruppen: 5/5
Filtergewinde: 122 mm oder 52 mm mit AU-1
Erscheinungsdatum: August 1964
Gewicht: 3.5 kg (FU) oder 4.7 kg (AU-1)

Erschien 1964 ab Nummer 800 111 zusammem mit den 400-mm-, 600-mm und 1200-mm-Nikkoren und wurde wie diese Objektive auch mit einem Anschluß für die Mittelformat-Kamera Zenza-Bronica geliefert. Dieses 70 cm lange und schlank gebaute Ferntele ist nur mit einer der beiden Einstellfassungen benutzbar. Die erste Bauart ist an dem trichterförmig aussehenden Vorderlinsenaufbau zu bestimmen.
Nikkor 8/800 mm: BCO 04 477-1. 1.000,-

Zweite Bauart (1974) im Aufbau vergleichbar mit dem 1200-mm-Nikkor. Neue Vergütung. Seriennummer ab 810 601.
Nikkor 8/800 mm (Typ 2): BCO 04 477-2. 1.000,-

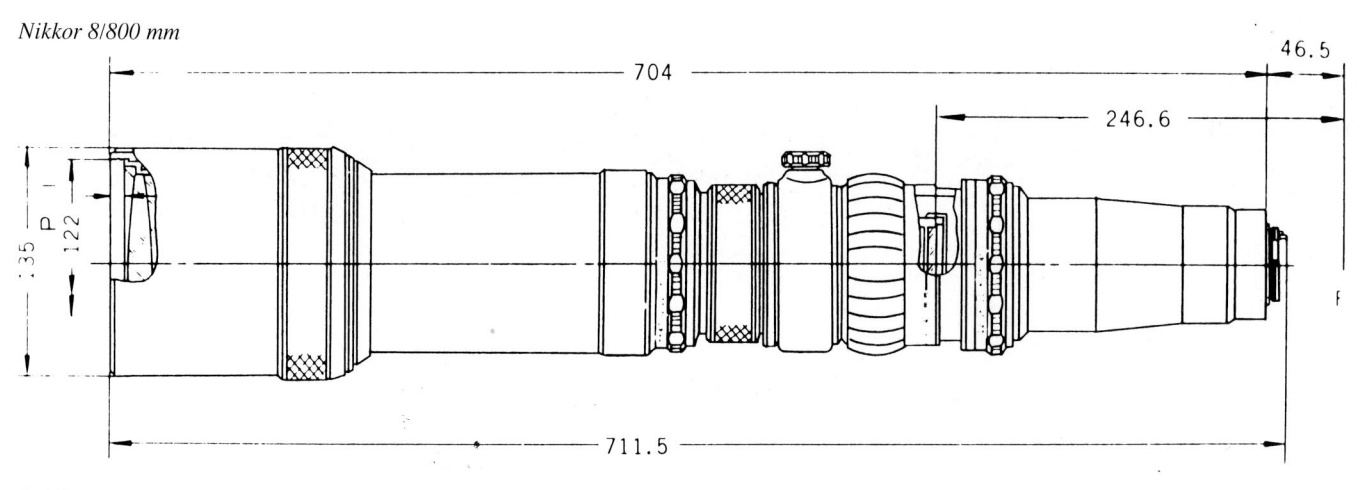

Nikkor 8/800 mm

Nikkor 8/800 ED

Brennweite: 800 mm
Bildwinkel: 3°
Blenden: 8 bis 22 (automatisch), 8 bis 64 (manuell).
Distanzskala: ∞ - 19 m (FU) oder ∞ - 20 m (AU-1)
Linsen/Gruppen: 5/4
Filtergewinde: 122 mm oder 52 mm mit AU-1
Erscheinungsdatum: Mai 1975
Gewicht: 4.1 kg (FU) oder 5.3 kg (mit AU-1)

Verbesserte Version des Nikkor-Fernteles 8/800 mit ED-Glas zur besseren Korrektur von Farbabweichungen und für ausgezeichneten Bildkontrast. Als ED-Nikkor zur Kenntlichmachung im Mittelbereich der Objektivfassung mit einem Goldring versehen. Das Arbeiten mit diesem Teleobjektiv ist nur in Verbindung mit der alten Einstellfassung oder dem Einstellstutzen AU-1 möglich. Nummerngravur ab 850 001.
Nikkor 8/800 mm ED: BCO 04 478-1. *1.400,-*

Nikkor 8/800 mm ED

Im Jahre 1976 erschien eine veränderte Version des 8/800 ED mit einer Spezialhalterung für 39-mm-Filter. Gewicht 3.8 kg, Mindestdistanz 10 m. Noch ohne Innenfokussierung.
Nikkor 8/800 mm ED (Typ 2): BCO 04 478-2. *1.400,-*

Zur photokina 1978 kam auf vielfachen Wunsch ein 800-mm-Nikkor mit ED-Glas und der schnellen Innenfokussierung. Bei Objektiven dieser Baulänge ein besonderer Vorteil, dadurch entsteht keine Objektivveränderung bei der Distanzverstellung. Das 8/800 IF-ED (ab Nummer 178 041) kann durch die neue Bauart auf die separate Einstellfassung verzichten. Breiter Blendenring und leichtgängiger Fokussierring, eingebaute Springblende, ED-Goldring oberhalb der gravierten Objektivkenndaten, drehbares Stativgewinde mit Halteschlaufe wie beim 2.8/300 IF-ED. Neuer optischer Aufbau mit neun Linsen in sieben Gruppen und verbesserte Mindestdistanzeinstellung - jetzt nur noch zehn Meter. Filter 122 mm oder 39 mm in einer Halterung. Gewicht 3.3 kg. AI-Version.
Nikkor 8/800 mm IF-ED: BCO 04 478-3. *4.000,-*

1982 zeigte Nikon die AIS-Version dieses Objektivs. Gebaut ab Nummer 179 001.
Nikkor 8/800 mm IF-ED AIS: BCO 04 478-4.

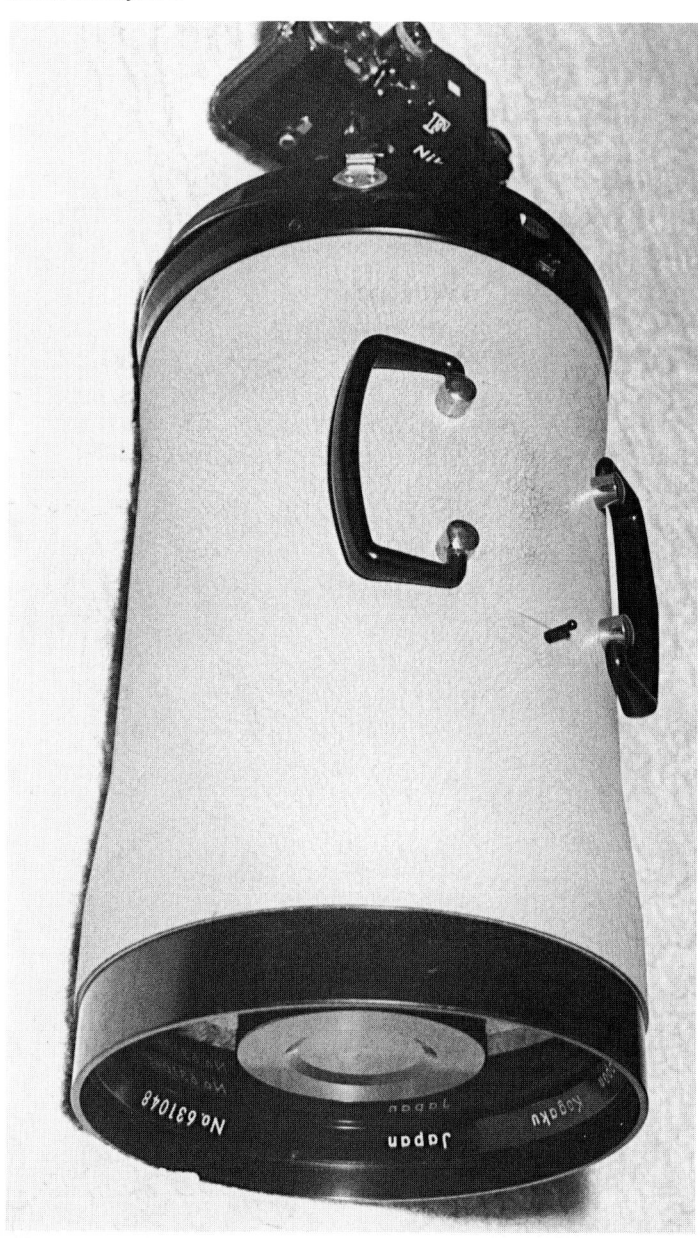

Reflex-Teleobjektive

Spiegel-Nikkor 6.3/1000

Brennweite: 1000 mm
Bildwinkel: 2° 30'
Blende: 6.3 (ansonsten Steuerung über Graufilter)
Distanzskala: ∞ - 30 m
Linsen/Gruppen: 5/3
Filter: 52 mm auf Drehscheibe, L39, Y52, O56, R60 und drei Graufilter für die Steigerung der Blende auf 11, 16 und 22.
Erscheinungsjahr: 1959
Gewicht: 9.9 kg

Dieses, auch für heutige Verhältnisse außergewöhnlich lichtstarke Spiegelobjektiv wurde 1959 zusammen mit der Nikon F auf der Kamerashow IPEX vorgestellt. Das hellgraue Ferntele mit der hohen Lichtstärke gehört heute zu den Nikon-Raritäten. Die erste schwarze Version hatte nur eine kurze Laufzeit, das Werk entschied sich dann für eine hellgraue Ausführung. Als Hauptgrund für die Produktionseinstellung kann die Empfindlichkeit dieses katadioptrischen Bautyps bei starker Sonnenbestrahlung vermutet werden. Wegen der noch laufenden Meßsucherkamera-Produktion erweiterte Nikon die Anschlußmöglichkeiten, damit das 6.3/1000 an den Spiegelkästen der Meßsucherkameras benutzt werden konnte - vom Zeitpunkt der Herstellung gesehen und durch die Bauart ist dieses Mirror-Nikkor aber klar als Objektiv für die Nikon-Spiegelreflexkameras einzuordnen. Nikon montierte auf der Oberseite zwei griffige Tragebügel, immerhin hatten es hier die Fotografinnen und Fotografen mit dem schwersten aller Nikkore zu tun. Ohne Stativ war eine Benutzung nicht ratsam, auf der Unterseite ist für die Montage ein massiver Stativteller angebaut. Die Kamera kann für Hochformataufnahmen um 90° geschwenkt werden. Die Fokussierung erfolgte über einen Anschluß, der an ein Balgengerät erinnert.

Nikon verlangte für dieses Superglas 1650 Dollar. Lieferung mit Gegenlichtblende und Schutzdeckel in einem robusten Metallkoffer.

Die Produktion begann mit der Nummer 100 630. Eine Gesamtproduktionszahl ist schwer zu bestimmen.

Spiegel-Nikkor 6.3/1000 mm (schwarz mit F-Anschluß): BCO 04 491-40.

Spiegel-Nikkor 6.3/1000 mm (hellgrau mit F-Anschluß): BCO 04 491-41.

Spiegel-Nikkor 6.3/1000 mm (hellgrau mit Spiegelkasten-Anschluß für die Nikon-Meßsucherkameras): BCO 04 491-20.

Spiegel-Nikkor 6.3/1000 mm

Reflex-Teleobjektive

Spiegel-Nikkor 11/1000

Brennweite: 1000 mm
Bildwinkel: 2° 30'
Blenden: feststehende Blende 11
Distanzskala: ∞ - 8 m
Linsen/Gruppen: 5/5, katadioptrisches System aus Spiegeln und Linsen.
Filtergewinde: 108 mm, vier Filter eingebaut: L39, Y48, O56 und R60.
Erscheinungsdatum: Oktober 1965
Gewicht: 1.9 kg

Das lichtstarke und schwergewichtige Vorgängermodell 6.3/1000 hatte als Hauptnachteil die viel zu weite Mindestdistanz von 33 Metern. Anfang 1966 lief die Produktion aus, ersetzt wurde es durch einen nur in Schwarz gebauten Nachfolge-"Tausender". Das neue 11/1000 wurde wesentlich handlicher und entsprach mit einer Länge von 24 cm weniger als einem Viertel seiner Brennweite. Die nun akzeptable Mindestentfernung beträgt nur noch acht Meter.
Der erste Typ (ab Seriennummer 111 001) hatte einen schmalen silbernen Ring mit den Objektivdaten und dem Herstellernamen (entweder Nippon Kogaku oder später Nikon) sowie einen markanten, halbkreisförmigen Filterrevolver, dazu kam ein robuster Stativanschluß. Im Gegensatz zum ähnlichen 5/500 aus der Nikon F-Anfangszeit diente hier die riesige Auflagefläche als Einstelleinheit.
Als Sammlerstück nur in der ersten Bauart mit Filterrevolver und Nippon Kogaku-Bezeichnung interessant, als Nutzobjektiv empfehlenswert für extreme Sportaufnahmen und die Tier- und Bergfotografie.
Spiegel-Nikkor 11/1000 mm: BCO 04 492-1.

Die zweite Ausgabe des 1000-mm-Spiegelteles (1974) ab Nummer 140 001 verzichtete auf den Filterrevolver, die vier mitgelieferten Filter L39, Y48, O56 und R60 können im hinteren Teil des 11/1000 eingeschraubt werden.
Spiegel-Nikkor 11/1000 mm (Typ 2): BCO 04 492-2.

Die moderne und noch produzierte Fassung (Typ 3, ab 1976) erhielt einen massiven, drehbaren Stativring. Die Einstellfassung wurde schmaler, die technischen Daten sind jetzt auf der Sonnenblende eingraviert. Zur schnelleren Fokussierung wird ein einschraubbarer Stift mitgeliefert. Die Bauart hat sich im Vergleich zum Vorgänger nicht verändert. Fünf Filter werden mitgeliefert: L37c, A2, B2, O56 und der Graufilter ND4 - ein Filter muß sich immer am Objektiv befinden. Ab Seriennummer 142 361.
Spiegel-Nikkor 11/1000 mm (Typ 3): BCO 04 492-3.

Nikkor 11/1000 mm (erste Version)

Nikkor 11/1000 mm (letzte Version)

Reflex-Teleobjektive

Nikkor 11/1200 mm

Nikkor 11/1200

Brennweite: 1200 mm
Bildwinkel: 2°
Blenden: 11 bis 64
Distanzskala: ∞ - 43 m (FU) oder 50 m (AU-1)
Linsen/Gruppen: 5/5
Filtergewinde: 122 mm oder 52 mm mit AU-1
Erscheinungsdatum: August 1964
Gewicht: 4.9 kg mit FU, 6.1 kg mit Einstellstutzen AU-1.

Längstes aller Nikkore nicht-katadioptrischer Bauart. Extrem hohe Mindestdistanz, Abblendung bis zum Wert 64 möglich, eingebaute und ausziehbare Sonnenblende. Einsetzbar nur mit einer der beiden Einstellfassungen. Hergestellt zwischen den Seriennummern 120 011 und 131 148.
Nikkor 11/1200 mm: BCO 04 493-1.

1974 versah Nikon das 11/1200 mit einer neuen Vergütung für kontrastreichere Aufnahmen: Gravur P.Nikkor.C 11/1200. Gebaut ab Seriennummer 131 401.
Nikkor 11/1200 mm ("C"): BCO 04 493-2.

Durch die Verwendung von ED-Glas konnten die Abbildungseigenschaften bei Schwarzweiß- und Farbaufnahmen entscheidend verbessert werden. Als ED-Kennzeichen mit einem Goldring versehen. Nur mit der ersten Einstellfassung und der späteren AU-1 einsetzbar. Seriennummer ab 150 001. Erscheinungsjahr 1975.
Nikkor 11/1200 mm ED: BCO 04 494.

Nikkor 11/1200 IF-ED

Brennweite: 1200 mm
Bildwinkel: 2°
Blenden: 11 bis 32
Distanzskala: ∞ - 14 m
Linsen/Gruppen: 9/8
Filtergewinde: 122 mm oder 39 mm in Filterschublade
Erscheinungsjahr: 1978
Gewicht: 3.8 kg

Zur photokina 1978 demonstrierte Nikon als Prototyp ein neues 1200-mm-Ferntele mit ED-Glas und der schnellen Innenfokussierung. Weiterer Vorteil: auf die Verbindung mit einem Einstellstutzen kann bei diesem Tele-Nikkor verzichtet werden. Besonderheit: das Rad für die Fokussierung ist bei dieser ersten Bauart seitlich angebaut und muß mit der linken Hand bedient werden. Ansonsten im Aufbau vergleichbar mit dem 3.5/400 IF-ED oder 2.8/300 IF-ED mit Filterschublade, großen Trageösen, drehbarem Stativring und Goldring als ED-Hinweis. Kein Serienobjektiv, nur photokina-Muster!
Nikkor 11/1200 mm IF-ED (Prototyp): BCO 04 495-1.

Das Serien-1200er (ab Nummer 178 051) mit Innenfokussierung und ED-Glas kam 1979 und erhielt wie die anderen Tele-Nikkore neuerer Bauart einen breiten und leichtgängigen Entfernungseinstellring. Die optischen Daten entsprechen der ersten photokina-Version. ED-Goldring als Erkennungszeichen und großzügig ausgelegter Stativteller. Gewicht 3.9 kg.
Nikkor 11/1200 mm IF-ED: BCO 04 495-2. *4.000,-*

Mit der Angleichung auf AIS gab es 1982 ein Schubfach für die Gelatine-Filter und 39-mm-Filter.
Nikkor 11/1200 mm IF-ED AIS: BCO 04 495-3. *4.000,-*

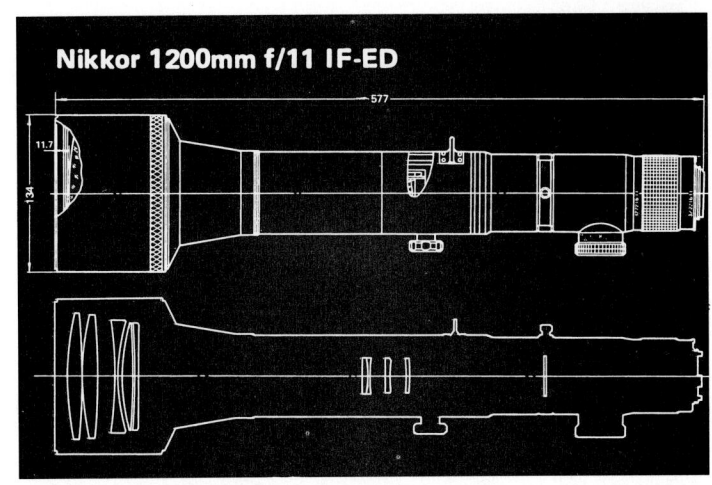

Nikkor 11/1200 mm IF-ED

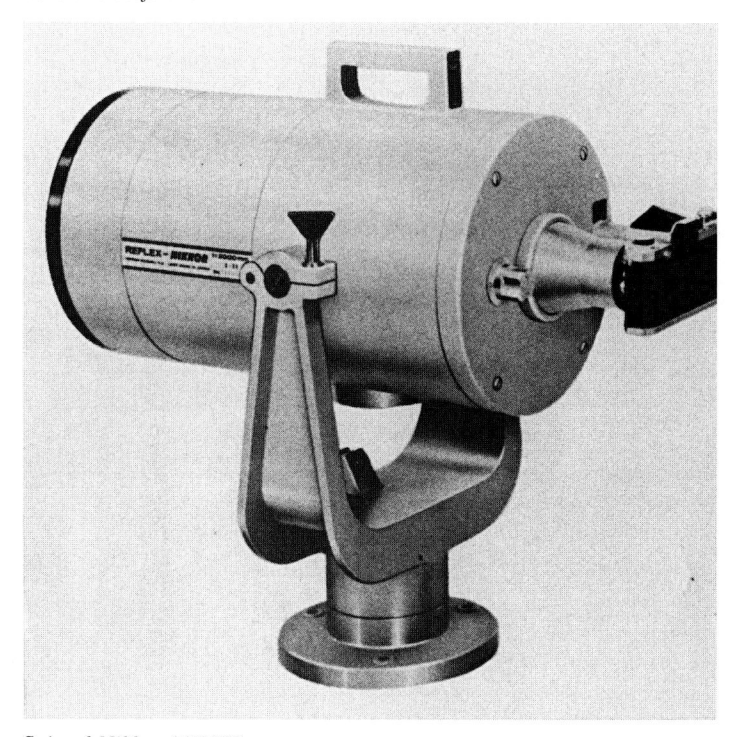

Reflex-Teleobjektive

Spiegel-Nikkor 11/2000

Brennweite: 2000 mm
Bildwinkel: 1° 10'
Blenden: feststehende Blende 11
Distanzskala: ∞ - 20 m
Linsen/Gruppen: 5/5
Filtergewinde: vier Filter eingebaut: L39, Y48, O56 und R60.
Erscheinungsjahr: 1968
Gewicht: 17.5 kg

Das längste Nikkor-Teleobjektiv ergänzte das ständig wachsende Objektivprogramm und zeigte sich als Prototyp auf der photokina 1968 in Köln. Mit der 40fachen Vergrößerung im Vergleich zum Normalobjektiv ist es Spezialaufgaben vorbehalten. Diese erste Bauart - sozusagen Handmuster - war vorgesehen für Einschraubfilter L39, Y44, O56 und R60 der Größe 62 mm, die zum Lieferumfang gehörten. Wie das Serien-Nikkor bekam schon der Prototyp ein in den Tragegriff eingebautes Diopter für das Anvisieren weit entfernter Aufnahmefelder. Diese erste Photokina-Version ist erkennbar an einem schmalen Umfassungsring und dem vom Durchmesser abweichenden Frontring zur Aufnahme des Leder-Schutzdeckels.
Spiegel-Nikkor 11/2000 mm (Prototyp): BCO 04 496-1.

Die Serienversion (ab Nummer 200 111) des Spiegellinsen-Nikkors 11/2000 (1972) erhielt Einschraubfilter der Größe 39 mm (L39, Y48, O56, R60) und kam mit der U-förmigen Montierung AY-1 in die Prospekte. Sie erhöht das Gewicht um weitere 7.5 Kilogramm. Die Entfernungseinstellung erfolgt über einen seitlich angebrachten Einstellknopf über drei Drehungen von unendlich bis zur Minimaldistanz von 20 m.
Spiegel-Nikkor 11/2000 mm: BCO 04 496-2.

Als dritte und letzte Ausführung lieferte Nikon 1975 das 11/2000-Mirror-Nikkor mit dem L37c-Filter (statt L39) und einer verbesserten Mindestdistanz - jetzt nur noch 18 Meter. Neue C-Vergütung.
Spiegel-Nikkor 11/2000 mm (C): BCO 04 496-3.

Spiegel-Nikkor 11/2000 mm

Spiegel-Nikkor 11/2000 (aktuelle Bauart)

Nikon-Telekonverter

Ende der siebziger Jahre verlangten immer mehr Nikon-Kunden Telekonverter, um ihre Ausrüstung besser auszunutzen. Diese Marktlücke bedienten größtenteils Fremdhersteller. Nikon brachte daraufhin 1976 die ersten beiden Brennweitenverdoppler mit einer Mehrschichtenvergütung heraus. Sie sind heute eine Rarität, denn Nikon baute daran noch die althergebrachte Blendenkupplung über den Mitnehmerzinken. Einige wenige Exemplare des TC-1 und TC-2 gelangten in den Handel, die späteren 2x-Konverter hatten alle AI-Anschluß. Sie entsprechen mechanisch und optisch den hohen Nikon-Qualitätsanforderungen, besitzen die NIC-Mehrschichtenvergütung und sind bestrebt, das Leistungsvermögen der verwendeten Nikkore nicht zu beeinträchtigen.

Die Vorteile der Konverter: sie machen beispielsweise aus einem 200-mm-Tele ein handliches Vierhunderter oder aus dem Normalobjektiv 50 mm ein Portraitobjektiv mit der Brennweite 100 mm - dabei bleibt die kürzeste Einstellentfernung des verwendeten Objektivs erhalten.

Nachteile: die Lichtstärke des verwendeten Objektives reduziert sich um zwei Blendenstufen.

Später baute Nikon zusätzlich 1.4x-Konverter und Autofokus-Konverter.

Nikon-Telekonverter TC-1

Blendenübertragungsmöglichkeit: 2 bis 32 (4 bis 64)
Linsen/Gruppen: 7/5
Erscheinungsjahr: 1976
Gewicht: 230 g

Der Siebenlinser TC-1 für die meisten Nikkore bis Brennweite 200 mm ist in den Abmessungen mit einem Zwischenring vergleichbar. Oberhalb des Blendenmitnehmers ist eine rote Skala graviert, welche den Verdoppelungswert zwischen den Blenden 2 und 32 anzeigt, also von dem Wert 4 bis 64. Darüber steht "Nikon Teleconverter TC-1 2x" und die Seriennummer (ab 175 201). Ein hellgrauer Plastik-Arretierungsknopf ist angebaut, um damit das Objektiv zu lösen, der Kupplungshebel ist für den Objektivwechsel beweglich gebaut.
Nikon-Telekonverter TC-1: BCO 04 601.

Nikon-Telekonverter TC-2

Blendenübertragungsmöglichkeit: 2 bis 32 (4 bis 64)
Linsen/Gruppen: 5 einzelstehende Linsen
Erscheinungsjahr: 1976
Gewicht: 280 g

In den Abmessungen deutlich länger gebauter Telekonverter für den Einsatz mit Nikkoren ab 300 mm Brennweite. Auch der TC-2 bekam die zwei Blendenkupplungshebel und eine rote Umrechnungsskala.

Nikon-Telekonverter TC-1 und TC-2

Reflex-Telekonverter

Nikon-Telekonverter TC-201

Nikon-Telekonverter (Forts.)

Auf den Konverter gravierte das Werk "Nikon TC-2" und die Seriennummer. Auffällig an diesem optischen Zwischenstück ist der weit herausragende, durch Weichgummi geschützte Linsentubus.
Auch der TC-2 ist nur vereinzelt in den Handel gekommen, durch die Bauart mit der alten Blendenkupplungsübertragung ist diese Ausführung vor allem bei F2-Sammlern sehr begehrt. Seriennummern ab 175 201.
Nikon-Telekonverter TC-2: BCO 04 602.

Nikon-Telekonverter TC-200

Blendenübertragungsmöglichkeit: 2 bis 32 (4 bis 64)
Linsen/Gruppen: 7/5
Erscheinungsjahr: 1977
Gewicht: 230 g

Erste Serienversion (ab Nummer 176 051) eines Nikon-Telekonverters für die AI-Übertragung mit automatischer Springblende. Die rote Umrechnungsskala fiel weg, zur Objektiventriegelung diente ein kleiner Chromknopf. Der AI-Konverter ist vorgesehen für Nikkore bis 200 mm Brennweite, als Ausnahme von dieser Regelung zählt das Spiegel-Nikkor 8/500.
Nikon-Telekonverter TC-200: BCO 04 611.

Nikon-Telekonverter TC-201

Blendenübertragungsmöglichkeit: 2 bis 32 (4 bis 64)
Linsen/Gruppen: 7/5
Erscheinungsjahr: 1983
Gewicht: 230 g

Damit der Konverter auch mit den Programmautomatiken der FG, FA, F-301, F-501, F-801 und F4 benutzt werden kann, lieferte Nikon eine geringfügig veränderte Version des TC-200 mit der Übertragungsmöglichkeit für die AIS-Nikkore. Gebaut ab Nummer 327 001.
Nikon-Telekonverter TC-201: BCO 04 612.

Nikon-Telekonverter TC-300

Blendenübertragungsmöglichkeit: 2.8 bis 32 (5.6 bis 64)
Linsen/Gruppen: 5 einzelstehende Linsen
Erscheinungsjahr: 1977
Gewicht: 280 g

Nach Einführung des AI-Systems brachte Nikon diesen Konverter für den Einsatz mit Nikkoren ab 300 mm Brennweite auf den Markt. Von den Abmessungen vergleichbar mit dem TC-2, die Blendenrechnungsskala des

Nikon-Telekonverter (Forts.)

Vorgängers ist hier nicht eingraviert. Weit herausragender Vorderlinsentubus, geschützt durch einen Gummibezug. Wie der TC-200 mit einer AI-Übertragung und Offenblendmessung ausgerüstet. Hergestellt ab Seriennummer 176 041.
Nikon-Telekonverter TC-300: BCO 04 613.

Nikon-Telekonverter TC-301

Blendenübertragungsmöglichkeit: 2.8 bis 32 (5.6 bis 64)
Linsen/Gruppen: 5/5
Erscheinungsjahr: 1983
Gewicht: 280 g

Geringfügig veränderte Version des TC-300, damit der Konverter zusammen mit den AIS-Nikkoren auch bei der Programmautomatik und dem HighSpeed-Programm moderner Nikon-Kameras genutzt werden kann. Seriennummern ab 201 001.
Nikon-Telekonverter TC-301: BCO 04 614.

Nikon-Telekonverter TC-14

Blendenübertragungsmöglichkeit: 2 bis 32 (2.8 bis 45)
Linsen/Gruppen: 5 einzelstehende Linsen
Erscheinungsjahr: 1978
Gewicht: 170 g

Sehr flach gebauter und damit platzsparender Telekonverter (Seriennummer ab 176 121). Der Einsatz ist für die Nikkore zwischen 300 und 1200 mm Brennweite vorgesehen, dazu ist eine Kupplung möglich mit den Nikon-Objektiven 3.5/135, 2.8/180, 2.8/180 ED, 2.1/200, 4/120 Medical und 4/200 Micro-IF, dazu kommen noch Zoom-Nikkore ab 180 mm Anfangsbrennweite. Verlängert die Brennweite um den 1.4fachen Wert und ergibt den Lichtverlust von einer Blendenstufe.
Nikon-Telekonverter TC-14: BCO 04 621.

Nikon-Telekonverter TC-14 A

Blendenübertragungsmöglichkeit: 1.8 bis 32 (2.8 bis 45)
Linsen/Gruppen: 5/5
Erscheinungsjahr: 1983
Gewicht: 170 g

Dieser Teleconverter verlängert die Brennweite um den 1.4fachen Wert. Im Gegensatz zu den Brennweitenverdopplern wie TC-201 und TC-301 wird die Lichtstärke des verwendeten Originalobjektivs - wie beim TC-14 - nur um eine Blendenstufe verringert. Der fünflinsige und sehr flach gebaute Konverter ist geeignet für alle Nikkore bis 300 mm Brennweite und Spiegelobjektive sowie alle Nikkor-Zoom-Objektive bis zur Anfangs-

Nikon-Telekonverter TC-301

Nikon-Telekonverter TC-14 A

Reflex-Telekonverter

Nikon-Telekonverter TC-14 B

Nikon-Telekonverter TC-14 C

Nikon-Telekonverter (Forts.)

brennweite von 100 mm. Die Steuerung der Programmautomatik wird übertragen. Serienanlauf mit der Nummer 182 111.
Nikon-Telekonverter TC-14 A: BCO 04 622.

Nikon-Telekonverter TC-14 B

Blendenübertragungsmöglichkeit: 2 bis 32 (2.8 bis 45)
Linsen/Gruppen: fünf einzelstehende Linsen
Erscheinungsjahr: 1983
Gewicht: 165 g

Vom Aufbau vergleichbar den anderen 1.4x-Konvertern. Eine Verwendung wird empfohlen für die Nikkore ab 135 mm und die Nikon-Zoomobjektive ab 200 mm Anfangsbrennweite. Ausnahme: die Objektive 2/135, 4/200, 2.8/180 ED und 500er Reflex. Lieferung ab Seriennummer 191 001.
Nikon-Telekonverter TC-14 B: BCO 04 623.

Nikon-Telekonverter TC-14 C

Blendenübertragungsmöglichkeit: 2 bis 16
Linsen/Gruppen: 5/5
Erscheinungsjahr: 1984
Gewicht: 200 g

Nur für das extrem lichtstarke Teleobjektiv 2/300 IF-ED baute Nikon den Spezialkonverter TC-14 C. Zusammen mit diesem Objektiv ergab sich eine Brennweite von 420 mm bei einer Lichtstärke von 2.8.
Nikon-Telekonverter TC-14 C: BCO 04 624.

Nikon-Telekonverter TC-16

Blendenübertragungsmöglichkeit: 1.8 bis 32 (2.9 bis 51)
Linsen/Gruppen: 5 einzelstehende Linsen
Erscheinungsjahr: 1984
Gewicht: 285 g

Dieser spezielle Autofokus-Telekonverter wurde zusammen mit der Nikon F3AF vorgestellt (Seriennummer ab 200 001) und überraschte die Fachwelt durch seine Möglichkeiten. In Verbindung mit dieser ersten Nikon-Autofokus-SLR und dem Sucher DX-1 werden eine Reihe von lichtstarken Nikkor- und Nikon-Series-E-Objektiven zwischen 24 und 300 mm Brennweite autofokustauglich. Der in den TC-16 eingebaute Micromotor verändert die Linsenelemente präzise und stufenlos. Die Stromversorgung erfolgt über Goldkontaktstifte direkt über die eingelegten Batterien des F3AF-Autofokus-Suchers DX-1. Voraussetzung für den Autofokus-Einsatz ist bei den angesetzten Nikon-Objektiven eine Lichtstärke von 2.1 oder höher - also 1.8, 1.4 oder 1.2. Die Lichtstärke der eingesetzten Nikkore wird dabei um 1 1/3 Blenden reduziert. Ein "Focus-Lock" arre-

Nikon-Telekonverter (Forts.)

tiert die ermittelte Scharfeinstellung auch bei einer Standortveränderung. Daneben verlängert er die verwendete Brennweite um das 1.6fache des verwendeten Objektivs. Also wird z. B. aus einem 135-mm-Nikkor ein 216-mm-Tele.
Nikon-Telekonverter TC-16: BCO 04 631.

Nikon AF-Telekonverter TC-16 A

Blendenübertragungsmöglichkeit: 1.8 bis 32 (2.9 bis 51)
Linsen/Gruppen: 5 einzelstehende Linsen
Erscheinungsjahr: 1986
Gewicht: 150 g

Autofokus-Telekonverter für die Nikon-Kameras F-501, F-801 und F4, ansonsten technisch vergleichbar mit dem TC-16. Empfohlen für die Verwendung der Nikkore bis 300 mm Brennweite, die eine Anfangslichtstärke von mindestens 2.8 vorweisen können.
Nikon AF-Telekonverter TC-16 A: BCO 04 632.

Nikon AF-Telekonverter TC-16A

AF-Zoom-Nikkor 3.3-4.5/24-50

Brennweiten: 24 - 50 mm
Bildwinkel: 84° - 46°
Blenden: 3.3 bis 22
Distanzskala: ∞ - 60 cm/50 cm bei Makroeinstellung
Linsen/Gruppen: 9/8
Filtergewinde: 62 mm
Erscheinungsjahr: 1987
Gewicht: 375 g

Kompaktes und leichtes Autofokus-Drehzoom mit einem interessanten Brennweitenbereich von der beliebten 24-mm-Brennweite bis in den Standardbereich, zusätzlich Naheinstellung auf 50 mm. Noch griffige Einstelleinheit bei manueller Scharfstellung und breite Fassung zur Brennweitenverstellung. Das Design entspricht der aktuellen AF-Bauart.
AF-Zoom-Nikkor 3.3-4.5/24-50 mm: BCO 04 302.

AF-Zoom-Nikkor 3.3-4.5/24-50 mm

Zoom-Nikkor 4/25-50

Brennweiten: 25 - 50 mm
Bildwinkel: 80° 40' - 47° 50'
Blenden: 4 bis 22
Distanzskala: ∞ - 60 cm
Linsen/Gruppen: 11/10
Filtergewinde: 72 mm
Erscheinungsdatum: April 1979
Gewicht: 600 g

Dieses Drehzoom reicht vom starken Weitwinkelbereich bis zur Normalbrennweite und verdrängte das 4.5/28-45. Ein interessantes Nikkor für Außenaufnahmen und den Reportage-Einsatz mit dem Blitzgerät. Verzeichnungen und Abbildungsfehler sind weitgehend korrigiert, es ist daher durchaus mit Festbrennweiten vergleichbar. Breite Einstellringe für den Brennweiten- und Entfernungsbereich. Serienanlauf mit der Nummer 178 041.
Zoom-Nikkor 4/25-50 mm: BCO 04 301-1. *500,-*

1981 erfolgte die Angleichung an das AIS-Nikkor-Programm. Ab Seriennummer 201 001.
Zoom-Nikkor 4/25-50 mm AIS: BCO 04 301-2. *550,-*

Zoom-Nikkor 4/25-50 mm

Zoom-Nikkor 4.5/28-45

Brennweiten: 28 - 45 mm
Bildwinkel: 74° - 50°
Blenden: 4.5 bis 22
Distanzskala: ∞ - 1.20 m
Linsen/Gruppen: 7/11
Filtergewinde: 72 mm
Erscheinungsdatum: April 1975
Gewicht: 440 g

1975 kam es endlich, das erste Weitwinkel-Zoomobjektiv der gesamten Weltproduktion. Es erfüllte die drei Vorgaben: kleinstmögliche Verzeichnung, kompakte Bauweise und Abdeckung des wichtigen Aufnahmebereichs von 28 Millimeter bis in die Nähe der Standardbrennweite. Nikon entschied sich hierbei für eine Drehzoom-Konstruktion mit zwei Ringen für die Brennweiten- und Distanzverstellung. Mindesteinstellung 60 cm und 72 mm Filtergewinde.

Als erstes richtiges Weitwinkel-Zoom und Meilenstein im Bau von Objektiven bei den Nikon-Sammlern immer gefragter, es hat zudem immer noch einen optimalen Gebrauchswert. Serienproduktion ab Nummer 174 011.

Zoom-Nikkor 4.5/28-45 mm: BCO 04 303-1.

Mit Typ 2 des 4.5/28-45 (1978) kam eine Änderung auf AI. Serienfertigung ab Nummer 210 001.

Zoom-Nikkor 4.5/28-45 mm AI: BCO 04 303-2.

Zoom-Nikkor 4.5/28-45

Zoom-Nikkor 3.5/28-50

Brennweiten: 28-50 mm
Bildwinkel: 74° - 46°
Blenden: 3.5 bis 22
Distanzskala: ∞ - 60 cm, mit Makroeinstellung bis 32 cm.
Linsen/Gruppen: 9/9
Filtergewinde: 52 cm
Erscheinungsdatum: April 1984
Gewicht: 395 g

Sehr kompaktes und einfach zu benutzendes Schiebezoom mit einer sehr schönen, farbig ausgelegten Tiefenschärfenmarkierung und orangefarbig markierter Makroeinstellung bis zum Abbildungsmaßstab 1:5.2. Ideal für Außenfotos beim Reportageeinsatz und für die Innenraumfotografie mit Blitzlicht. Hergestellt ab Seriennummer 183 021.
Zoom-Nikkor 3.5/28-50 mm: BCO 04 304.

Zoom-Nikkor 3.5/28-50 mm

Reflex-Zoomobjektive

Zoom-Nikkor 3.5-4.5/28-85

Brennweite: 28 - 85 mm
Bildwinkel: 74° - 28° 30'
Blenden: 3.5 bis 22
Distanzskala: ∞ - 80 cm, mit Makroeinstellung 23 cm.
Linsen/Gruppen: 15/11
Filtergewinde: 62 mm
Erscheinungsjahr: 1985
Gewicht: 510 g

Leichtes und kompaktes Zweiring-Zoom mit geringer Lichtstärke für die Abdeckung des am meisten benutzten Brennweitenbereichs zwischen 28 und 85 mm, gut geeignet im Urlaub oder bei Schnappschüssen, für Gruppen- und Portraitaufnahmen unter freiem Himmel oder mit Blitzlicht in Innenräumen. In der Weitwinkelposition läßt sich das Nikkor bis in den Makrobereich (23 cm) einstellen.
Zoom-Nikkor 3.5-4.5/28-85 mm: BCO 04 305.

Zoom-Nikkor 3.5-4.5/28-85 mm

AF-Zoom-Nikkor 3.5-4.5/28-85

Brennweiten: 28 - 85 mm
Bildwinkel: 74° - 28° 30'
Blenden: 3.5 bis 22
Distanzskala: ∞ - 80 cm, bei Makro 23 cm.
Linsen/Gruppen: 15/11
Filtergewinde: 62 mm
Erscheinungsjahr: 1986
Gewicht: 540 g

Zusammen mit der Vorstellung der Nikon F-501 auf der photokina 1986 zeigte Nikon diese AF-Version des 28-85, im Vergleich zu diesem wurde es 30 Gramm leichter. Konsequent für den Autofokus-Einsatz konstruiert, erhielt es nur einen schmalen Ring für die manuelle Entfernungseinstellung, ansonsten Angleichung zur AF-Objektivserie.
AF-Zoom-Nikkor 3.5-4.5/28-85 mm: BCO 04 306.

AF-Zoom-Nikkor 3.5-4.5/28-85 mm

AF-Zoom-Nikkor 2.8/35-70 mm

AF-Zoom-Nikkor 2.8/35-70

Brennweiten: 35 - 70 mm
Bildwinkel: 62° - 34° 20'
Blenden: 2.8 bis 22
Distanzskala: ∞ - 60 cm, bei Makroeinstellung 28 cm.
Linsen/Gruppen: 15/12
Filtergewinde: 62 mm
Erscheinungsjahr: 1987
Gewicht: 665 g

Verhältnismäßig lichtstarkes Autofokus-Schiebezoom mit einer festen Lichtstärke über den gesamten Brennweitenbereich. Ausgestattet mit griffigen Einheiten für die manuelle Entfernungseinstellung und die Brennweitenverschiebung. Mit der eingebauten Makroeinstellung läßt sich das AF-Nikkor von der Mindestdistanz 60 cm auf 28 cm verringern. Eine sinnvolle Ergänzung zum 20- oder 24- und 180-mm-Tele. Die Abbildungsleistung entspricht durch den hohen konstruktiven Aufwand allerhöchsten Ansprüchen.
AF-Zoom-Nikkor 2.8/35-70 mm: BCO 04 311.

Zoom-Nikkor 3.5/35-70

Brennweiten: 35 - 70 cm
Bildwinkel: 62° - 34° 20'
Blenden: 3.5 bis 22
Distanzskala: ∞ - 1 m
Linsen/Gruppen: 10/9
Filtergewinde: 72 mm
Erscheinungsjahr: 1976
Gewicht: 550 g

Zur photokina 1976 kam dieses Drehzoom in das Angebot (ab Seriennummer 760 701), ausgestattet mit großzügig dimensionierten Einstellringen wurde es die Ideal-Ergänzung zum 24er-Superweitwinkel, 85er-Portrait-Tele und 180-mm-Teleobjektiv für den schnellen Reportageeinsatz. Gute Verarbeitung und hervorragende Abbildungseigenschaften!
Zoom-Nikkor 3.5/35-70 mm: BCO 04 312-1.   450,-

Die AIS-Version begann mit der Nummerngravur 821 001. Herstellung ab September 1981.
Zoom-Nikkor 3.5/35-70 mm AIS: BCO 04 312-2.   500,-

Zoom-Nikkor 3.5/35-70 mm

Zoom-Nikkor 3.5/35-70

Brennweiten: 35 - 70 mm
Bildwinkel: 62° - 34° 20'
Blenden: 3.5 bis 22
Distanzskala: ∞ - 70 cm, mit Makroeinstellung bis 35 cm.
Linsen/Gruppen: 10/9
Filtergewinde: 62 mm
Erscheinungsjahr: 1981
Gewicht: 510 g

Das erste Zoom-Nikkorobjektiv mit einem eingebauten Makro-Einstellmechanismus. Es erlaubte, die minimale Einstelldistanz von 70 cm auf beachtliche 35 cm zu reduzieren. Der Nahbereich ist bei diesem Drehzoom durch eine orangefarbene Markierung angegeben. Zusätzlich im Vergleich zum Vorgänger konnte das Filtergewinde auf 62 mm verkleinert werden.
Zoom-Nikkor 3.5/35-70 mm: BCO 04 313. 500,-

Zoom-Nikkor 3.5/35-70 mm

Zoom-Nikkor 3.3-4.5/35-70

Brennweiten: 35 - 70 mm
Bildwinkel: 62° - 34°20'
Blenden: 3.3 bis 22
Distanzskala: ∞ - 50 cm, mit der Makroeinstellung 35 cm.
Linsen/Gruppen: 8/7
Filtergewinde: 52 mm
Erscheinungsjahr: 1984
Gewicht: 255 g

Extrem leichtes und sehr kompaktes Zoom mit zwei Einstellringen für die Brennweitenverstellung und Entfernung mit Makroeinstellung bis zum 35-cm-Aufnahmeabstand. Eine platzsparende und preisgünstige Alternative für das Normalobjektiv - wenn keine hohe Lichtstärke gefragt ist.
Zoom-Nikkor 3.3-4.5/35-70 mm: BCO 04 314. 270,-

Zoom-Nikkor 3.3-4.5/35-70 mm

Reflex-Zoomobjektive

AF-Zoom-Nikkor 3.3-4.5/35-70

Brennweiten: 35 - 70 mm
Bildwinkel: 62° - 34° 20'
Blenden: 3.3 bis 22
Distanzskala: ∞ - 50 cm, bei Makroeinstellung 35 cm.
Linsen/Gruppen: 8/7
Filtergewinde: 52 mm
Erscheinungsjahr: 1986
Gewicht: 275 g

Preisgünstiges und scharfzeichnendes Standard-Zoom, wird gerne zusammen mit einem F-501- oder F-401s-Gehäuse gekauft. Ein leichtes Drehzoom für den Spaziergang mit der Kamera, Gruppenaufnahmen im Freien und den Urlaub. Die eingebaute Makroeinstellung ermöglicht ein "Rangehen" bis zu 35 cm. Sehr schmaler Entfernungseinstellring, ausschließlich für den AF-Betrieb konzipiert.
AF-Zoom-Nikkor 3.3-4.5/35-70 mm: BCO 04 315.

AF-Zoom-Nikkor 3.3-4.5/35-70 mm

AF-Zoom-Nikkor 3.3-4.5/35-70

Brennweiten: 35 - 70 mm
Bildwinkel: 62° - 34° 20'
Blenden: 3.3 bis 22
Distanzskala: ∞ - 50 cm, mit Makroeinstellung 35 cm.
Linsen/Gruppen: 8/7
Filtergewinde: 52 mm
Erscheinungsjahr: 1989
Gewicht: 240 g

Das beliebte Standardzoom bekam auf den Wunsch vieler Verbraucher einen breiteren und gummibezogenen Entfernungseinstellring, der das manuelle Fokussieren wesentlich erleichtert. Nach wie vor hat dieses Standardzoom getrennte Einstellringe für die Schärfen- und Brennweitenverstellung. Der Feststellknopf für das Arretieren der kleinsten Blende wurde bei dieser neuen AF-Version durch einen Schieber ersetzt.
AF-Zoom-Nikkor 3.3-4.5/35-70 mm: BCO 04 316.

AF-Zoom-Nikkor 3.3-4.5/35-70 mm

Reflex-Zoomobjektive

Zoom-Nikkor 2.8/35-85 mm

Zoom-Nikkor 2.8/35-85

Brennweiten: 35 - 85 mm
Bildwinkel: 62° - 28° 30'
Blenden: 2.8 bis 16
Weitere Daten sind nicht bekannt.

Im Oktober 1961 vorgestelltes "Ideal-Zoom" für den Bereich vom leichten Weitwinkel- bis zum gemäßigten Tele-Objektiv. Wie das erste 200er mit einem Silberring versehen, auf dem die Objektivdaten graviert wurden. Entfernungseinstellung am vorderen Tubus. Breiter Ring (Berg und Tal) für die Brennweitenveränderung. Dieses lichtstarke Zoom ging nicht in die Serienproduktion.
Zoom-Nikkor 2.8/35-85 mm: BCO 04 321.

Zoom-Nikkor 3.5-4.5/35-105

Brennweiten: 35 - 105 mm
Bildwinkel: 62° - 23° 20'
Blenden: 3.5 bis 22
Distanzskala: ∞ - 1.40 m, mit Naheinstellung 35 cm.
Linsen/Gruppen: 16/12
Filtergewinde: 52 mm
Erscheinungsjahr: 1983
Gewicht: 510 g

Noch kompaktes Schiebezoom mit variabler Lichtstärke vom 35-mm-Weitwinkel bis zum 105-mm-Portrait-Tele. Eingebaute Makroeinstellung ohne besonderes Zubehör bis 27 cm (bei Stellung 35 mm). Orange markiertes Abbildungsverhältnis (bis 1:4). Beliebte Ergänzung zum Superweitwinkel und 200-mm-Tele oder als Grundausstattung für die wichtigsten Aufnahmebereiche. Die Numerierung beginnt mit 182 0701.
Zoom-Nikkor 3.5-4.5/35-105 mm: BCO 04 322.

Zoom-Nikkor 3.5-4.5/35-105 mm

Reflex-Zoomobjektive

AF-Zoom-Nikkor 3.5-4.5/35-105

Brennweiten: 35 - 105 mm
Bildwinkel: 62° - 23° 20'
Blenden: 3.5 bis 22
Distanzskala: ∞ - 1.40 m, mit Naheinstellung 38 cm.
Linsen/Gruppen: 16/12
Filtergewinde: 52 mm
Erscheinungsjahr: 1986
Gewicht: 460 g

Auf die Autofokus-Technik abgestimmtes Drehzoom mit hervorragenden Abbildungseigenschaften, ca. 50 Gramm leichter als die Ausführung mit manueller Scharfstellung. Mit der eingebauten Naheinstellung ergibt sich eine Reduzierung der Mindestdistanz von 1.40 m auf 38 cm. Der sehr schmale Entfernungseinstellring unterhalb des Filtergewindes - vor allem bei eingeschraubter Sonnenblende - empfiehlt die Benutzung dieses Nikkors nur für den Autofokusbetrieb, Distanzkorrekturen sollten mit dem Schärfespeicher der Kamera (AF-L) vorgenommen werden.
AF-Zoom-Nikkor 3.5-4.5/35-105 mm: BCO 04 323.

AF-Zoom-Nikkor 3.5-4.5/35-105 mm

Zoom-Nikkor 3.5-4.5/35-135

Brennweite: 35 - 135 mm
Bildwinkel: 62° - 18°
Blenden: 3.5 bis 22
Distanzskala: ∞ - 1.50 m, bei Makroeinstellung 40 cm.
Linsen/Gruppen: 15/14
Filtergewinde: 62 mm
Erscheinungsdatum: Dezember 1984
Gewicht: 600 g

Noch kompaktes 3.8fach-Einringzoom mit einer Makro-Einstellung bei der Brennweite 135 mm, die dabei kürzeste Einstellentfernung von 40 cm entspricht einem Abbildungsmaßstab von 1:4. Die Objektivdatengravur ist bei diesem Schiebezoom außerhalb des Filterringes vermerkt, farbig ausgelegte Tiefenschärfenmarkierung und angezeigter Brennweitenbereich bei der Zoomverschiebung.
Zoom-Nikkor 3.5-4.5/35-135 mm: BCO 04 331.

Zoom-Nikkor 3.5-4.5/35-135 mm

AF-Zoom-Nikkor 3.5-4.5/35-135

Brennweiten: 35 - 135 mm
Bildwinkel: 62° - 18°
Blenden: 3.5 bis 22
Distanzskala: ∞ - 1.50 m, mit Naheinstellung 40 cm.
Linsen/Gruppen: 15/12
Filtergewinde: 62 mm
Erscheinungsjahr: 1986
Gewicht: 685 g

Noch kompaktes Schiebezoom mit einer deutlich markierten Naheinstellung bis zu 40 cm. Griffgünstig angebrachte und gut greifbare Scharfstelleinheit im oberen Teil des AF-Nikkors. Geringfügig anderer optischer Aufbau und 85 Gramm schwerer als das 35-135 für die konventionelle Scharfeinstellung.
AF-Zoom-Nikkor 3.5-4.5/35-135 mm: BCO 04 332.

AF-Zoom-Nikkor 3.5-4.5/35-135 mm

Zoom-Nikkor 3.5-4.5/35-200

Brennweiten: 35 - 200 mm
Bildwinkel: 62° - 12° 20'
Blenden: 3.5 bis 22
Distanzskala: ∞ - 1.30 m, bei Makroeinstellung 30 cm.
Linsen/Gruppen: 17/13
Filtergewinde: 62 mm
Erscheinungsjahr: 1985
Gewicht: 740 g

Dieses schnell zu handhabende Einringzoom erfüllt den Wunsch nach einem Nikkor mit variabler Brennweite vom leichten Weitwinkelbereich bis zum längeren Tele. Trotz niedriger Lichtstärke überzeugt es bei Aufnahmen im Freien oder dem Einsatz mit dem Blitzgerät. Bei der Makroeinstellung über einen Ring oberhalb der Blendenskala überspringt das Zoom die Mindesteinstellung von 1.30 m und geht herunter auf 30 cm. Maximaler Abbildungsmaßstab 1:4.
Zoom-Nikkor 3.5-4.5/35-200 mm: BCO 04 335.

Zoom-Nikkor 3.5-4.5/35-200 mm

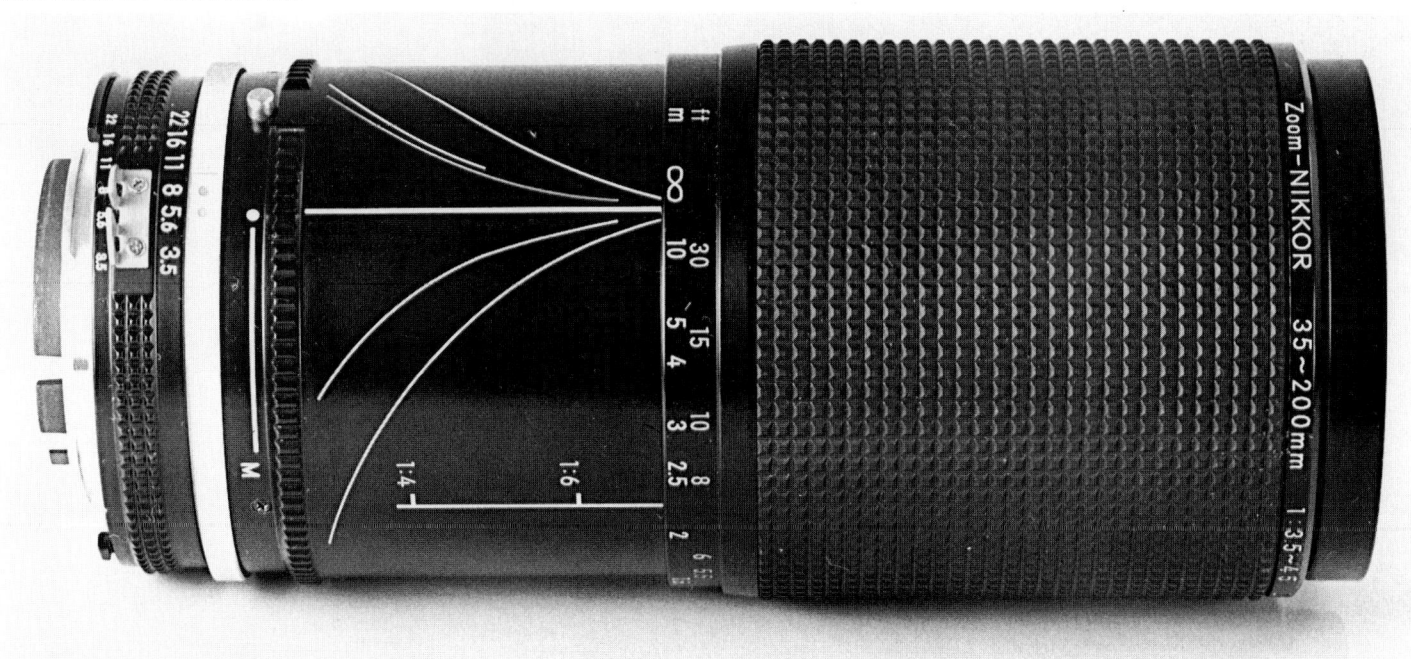

Nikon-Zoom 3.5/36-72 Series-E

Brennweiten: 36 - 72 mm
Bildwinkel: 62° - 33° 30'
Blenden: 3.5 bis 22
Distanzskala: ∞ - 1.20 m
Linsen/Gruppen: 8/8
Filtergewinde: 52 mm
Erscheinungsdatum: Oktober 1981
Gewicht: 380 g

Modernes und kompaktes Nachfolge-Zoom des beliebten 43-86-Nikkor, durchaus vergleichbares Design mit farbigen Tiefenschärfenmarkierungen und identischer Mindesteinstellung. Gleiche Schiebetechnik für die Brennweitenverstellung, als E-Ausführung nicht mit einem Mitnehmerzinken ausgerüstet, sehr preisgünstig bei guter Leistung. Seriennummern ab 180 0701.
Nikon-Zoom 3.5/36-72 Series-E: BCO 04 317. *250,-*

Nikon-Zoom 3.5/36-72 mm Series-E

Zoom-Nikkor 3.5/43-86

Brennweiten: 43 - 86 mm
Bildwinkel: 53° - 28°30'
Blenden: 3.5 bis 22
Distanzskala: ∞ - 1.20 m
Linsen/Gruppen: 9/7
Filtergewinde: 52 mm
Erscheinungsdatum: Februar 1963
Gewicht: 410 g

Nikon sammelte Erfahrungen mit diesem Objektiv durch die Spiegelreflexkamera Nikkorex-Zoom, die ein Jahr vorher (1962) auf den Markt kam. Sie hatte dieses grobgehobelte Vario-Nikkor als Drehzoom fest eingebaut. Die Abbildungsleistung war nicht berühmt, trotzdem kam es bei den Amateur-Fotografen gut an. Dieses neue Wechselobjektiv erschien in einer sehr schönen und hervorragend verarbeiteten Ausgabe als Schiebezoom - auch damit hatte Nikon Verkaufserfolge und behielt dieses Objektiv lange im Programm. Der erste Typ (ab Seriennummer 438 611) hatte den damals gebräuchlichen geriffelten Blendenring und eine sauber ausgelegte, farbig gravierte Schärfentiefenskala, seitlich vermerkte das Werk noch die Brennweiteneinstellungen. In einem guten Zustand und mit der Gravur Nippon Kogaku gehört es in die Nikon-Sammlung und bewährt sich immer noch als flexibles Gebrauchsobjektiv.
Zoom-Nikkor 3.5/43-86 mm: BCO 04 341-1.

1974 wurde das beliebte Nikon-Zoom minimal verändert. Der silberne Filterring verschwand, bis auf den Greifring hatte das 43-86 Typ 2 ein schwarzes Finish. Seriennummer ab 570 001.
Zoom-Nikkor 3.5/43-86 mm (Typ 2): BCO 04 341-2.

Als Neurechnung mit elf Linsen in acht Gruppen wurde das Mini-Zoom ab 1976 weitergebaut. Seriennummern dieses Typs ab 774 071.
Zoom-Nikkor 3.5/43-86 mm (Typ 3): BCO 04 341-3.

Mit der AI-Anpassung ab Seriennummer 810 001, vorgenommen 1977, wanderten die Objektivdaten auf den Außenrand der Einstellfassung. Dazu kam ein Diamantschliff-Blendenring und eine anders gearbeitete Scharfstellfläche.
Zoom-Nikkor 3.5/43-86 mm AI: BCO 04 341-4.

Für die US-Navy baute Nikon die F-Spezialkamera KS 80-A. Ausgerüstet wurde diese Motorkamera mit einem Nikkor 3.5/43-86 mit Entfernungsfeststeller.
Zoom-Nikkor 3.5/43-86 mm (US-Navy): BCO 04 641.

Zoom-Nikkor 3.5/43-86 mm (erste Version)

Zoom-Nikkor 3.5/43-86 mm (US-Navy)

Zoom-Nikkor 3.5/50-135

Brennweiten: 50 - 135 mm
Bildwinkel: 46° - 18°
Blenden: 3.5 bis 32
Distanzskala: ∞ bis 1.30 m
Linsen/Gruppen: 16/13
Filtergewinde: 62 mm
Erscheinungsdatum: Dezember 1982
Gewicht: 700 g

Auf der photokina 1982 konnte Nikon dieses kurz gebaute Schiebezoom für die Überbrückung vom Standardbereich bis zum leichten Tele vorstellen. Eine breite und griffige Einstellfläche, die farbig ausgelegte Schärfentiefenskala und ein silberner Greifring für den schnellen Objektivwechsel gehören zur Ausstattung. Ab Seriennummer 811 001.
Zoom-Nikkor 3.5/50-135 mm: BCO 04 342.

Zoom-Nikkor 3.5/50-135 mm

Zoom-Nikkor 4.5/50-300

Brennweiten: 50 - 300 mm
Bildwinkel: 46° - 8°10'
Blenden: 4.5 bis 22
Distanzskala: ∞ - 2.50 m
Linsen/Gruppen: 20/13
Filtergewinde: 95 mm
Erscheinungsjahr: 1966
Gewicht: 2.3 kg

Dieses erste Fünffach-Zoomobjektiv der Weltproduktion ließ die Fachleute aufhorchen. Nikon bevorzugte hier die Bauweise als Drehzoom mit zwei Einstellringen, eine vollautomatische Springblende ist eingebaut, dazu kommt der Mitnehmerzinken und ein drehbarer Stativanschluß mit Gurtbefestigung. Die Brennweitenmarkierungen sind unterhalb des Zoomringes eingraviert.

Die erste Version bekam einen breiten, silbernen Frontring mit außenstehenden Objektivdaten, die Mindestdistanz beträgt 2.50 Meter. Als optischer Meilenstein in der Objektiventwicklung auch als Sammelobjekt interessant, immer noch hoher Gebrauchswert. Seriennummer ab 740 101.
Zoom-Nikkor 4.5/50-300 mm: BCO 04 343-1. 1.200,-

Typ 2 (1975) veränderte sich nur geringfügig, das Zweiringzoom wurde jetzt komplett in einem mattschwarzen Design angeboten. Seriennummer ab 770 401.
Zoom-Nikkor 4.5/50-300 mm (Typ 2): BCO 04 343-2. 1.200,-

Die dritte Bauart kam 1977 ab Nummer 980 001 mit in die AI-Veränderung. Neue Fassungen für Zoomring und Einstellfassung, optisch und technisch gleicher Typ wie Vorgänger.
Zoom-Nikkor 4.5/50-300 AI: BCO 04 343-3. 1.200,-

Als völlig neues Objektiv (1977) setzte das 15linsige 4.5/30-300 ED Maßstäbe für die Abbildungsleistung von Vario-Objektiven, es gilt immer noch weltweit als das Referenzobjektiv unter den Zoom-Objektiven mit einer großen Brennweitenbrücke. Während die Brennweitenveränderung in bisherigen Varios durch eine Verstellung der Vorderglieder erreicht wurde, wird sie beim ED 50-300 durch eine Verschiebung der mittleren Baugruppen erreicht. Dadurch ergibt sich auch eine Verringerung der Baulänge um 45 Millimeter. Mattschwarzes Äußeres mit einem ED-Goldring als Unterscheidungsmerkmal auf der Vorderlinsenfassung, Nummerngravur ab 175 111, breiter Stativring mit Feststellschraube und Tragering. Kleinste Blende 32, Gewicht 2.2 kg.
Zoom-Nikkor 4.5/50-300 mm ED: BCO 04 344-1. 2.200,-

1982, ab Seriennummer 183 001, lieferte Nikon das 4.5/50-300 ED als AIS-Nikkor. Weitere Gewichtsverringerung auf 1950 Gramm.
Zoom-Nikkor 4.5/50-300 mm ED AIS: BCO 04 344-2.

Zoom-Nikkor 4.5/50-300 mm (erste Version)

Zoom-Nikkor 4.5/50-300 ED

Nikon-Zoom 4/70-210 Series-E

Nikon-Zoom 4/70-210 Series-E

Brennweiten: 70 - 210 mm
Bildwinkel: 34° 20' - 11° 50'
Blenden: 4 bis 32
Distanzskala: ∞ - 1.50 m, in Makrostellung bis 56 cm.
Linsen/Gruppen: 13/9
Filtergewinde: 62 mm
Erscheinungsdatum: März 1982
Gewicht: 730 g

Leicht zu handhabendes Schiebezoom mit einer vertretbaren Lichtstärke und getrennter Naheinstellung zur Annäherung an das Objekt bis herunter auf 56 cm. Die NIC-Mehrschichtenvergütung bringt guten Kontrast und brillante Ergebnisse - es ist die ökonomische Zoom-Alternative für den Telebereich. Kein Blendenmitnehmerzinken für die älteren Nikon-Kameras angebaut. Serienstart mit der Objektivnummer 200 0001.
Nikon-Zoom 4/70-210 Series-E: BCO 04 351. *350,-*

AF-Zoom-Nikkor 4/70-210

Brennweiten: 70 - 210 mm
Bildwinkel: 34° 20' - 11° 50'
Blenden: 4 bis 32
Distanzskala: ∞ - 1.50 m, mit Naheinstellung 1.10 m.
Linsen/Gruppen: 13/9
Filtergewinde: 62 mm
Erscheinungsjahr: 1986
Gewicht: 760 g

Dieses AF-Tele-Zoom erschien zusammen mit der F-501. Das Drehzoom bekam einen extrem breiten Brennweiten-Verstellring und in einem krassen Gegensatz dazu einen sehr schmalen Ring für die manuelle Fokusabstimmung - Nikon setzte mit diesem Vario konsequent auf den Autofokusbetrieb. Die Meter- und Feetskala kann in einem schmalen Sichtfenster kontrolliert werden.
AF-Zoom-Nikkor 4/70-210 mm: BCO 04 352.

AF-Zoom-Nikkor 4/70-210 mm

AF-Zoom-Nikkor 4-5.6/70-210

Brennweiten: 70 - 210 mm
Bildwinkel: 34° 20' - 11° 50'
Blenden: 4 bis 32
Distanzskala: ∞ - 1.50 m, bei Naheinstellung 1.20 m.
Linsen/Gruppen: 12/9
Filtergewinde: 62 mm
Erscheinungsjahr: 1986
Gewicht: 590 g

Ein leichtes Schiebezoom mit nur mäßiger Lichtstärke "für den kleinen Etat". Getrennte Ringe für Enfernungseinstellung und Brennweitenveränderung. Die Naheinstellung reduziert die einstellbare Mindestdistanz von 1.50 auf 1.20 Meter. Die Ausstattung und das Design entsprechen der AF-Objektivserie.
AF-Zoom-Nikkor 4-5.6/70-210 mm: BCO 04 353.

AF-Zoom-Nikkor 4-5.6/70-210 mm

Nikon-Zoom 3.5/75-150 Series-E

Brennweiten: 75 - 150 mm
Bildwinkel: 31° 40' - 17°
Blenden: 3.5 bis 32
Distanzskala: ∞ - 1 m
Linsen/Gruppen: 12/9
Filtergewinde: 52 mm
Erscheinungsdatum: Mai 1980
Gewicht: 520 g

Sehr leichtes und kompaktes Schiebezoom aus der Serie E mit ausgezeichneter Schärfeleistung und akzeptabler Lichtstärke als Ergänzung für den wichtigen Bereich der kurzen und mittleren Telebrennweiten. Interessantes Preis-/Leistungsverhältnis. Seitliche Brennweitengravuren für 75, 100 und 150 mm. Wie alle E-Objektive ohne Blendenmitnehmerzinken ausgestattet. Günstige Mindestdistanz von einem Meter und Abblendmöglichkeit bis zum Wert 32. Serienbeginn mit der Nummer 179 0801.
Nikon-Zoom 3.5/75-150 mm Series-E: BCO 04 354-1. *280,-*

Das 75-150 erfuhr 1981 (ab Nummer 189 0001) eine Neubearbeitung als AIS-Objektiv. Durch eine geänderte Fassung ergaben sich weniger Innenreflexionen. Ansonsten gleicht es dem Vorgänger.
Nikon-Zoom 3.5/75-150 mm Series-E AIS: BCO 04 354-2. *300,-*

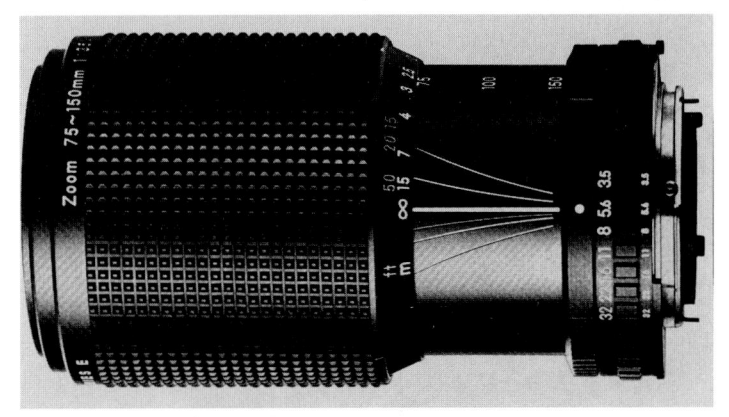

Nikon-Zoom 3.5/75-150 mm Series-E

Reflex-Zoomobjektive

AF-Zoom-Nikkor 4.5-5.6/75-300

Brennweite: 75 - 300 mm
Bildwinkel: 31° 40' - 8° 10'
Blenden: 4.5 bis 22
Distanzskala: ∞ - 3 m
Linsen/Gruppen: 13/11
Filtergewinde: 72 mm
Erscheinungsjahr: 1989
Gewicht: 850 g

Preisgünstiges Schiebezoom mäßiger und variabler Lichtstärke (4.5 bei 75 mm, Blende 5.6 bei 300 mm). Es ist ideal für Schnappschüsse mit mittel- und hochempfindlichen Filmen und für die Urlaubsfotografie. Breiter Ring zur Verstellung der Brennweiten, zweite Einstelleinheit darüber nur für die manuelle Entfernungseinstellung. Angebauter, verstellbarer Stativring in robuster Ausführung für Hoch- und Querformataufnahmen. Blendenfeststellknopf über einen Schieber arretierbar.
AF-Zoom-Nikkor 4.5-5.6/75-300 mm: BCO 04 355.

AF-Zoom-Nikkor 4.5-5.6/75-300 mm

Zoom-Nikkor 2.8/80-200 ED (Prototyp)

Brennweiten: 80 - 200 mm
Bildwinkel: 30° 10' - 12° 20'
Blenden: 2.8 bis 32
Distanzskala: ∞ - 2.50 m
Linsen/Gruppen: 12/9
Filtergewinde: 86 mm
Erscheinungsjahr: 1978
Gewicht: 1.7 kg

Erstes superlichtstarkes Nikon-Zoom für den sehr gefragten Brennweitenbereich zwischen 80 und 200 Millimetern. Dieses Drehzoom wurde für noch bessere Abbildungseigenschaften mit ED-Glas ausgerüstet, ein abnehmbarer Stativring wurde angebaut.

Das erste 2.8/80-200 ED blieb Prototyp und photokina-Muster, nur ganz wenige Objektive sind in den Verkauf gelangt!

Zoom-Nikkor 2.8/80-200 ED: BCO 04 369.

Zoom-Nikkor 2.8/80-200 mm ED

Reflex-Zoomobjektive

Zoom-Nikkor 2.8/80-200 ED

Brennweiten: 80 - 200 mm
Bildwinkel: 30° 10' - 12° 20'
Blenden: 2.8 bis 32
Distanzskala: ∞ - 2.50 m
Linsen/Gruppen: 15/11
Filtergewinde: 95 mm
Erscheinungsdatum: Dezember 1982
Gewicht: 1.9 kg

Die Serienversion des 2.8/80-200 erschien als Schiebezoomausführung. Relativ groß und mit fast 2 kg nicht gerade leicht. Deutlich markierter Goldring als Hinweis auf die Verwendung von ED-Glas, dadurch hervorragende Schärfeleistung. Eingebautes und drehbares Stativgewinde und farbig markierte Schärfentiefenskala. Sehr teuer, hervorragend verarbeitet und unter Nikon-Fans bereits jetzt schon ein begehrter Klassiker. In verhältnismäßig kleinen Stückzahlen hergestellt ab der Seriennummer 181 091.
Zoom-Nikkor 2.8/80-200 mm ED: BCO 04 361. *2.200*

Zoom-Nikkor 2.8/80-200 mm ED

AF-Zoom-Nikkor 2.8/80-200 ED

Brennweiten: 80 - 200 mm
Bildwinkel: 30° 10' - 12° 20'
Blenden: 2.8 bis 22
Distanzskala: ∞ - 1.80 m, mit Naheinstellung 1.50 m.
Linsen/Gruppen: 16/11
Filtergewinde: 77 mm
Erscheinungsjahr: 1987
Gewicht: 1.2 kg

Superlichtstarkes Schiebezoom für den AF-Betrieb mit guten Eigenschaften für die manuelle Benutzung. Durch eingebautes ED-Glas hervorragende Abbildungseigenschaften auch bei Dunst. Durch die eingebaute Naheinstellung Verringerung der Mindestdistanz von 1.80 m auf 1.20 m. Das Zoom ist mit einem Fokussierbereichsring ausgestattet, damit läßt sich der gewünschte Aufnahmebereich grob vorgeben, die AF-Steuerung der Kamera reagiert danach noch schneller. Solide Verarbeitung und robuster Aufbau, für den harten Berufseinsatz bestens geeignet. Ein begehrtes Objektiv, das bei der Vorstellung nur nach langer Wartezeit zu erhalten war.
AF-Zoom-Nikkor 2.8/80-200 mm ED: BCO 04 363.

AF-Zoom-Nikkor 2.8/80-200 mm ED

Reflex-Zoomobjektive

Zoom-Nikkor 4/80-200

Brennweiten: 80 - 200 mm
Bildwinkel: 30° 10' - 12° 20'
Blenden: 4 bis 32
Distanzskala: ∞ - 1.20 m
Linsen/Gruppen: 13/9
Filtergewinde: 62 mm
Erscheinungsdatum: August 1981
Gewicht: 810 g

Grundlegende Verbesserung des legendären und vielverkauften Vorgängers 4.5/80-200, die weiter gesteigerte Lichtstärke auf 4.0 verschafft ein helleres Sucherbild. Selbst bei voller Öffnung vorbildliche Schärfeleistung, Verringerung der kürzesten Aufnahmedistanz auf 1.20 m. Aufgrund der neuen Konstruktion Vergrößerung des Filtergewindes von 52 mm auf 62 mm. Weiß ausgelegte Markierung der Zoombereiche 80, 90, 105, 135 und 200 mm. Serienstart mit der Nummerngravur 180 081.
Zoom-Nikkor 4/80-200 mm: BCO 04 364.

Zoom-Nikkor 4/80-200 mm

Zoom-Nikkor 4.5/80-200

Brennweiten: 80 - 200 mm
Bildwinkel: 30° 10' - 12° 20'
Blenden: 4.5 bis 32
Distanzskala: ∞ - 1.80 m
Linsen/Gruppen: 15/10
Filtergewinde: 52 mm
Erscheinungsdatum: Dezember 1969
Gewicht: 830 g

Dieses Schiebezoom kam als Nachfolgeobjektiv des gewichtigen 85-250 zur photokina 1970 heraus. Schon bei der Vorstellung wurde es begeistert aufgenommen und elf Jahre lang in großen Stückzahlen produziert. Es erfüllte die Forderungen der Amateure und Professionals nach einem kompakten Vario mit dem 52-mm-Nikon-Filtergewinde. Dieses Tele-Vario brachte hervorragende Abbildungseigenschaften und garantierte ein präzises Durchfahren der Brennweitenbereiche. Breite und griffige Einstelleinheit, Berg-und-Tal-Blendenring bis zum Wert 32, seitlich eingravierter Brennweitenbereich und sehr schöne Tiefenschärfenskala, farbig ausgelegt. In den siebziger Jahren der Wunschtraum eines jeden Nikon-Fotografen. Erste Seriennummer: 101 911.
Zoom-Nikkor 4.5/80-200 mm: BCO 04 365-1.

1973 lieferte Nikon das Zoom 4.5/80-200 mit einer verbesserten Vergütung, ansonsten keine weiteren Veränderung. Hinweis "C" in der Frontringbeschriftung. Keine Nippon-Kogaku-Bezeichnung, dafür "Nikon". Seriennummer ab 140 001.
Zoom-Nikkor 4.5/80-200 mm (C): BCO 04 365-2.

Typ 3 kam 1975 mit einem Diamantschliff-Blendenring und anders gearbeiteter Armierung für die Scharfeinstelleinheit. Gebaut ab Nummer 210 001.
Zoom-Nikkor 4.5/80-200 mm (Typ 3): BCO 04 365-3.

Die vierte Version wurde als AI-Ausgabe gebaut. Optisch mit den Vorgängern identisch. Seriennummer ab 270 001.
Zoom-Nikkor 4.5/80-200 mm AI: BCO 04 365-4.

1977 (ab Nummer 760 801) lieferte Nippon Kogaku eine Neurechnung dieses beliebten Zoom-Nikkors: Der Zwölflinser bekam die NIC-Mehrschichtenvergütung und garantierte damit für noch bessere Abbildungseigenschaften und ein günstigeres Kontrastverhalten. Eine Lichtschutzblende für die Hinterglieder kam als weitere Neuerung hinzu. Insgesamt unterscheidet sich das verbesserte Objektiv durch einen schlankeren Tubus, weiterhin wurde eine Verringerung des Gewichtes um 80 Gramm erreicht.
Zoom-Nikkor 4.5/80-200 mm (Typ 5): BCO 04 366.

Zoom-Nikkor 4.5/80-200 mm

Zoom-Nikkor 4-4.5/85-250 mm (erste Version)

Schiebezoomausführung des 4-4.5/85-250 mm

Zoom-Nikkor 4-4.5/85-250

Brennweiten: 85 - 250 mm
Bildwinkel: 28° 30' - 10°
Blenden: 4 bis 16
Distanzskala: ∞ - 4 m, mit Nahlinse bis 2.20 m.
Linsen/Gruppen: 15/8
Filtergewinde: 82 mm (Serie 9)
Erscheinungsdatum: November 1959
Gewicht: 1.8 kg

Zusammen mit der F, der ersten Nikon-Spiegelreflexkamera, demonstrierte Nippon Kogaku neben den Nikkoren 2/50, 1.4/58, 2.8/35, 2.5/105 und 3.5/135 auch das erste auswechselbare Zoomobjektiv, das Auto-Nikkor Telephoto Zoom 4-4.5/85-250. Die zuerst gebaute Version wurde allerdings schnell wieder - vermutlich wegen der verwirrenden Handhabung - vom Markt genommen. Fertigungszeitraum: von November 1959 bis April 1961.

Zur Brennweitenverstellung wurde ein Ring verschoben, der durch eine Aussparung die eingestellte Brennweite anzeigt. Die Entfernungseinstellung erfolgte über einen Berg-und-Tal-Ring, der vor dem Schiebering lag. Bedingt durch die Größe bekam das Zoom-Nikkor einen fest angebauten Stativanschluß mit zwei Gewinden für das Hoch- bzw. Querformat. Der Erstling ist bei den Sammlern gesucht, sieht allerdings bei weitem nicht so gefällig aus wie sein Schiebezoom-Nachfolger.

Zoom-Nikkor 4-4.5/85-250 mm: BCO 04 367-1. *1.500,-*

Die zweite Bauart des 4-4.5/85-250 gefiel durch eine saubere Verarbeitung und arbeitete sehr leichtgängig. Über eine große Einstellfläche konnte der Brennweitenbereich verstellt und die Schärfeneinstellung vorgenommen werden. Die Telebereiche 85, 135, 150, 180, 200 und 250 wurden seitlich eingraviert, der Schärfebereich ging von vier Meter bis unendlich, eine mitgelieferte Vorsatzlinse erweiterte die Naheinstellung auf 2.20 m. Zur Bestimmung der Schärfentiefe informierte das Objektiv mit einer sehr schön farbig gravierten, sich nach oben verbreiternden Skala. Breiter, silberner Frontring mit der Aufschrift "Auto-Nikkor Telephoto-Zoom" und den Objektivdaten. Gleicher Stativanschluß wie die Vorgängerausführung, zusätzlich angebaute Zoom-Lock-Schraube für die Brennweitenfixierung. Vorstellung im Dezember 1959. Serienanlauf mit der Nummer 157 901. Gebaut bis Nummer 174 661.

Zoom-Nikkor 4-4.5/85-250 mm (Typ 2): BCO 04 367-2. *900,-*

Typ 3 (ab Nummer 184 711) bekam im September 1969 eine komplett mattschwarze Lackierung und sah der ersten Schiebezoomausführung täuschend ähnlich. Die neue Rechnung verriet sich nur durch die neue Bezeichnung "4/85-250". Nikon veränderte das Zoom durch den Einbau einer zusätzlichen Linse im Frontbereich. Die Blende 4 blieb jetzt bei allen Brennweiten konstant. Letzte Produktionsnummer: 186 262.

Zoom-Nikkor 4/85-250 mm: BCO 04 367-3. *900,-*

Zoom-Nikkor 5.6/100-300

Brennweiten: 100 - 300 mm
Bildwinkel: 24° - 8°
Blenden: 5.6 bis 32
Distanzskala: ∞ - 2 m, mit Makroeinstellung bis 71 cm.
Linsen/Gruppen: 14/10
Filtergewinde: 62 mm
Erscheinungsjahr: 1984
Gewicht: 930 g

Leicht zu bedienendes Schiebezoom mit mäßiger Lichtstärke, ideal für Schnappschüsse unter freiem Himmel. Außergewöhnlich groß dimensionierte Greifeinheit für die Scharfstellung und die Brennweitenverschiebung. Deutlich gekennzeichnete Makro-Nahfokussierung bis 71 cm bei der 100-mm-Brennweiten-Stellung. Eine preisgünstige Ergänzung zu einem lichtstarken Normalobjektiv und einem Weitwinkel-Nikkor. Fertigung ab Seriennummer 183 051.
Zoom-Nikkor 5.6/100-300 mm: BCO 04 371.

5.6/100-300 mm an einer Nikon FA mit Motor MD-15

Zoom-Nikkor 8/180-600 ED

Brennweiten: 180 - 600 mm
Bildwinkel: 13° 40' - 4° 10'
Blenden: 8 bis 32
Distanzskala: ∞ - 2.50 m
Linsen/Gruppen: 18/11
Filtergewinde: 95 mm
Erscheinungsdatum: September 1975
Gewicht: 3.4 kg

Nachfolgetyp des lange gebauten und beliebten 200-600-mm-Nikkor. Dieses leichtgängige Schiebezoom kann mit der kleinsten Blende 8 mit diesen Brennweiten noch als lichtstark bezeichnet werden. Ideal für Sportaufnahmen mit dem Stativ und Aufnahmen von Tieren in freier Wildbahn. Die Ausrüstung mit ED-Gläsern sorgen für sehr gute Abbildungseigenschaften.

Keine automatische Blendenkupplung, Belichtungsabgleich über das Verstellen der Verschlußzeit, L-Bügel für den Stativanschluß. Hergestellt ab der Seriennummer 174 041.

In der ersten Ausgabe noch mit der Herstellerbezeichnung "Nippon Kogaku" versehen, wurde es später mit "Nikon" gekennzeichnet.
Zoom-Nikkor 8/180-600 mm ED: BCO 04 381-1.

Typ 2 (1982, ab Seriennummer 174 701) konnte einen AIS-Anschluß und eine automatische Springblende vorweisen.
Zoom-Nikkor 8/180-600 mm ED AIS: BCO 04 381-2.

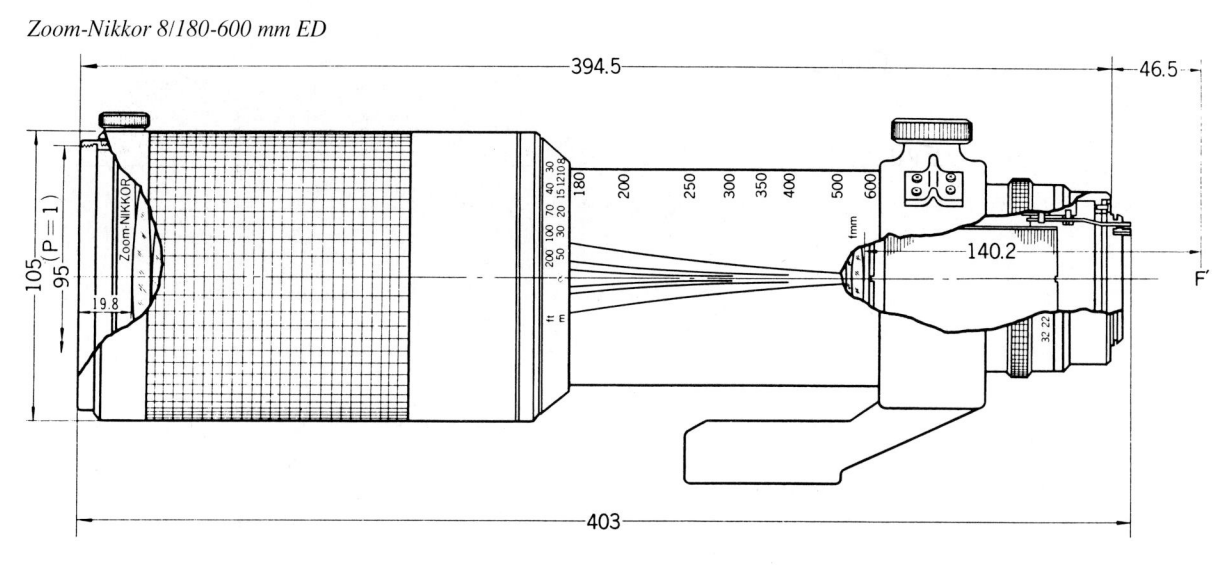

Zoom-Nikkor 8/180-600 mm ED

Zoom-Nikkor 4/200-400 ED

Brennweiten: 200 - 400 mm
Bildwinkel: 12° 20' - 6° 10'
Blenden: 4 bis 32
Distanzskala: ∞ - 4 m
Linsen/Gruppen: 15/10
Filtergewinde: 122 mm
Erscheinungsdatum: Februar 1984
Gewicht: 3.6 kg

Modernes Schiebe-Zoom mit dem Goldring als Kennzeichen für ED-Glas-Verwendung. Robuster L-förmiger Stativanschluß mit Feststellschraube zur schnellen Veränderung für Hochformataufnahmen. Großzügig vorhandener Einstell- und Zoomring mit farbiger Tiefenschärfenskala und gravierten Brennweitenhinweisen für 200, 250, 300, 350 und 400 mm. Mit vier Metern sehr kurze Mindest-Aufnahmedistanz. Hergestellt ab Seriennummer 182 121. Ideal für Tierfotografen.
Zoom-Nikkor 4/200-400 mm ED: BCO 04 382. *4.000,-*

Zoom-Nikkor 4/200-400 mm ED an einer F3HP

Reflex-Zoomobjektive

Zoom-Nikkor 9.5-10.5/200-600

Brennweiten: 200 bis 600
Bildwinkel: 12° 20' - 4° 10'
Blenden: 9.5 bis 32
Distanzskala: ∞ - 4 m, mit Nahvorsatz bis 2.30 m.
Linsen/Gruppen: 13/12
Filtergewinde: 82 mm (Serie 9)
Erscheinungsdatum: September 1961
Gewicht: 2.3 kg

Noch extremeres Zoom-Nikkor aus der Anfangszeit der Nikon F mit variabler Blende und Brennweite. Keine automatische Springblende, massives, schwenkbares Stativgewinde und Zoom-Lock-Schraube. Langer Hinterlinsentubus. Vom vorderen Aufbau vergleichbar mit dem 85-250. Lichtstärken: 9.5 für den Bereich 200-350, 9.8 für 400, 10.2 bei 500 und 10.5 bei 600 mm Brennweite. Mindestdistanz vier Meter (mit beigelieferter Vorsatzlinse Reduzierung auf 2.30 m). Kleinste Blende 32.
Typ 1 mit silbernem Frontring mit den gravierten Objektivdaten. Gebaut ab Nummer 170 111.
Zoom-Nikkor 9.5-10.5/200-600 mm: BCO 04 383-1.

Typ 2 (1970) in mattschwarzer Ausführung, Objektivdaten auf der Frontseite, Gurtbefestigung an der Stativhalterung, bessere Vergütung, mit "C"-Gravur. Ab Nummer 290 001.
Zoom-Nikkor 9.5-10.5/200-600 mm (C): BCO 04 383-2.

1976 wurde das Zoom-Nikkor gründlich überarbeitet (Typ 3, ab Nummer 300 001). Die größten Veränderungen bewegten sich im optischen Aufbau. Nikon baute jetzt in das Zoom 19 Linsen ein, der Vorgängertyp hatte nur 13 Linsen. Dadurch neue Angaben in den Unterlagen und ein Hinweis auf die konstante Blende 9.5 für alle Brennweitenbereiche.
Zoom-Nikkor 9.5-10.5/200-600 mm (Typ 3): BCO 04 383-3.

1982 veränderte Nikon den Bajonettanschluß des Zooms in Richtung AIS. Bestimmbar ab Seriennummer 305 001.
Zoom-Nikkor 9.5-10.5/200-600 mm AIS: BCO 04 383-4.

Zoom-Nikkor 9.5-10.5/200-600 mm, erste Version.

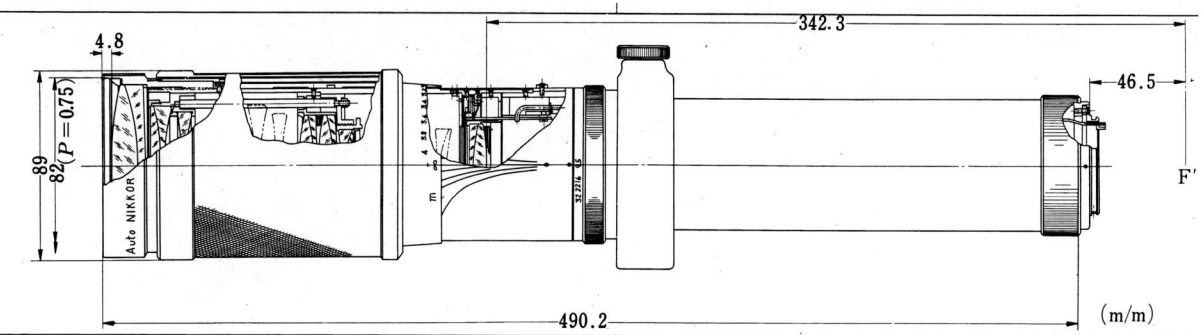

Zoom-Nikkor 11/360-1200

Brennweiten: 360 - 1200
Bildwinkel: 6° 50' - 2°
Blenden: 11 bis 32
Distanzskala: ∞ - 6 m
Linsen/Gruppen: 20/12
Filtergewinde: 122 mm
Erscheinungsdatum: November 1975
Gewicht: 7.9 kg

Bei seinem Erscheinen ein Zoomobjektiv der absoluten Superlative, der Weltrekord bei den variablen Brennweiten. Mit dem kombinierten, extrem großen Zoom- und Schärfering wird ruckfrei der ganze Bereich durchfahren, vier zusätzliche Führungsstifte ermöglichen ein besonders schnelles Arbeiten. Gute Kontrastleistung und sehr gute Farbsättigung durch den Einbau von ED-Glas. Ein Spezial-Nikkor mit zwanzig Linsen für die wissenschaftliche Arbeit und bei der Beobachtung von scheuen Wildtieren. Geringster Entfernungsbereich sechs Meter. Robuster L-förmiger Stativanschluß, schmale und farbig ausgelegte Tiefenschärfenskala, Belichtungsabgleich durch Verstellen der Verschlußzeit. Ein Beweis für die Marktführerschaft von Nikon bei der Herstellung von Objektiven. Serienanlauf mit Nummer 174 031.
Zoom-Nikkor 11/360-1200 mm ED: BCO 04 384.

Im März 1982 (ab Seriennummer 174 701) baute Nikon in das Super-Zoom eine Innenfokussierung ein. Dadurch ließ sich das gewichtige Objektiv leichter handhaben. Gleichzeitig erfolgte die Anpassung an das AIS-Programm.
Zoom-Nikkor 11/360-1200 mm IF-ED: BCO 04 385.

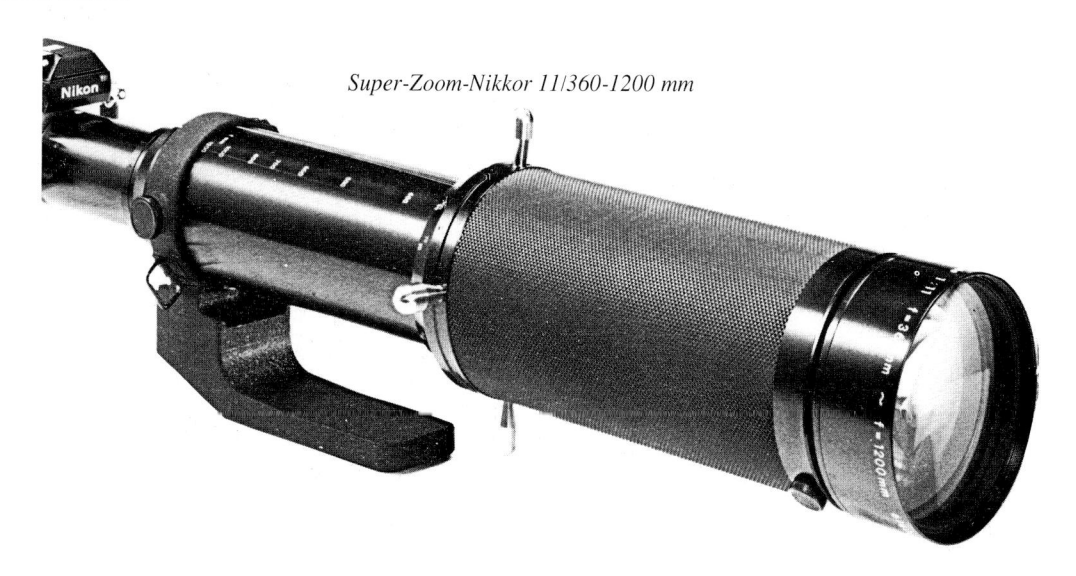

Super-Zoom-Nikkor 11/360-1200 mm

5.
Nikkor-Objektive für Zenza-Bronica-Mittelformatkameras

Nikkor-Objektive für Zenza-Bronica

Nikon lieferte für die Zenza Bronica Industries in Habashi-ku (Tokyo) eine komplette Baureihe von Nikkor-Objektiven vom 40-mm-Superweitwinkel bis zum 1200-mm-Ferntele. Diese Objektive konnten mit den Bronica-Schlitzverschlußkameras DeLuxe, S, S2, S2A, C, EC, EC-TL und EC-TL II verwendet werden.

Für die Zenza Bronica-Kameras mit Schlitzverschluß lieferte das Kamerawerk neben den Nikkor-Objektiven auch eine Objektivserie mit der Bezeichnung "Zenzanon". Diese Objektive hatten das gleiche äußere Design und die Verarbeitung wie die Nikkore. Die Reihe umfaßte die Zenzanon-Objektive 4/40, 2.8/50, 2.8/75, 2.4/80, 2.8/100, 3.5/135, 3.5/200 und 4.5/300.

Drei Bronica-Generationen mit Nikkor-Objektiven

6x6-Nikkor 4/40 mm

6x6-Nikkor 4/30

Brennweite: 30 mm
Bildwinkel: 180°
vergleichbare Brennweite in Kleinbild: 16 mm
Blenden: 4 bis 22
Distanzskala: ∞ - 47 cm
Linsen/Gruppen: nicht bekannt
Filter: eingebaut
Gewicht: nicht bekannt

Zenza Bronica plante ab der photokina 1974 die Serienproduktion eines Nikkor-Fischaugenobjektivs mit der spektakulären Brennweite von 30 Millimetern und eingebauten Filtern. Es blieb bei einer Vorankündigung, das Objektiv ging nicht in die Fertigung und blieb Prototyp.
6x6-Nikkor 4/30 mm: BCO 05 011.

6x6-Nikkor 4/40

Brennweite: 40 mm
Bildwinkel: 90°
vergleichbare Brennweite in Kleinbild: 21 mm
Blenden: 4 bis 22
Distanzskala: ∞ - 27 cm
Linsen/Gruppen: 10/8
Filtergewinde: 90 mm
Gewicht: 430 g

Ein Superweitwinkel mit großer Frontfläche für die Reportage und die Fotografie in Innenräumen. Auch in der kreativen Werbefotografie sehr beliebt.
6x6-Nikkor 4/40 mm: BCO 05 015.

Nikkor-Objektive für Zenza-Bronica

6x6-Nikkor 2.8/50

Brennweite: 50 mm
Bildwinkel: 77°
vergleichbare Brennweite in Kleinbild: 28 mm
Blenden: 2,8 bis 22
Distanzskala: ∞ - 33 cm
Linsen/Gruppen: 8/7
Filtergewinde: 77 mm
Gewicht: 450 g

Das lichtstärkste Weitwinkel-Nikkor für die Bronica-Kameras. Ideal für Außenaufnahmen und die Gruppenfotografie.
6x6-Nikkor 2.8/50 mm: BCO 05 021.

6x6-Nikkor 2.8/50 mm

6x6-Nikkor 3.5/50

6x6-Nikkor 3.5/50 mm

Brennweite: 50 mm
Bildwinkel: 77°
vergleichbare Brennweite in Kleinbild: 28 mm
Blenden: 3,5 bis 22
Distanzskala: ∞ - 33 cm
Linsen/Gruppen: 6/6
Filtergewinde: 82 mm
Gewicht: 460 g

Ein sehr flaches Objektiv mit großer Glasfront und einer feinen Rundum-Gravur. Aufschrift: Nikkor-H, 1:3.5 f=5 cm. Gleiche Filtergröße wie die Kleinbild-Zoomobjektive 4/85-250 und 9.5/200-600 mm. Sehr begehrt bei den Sammlern.
6x6-Nikkor 3.5/50 mm: BCO 05 022.

6x6-Nikkor 2.8/75 mm

6x6-Nikkor 2.8/75 HC

6x6-Nikkor 2.8/75

Brennweite: 75 mm
Bildwinkel: 55°
vergleichbare Brennweite in Kleinbild: 45 mm
Blenden: 2.8 bis 22
Distanzskala: ∞ - 60 cm
Linsen/Gruppen: 5/4
Filtergewinde: 67 mm
Gewicht: 230 g

Preisgünstiges Standardobjektiv bei den Zenza-Bronica-Kameras der de-Luxe-, S- und EC-Baureihe. In die Kamera eingesetzt, ist das Nikkor-P sehr kompakt. Schmaler Blendenring mit zwei Greifeinheiten zur schnelleren Einstellung. Tiefliegende, gut gegen Streulicht gesicherte Frontlinse. Erste Ausführung (Nikkor-P) mit der Objektivherstellerbezeichnung Nippon Kogaku und der Brennweitengravur in Zentimetern (2.8/7.5 cm).
6x6-Nikkor 2.8/75 mm: BCO 05 031-1.

Zweite Ausführung des Nikkor-P mit der Objektivherstellerbezeichnung Nikon und dem Brennweitenhinweis in Millimetern.
6x6-Nikkor 2.8/75 mm: BCO 05 031-2.

Eine dritte Ausführung bekam den Hinweis 2.8/75 PC. Das C stand jetzt für eine neue, streulichtmindernde Vergütung für kontrastreichere Bilder.
6x6-Nikkor 2.8/75 mm: BCO 05 031-3.

Mit dem Erscheinen der Zenza Bronica EC-TL lieferte Nikon ein besser vergütetes Normal-Nikkor 2.8/75 mit der Bezeichnung Nikkor-H.C. H steht nach der griechischen Zahlenbezeichnung für die Anzahl der Linsen (Hex = sechs Elemente), C erklärte die neue Vergütung. Auffällig an diesem neuen Normalobjektiv ist die bedeutend größere Frontlinse im Vergleich zum bisher angebotenen 2.8/75. Es ist dem Zenzanon 2.4/75 mm sehr ähnlich.
6x6-Nikkor 2.8/75 mm: BCO 05 032.

6x6-Nikkor 2.8/75 (Zentralverschluß)

Brennweite: 75 mm
Bildwinkel: 55°
vergleichbare Brennweite in Kleinbild: 45 mm
Filtergewinde: 67 mm
Weitere Daten sind nicht bekannt.

Auf der photokina 1974 angekündigtes und in Serie gegangenes Normalobjektiv mit eingebautem Zentralverschluß. Speziell geeignet für die Reportagefotografie und Studioarbeit mit Blitzlicht.
6x6-Nikkor 2.8/75 (Zentralverschluß): BCO 05 035.

6x6-Nikkor 3.5/100

Brennweite: 100 mm
Bildwinkel: 41°
vergleichbare Brennweite in Kleinbild: 55 mm
Blenden: 3.5 bis 32
Distanzskala: ∞ - 1.20 Meter
Linsen/Gruppen: 4/3
Filtergewinde: 67 mm
Gewicht: 540 g

Leichtes Tele-Nikkor mit eingebautem Zentralverschluß für die Blitzfotografie mit allen Verschlußzeiten. Interessant für den Einsatz mit den schnelleren Zeiten an der S-Baureihe (nur 1/15 Sekunde) und bei den EC-Kameras (hier als schnellste Synchrozeit 1/60 s). Gilt in beiden Fällen für Elektronenblitz. Als kameraunabhängiger Verschlußtyp wurde ein Seiko-SL Nr. 0 eingebaut. Synchro-Auswahlvorrichtung zwischen M und X, eingebauter mechanischer Selbstauslöser, vollautomatische Springblende mit manueller Abblendvorrichtung.
6x6-Nikkor 3.5/100 mm: BCO 05 041.

6x6-Nikkor 3.5/100 mm

6x6-Nikkor 3.5/135

6x6-Nikkor 3.5/135 mm

Brennweite: 135 mm
Bildwinkel: 33°
vergleichbare Brennweite in Kleinbild: 70 mm
Blenden: 3.5 bis 22
Distanzskala: ∞ - 1.60 Meter
Linsen/Gruppen: 4/3
Filtergewinde: 67 mm
Gewicht: 410 g

Leichtes und noch kompaktes Teleobjektiv aus der Objektiv-Anfangsserie. Breiter Greifring für den Objektivwechsel und silberner Frontring, nur mit der Gravur Nippon Kogaku und einem Brennweitenhinweis in Zentimeter ausgeliefert. Später durch das Zenzanon 3.5/150 ersetzt.
6x6-Nikkor 3.5/135 mm: BCO 05 045.

Nikkor-Objektive für Zenza-Bronica

6x6-Nikkor 4/200 mm

6x6-Nikkor 4/200

Brennweite: 200 mm
Bildwinkel: 21°
vergleichbare Brennweite in Kleinbild: 110 mm
Blenden: 4 bis 32
Distanzskala: ∞ - 3.30 m (bei Verwendung der Vorsatzlinse Reduzierung auf 1.85 m).
Linsen/Gruppen: 5/5
Filtergewinde: 67 mm
Gewicht: 550 g

Ideales Teleobjektiv für die Landschafts- und Modefotografie. Schmaler Blendenring an der unteren Seite, feiner silberner Filterring und eingebaute Sonnenblende mit Diamantschliff-Überzug. Der erste Typ wurde nur mit der Objektivhersteller-Gravur Nippon Kogaku ausgeliefert.
6x6-Nikkor 4/200 mm: BCO 05 051-1.

Typ 2 ist erkennbar an der Bezeichnung Nikon statt Nippon Kogaku, der Diamantschliff-Überzug auf der Sonnenblende fehlt.
6x6-Nikkor 4/200 mm: BCO 05 051-2.

6x6-Nikkor 4/250 mm

6x6-Nikkor 4/250

Brennweite: 250 mm
Bildwinkel: 10°
Vergleichbare Brennweite in Kleinbild: 135 mm
Blenden: 4 bis 32
Distanzskala: ∞ - 3 m
Linsen/Gruppen: 4/3
Filtergewinde: 68 mm
Erscheinungsjahr: 1959
Gewicht: 900 g

Für die erste Bronica de Luxe lieferte Nippon Kogaku dieses lichtstarke Teleobjektiv mit Vorwahlblende. Als Besonderheit wurde innerhalb der Scharfstelleinheit ein ausklappbarer Hebel eingelassen, damit sich das Objektiv schneller fokussieren ließ.
6x6 Nikkor 4/250 mm: BCO 05 055.

Nikkor-Objektive für Zenza-Bronica

6x6-Nikkor 5.6/300

Brennweite: 300 mm
vergleichbare Brennweite in Kleinbild: 180 mm
Blenden: 5.6 bis 32
Andere Daten sind nicht bekannt.

Das auf der photokina 1974 angekündigte neue und kompakte 5.6/300 Tele-Nikkor wurde in einem Prospekt für die EC-TL abgebildet und angeboten, ging aber leider nicht in die Serienproduktion. Es wäre das langbrennweitigste 6x6-Nikkor ohne Einstellstutzen geworden. Das seltene Teleobjektiv erhielt einen breiten Greifring mit Diamantschliff und eine eingebaute Sonnenblende. Vom Design ist es mit dem ersten Kleinbild-180er zu vergleichen.
6x6-Nikkor 5.6/300 mm: BCO 05 061.

Erste Nikkor-Objektivserie für Zenza Bronica

6x6-Nikkor 4.5/400

Brennweite: 400 mm
Bildwinkel: 10°
vergleichbare Brennweite in Kleinbild: 300 mm
Blenden: 4.5 bis 22
Distanzskala: ∞ - 5 Meter
Linsen/Gruppen: 4/4
Filtergewinde: 122 mm
Gewicht: 3.4 kg

Das verhältnismäßig lichtstarke Vierhunderter wurde aus dem Nikkor-Objektivprogramm für die Nikon F ausgewählt und für die Mittelformat-Bronica angepaßt. Die Gravur auf dem Stutzen lautet: "Nikon JAPAN for BRONICA". Ein drehbarer Stativring und robuste Halteringe für den Tragegurt sind angebaut. Frühe Versionen sind an dem hellen Entfernungs-Einstellring erkennbar. Eingebaute, ausziehbare Sonnenblende.
6x6-Nikkor 4.5/400 mm: BCO 04 453-50.

Nikkor-Objektive für Zenza-Bronica

Nikkor 5.6/600, davor S2A mit Nikkor 3.5/135.

6x6-Nikkor 5.6/600

Brennweite: 600 mm
Bildwinkel: 7°
vergleichbare Brennweite in Kleinbild: 350 mm
Blenden: 5.6 bis 22
Distanzskala: ∞ - 11 Meter
Linsen/Gruppen: 5/4
Filtergewinde: 122 mm
Gewicht: 3.8 kg

Ebenfalls aus dem Nikkor-Programm für die F ausgewählt. Im Design und der Ausstattung mit dem 4.5/400 vergleichbar.
6x6-Nikkor 5.6/600 mm: BCO 04 472-50.

6x6-Nikkor 8/800

Brennweite: 800 mm
Bildwinkel: 5° 30'
vergleichbare Brennweite in Kleinbild: 500 mm
Blenden: 8 bis 64
Distanzskala: ∞ - 19 Meter
Linsen/Gruppen: 5/2
Filtergewinde: 122 mm
Gewicht: 4.2 kg

Ausschließlich mit dem Stativ benutzbares "Long-focus-Nikkor", wie das 400 und 600 mm. Bis auf den Anschluß vergleichbar mit der Kleinbild-Version für die Nikon F.
6x6-Nikkor 8/800 mm: BCO 04 477-50.

6x6-Nikkor 11/1200

Brennweite: 1200 mm
Bildwinkel: 3° 40'
vergleichbare Brennweite in Kleinbild: 800 mm
Blenden: 11 bis 64
Distanzskala: ∞ - 43 Meter
Linsen/Gruppen: 5/2
Filtergewinde: 122 mm
Gewicht: 5 kg

Längstes Nicht-Spiegel-Objektiv aus dem Nikkor-Programm, angepaßt über Einstellstutzen für das Bajonett der Zenza-Bronica-Schlitz-verschlußkameras. Für die Brennweite noch verhältnismäßig leicht und wie das 400, 600 und 800 durch das Herausdrehen des Einstellstutzens in zwei Teile trennbar.
6x6-Nikkor 11/1200 mm: BCO 04 493-50.

6.
Kameras mit fest eingebauten Nikkor-Objektiven

Nikon L35AF, Modell 2.

Nikon L35AD

Nikon-Mini-Autofokuskameras

Nikon L35AF

Erste Mini-Autofokus-Kamera von Nikon, gestylt von Giugiaro. Die Filmeinfädelung, der Filmtransport und die Rückspulung erfolgen motorisch. Fokusfeststeller, Gegenlichttaste, automatische Blitzzuschaltung bei schwachem Licht, Filmempfindlichkeitseinstellung manuell ohne DX. Sehr schöne Weichleder-Kameratasche! Einzige interessante AF-Kamera für Nikon-Sammler.

Nikon L35AF, Modell 1 mit Einstellung von 25 bis 400 ISO:
 BCO 06 101-1. 150,-

Nikon L35AF, Modell 2 mit Einstellung von 50 bis 1000 ISO:
 BCO 06 101-2. 180,-

Nikon L35AD

Daten-Version der L35AF mit der Möglichkeit, Zeitdaten einzubelichten, entweder den Kalender (Jahr, Monat, Tag), den 24-Stunden-Tag (Tag, Stunde, Minute) oder die 12-Stunden-Zeit (AM/PM, Stunde, Minute).
Nikon L35AD: BCO 06 101-5. 220,-

Nikon-Mini-Autofokuskameras

Nikon L135AF

Preiswerte AF-Kamera mit drei wählbaren Einstellungen für 100, 400 und 1000 ISO sowie einem zuschaltbaren Blitz, Objektiv 3.5/35 mm mit Schutzschieber, Verschlußzeiten von 1/8 bis 1/430 Sekunden.
Nikon L135AF: BCO 06 102-1. 150,-

Gleiches Modell wie oben beschrieben, aber mit grellrotem Gehäuse und weißer Beschriftung.
Nikon L135AF, rotes Gehäuse: BCO 06 102-2. 170,-

Nikon Nice-Touch

US-Ausgabe der L135AF.
Nikon Nice-Touch: BCO 06 102-7. 150,-

Nikon L135AF

Nikon L35AF-2

Verbessertes Modell mit DX-Steuerung, bei Kameraaktivierung wird automatisch der Objektivschutzdeckel freigegeben.
Nikon L35AF-2: BCO 06 103-1. 180,-

Nikon One-Touch

Amerikanische L35AF-2-Version.
Nikon One-Touch: BCO 06 103-7. 180,-

Nikon L35AD-2

Gleiche Kamera wie L35AF-2, aber mit integriertem Kalender und Quarzuhr mit Einbelichtungsmöglichkeit von Jahr, Monat und Tag oder der Uhrzeit.
Nikon L35AD-2: BCO 06 103-5. 220,-

Nikon One-Touch Quartz-Date

Amerikanische Ausgabe der L35AD-2 mit Datenrückteil.
Nikon One-Touch Quartz-Date: BCO 06 103-8. 220,-

Nikon-Mini-Autofokuskameras

Nikon L35TW-AF

Nikon L35AWAF

Nikon L35TW-AF

Erste Sucherkamera mit einem stufenlosen AF-System, Umschaltmöglichkeit vom 5.6/65-Tele auf 3.5/38-Weitwinkel (aufwendiges Konversions-Linsensystem/superscharfe HR-LD-Linsen), Naheinstellung bis 40 cm, viele LCD-Sucherinformationen und Warnanzeige bei zu geringem Aufnahmeabstand, Blitzreichweitenanzeige, Schärfespeicherung, Filmtransport und -Ladekontrolle.
Nikon L35TW-AF: BCO 06 110-1. 300,-

Nikon Tele-Touch

Amerikanische Exportvariante der L35TW-AF.
Nikon Tele-Touch: BCO 06 110-7. 300,-

Nikon L35TW-AD

Schwestermodell der TW-AF mit Datenrückwand und präziser Uhr, belichtet wahlweise Jahr/Monat/Tag, Monat/Jahr/Tag, Tag/Monat/Jahr oder Stunde/Minute in den SW-, Color- oder Diafilm.
Nikon L35TW-AD: BCO 06 110-5. 340,-

Nikon Tele-Touch Quartz-Date

Für den US-Markt gelieferte Ausführung der L35TW-AD.
Nikon Tele-Touch Quartz-Date: BCO 06 110-8. 340,-

Nikon L35AW-AF

AF-Allwetter-Kompaktkamera mit 2.8/35-Nikon-Objektiv für Tauchtiefen bis zu drei Metern (unter Wasser manuelle Scharfstellung), motorische Steuerung aller wichtigen Funktionen, Verschlußzeiten von 1/8 bis 1/430 s, DX-Abtastung von 50 bis 1600 ISO, automatische Blitzzuschaltung mit einer Blitzfolge von ca. sechs Sekunden und Aufhellblitz bei Tageslicht, Schärfespeicherung, Warnung vor zu geringer Aufnahmedistanz, Selbstauslöser, Leuchtrahmensucher mit Parallaxen-Markierung, 485 Gramm Gewicht. Als Zubehör wird ein Tragriemen mit Schwimmpolster angeboten. Drei Kamera-Farben lieferbar: schwarz, orange und blau.
Nikon L35AWAF schwarz: BCO 06 115-1.
Nikon L35AWAF orange: BCO 06 115-2.
Nikon L35AWAF blau: BCO 06 115-3.

Nikon Action-Touch

Variante der Nikon Inc. USA für die Allwetter-Autofokuskamera L35AW-AF.
Nikon Action-Touch: BCO 06 115-7.

Nikon L35AW-AD

Gleiche Bauart wie L35AW-AF, aber mit Datenrückwand mit Informationen über Jahr/Monat/Tag oder Stunden/Minuten, eingebaute 24-Stunden-Uhr.
Nikon L35AW-AD schwarz: BCO 06 116-1.
Nikon L35AW-AD orange: BCO 06 116-2.
Nikon L35AW-AD blau: BCO 06 116-3.

Nikon Action-Touch Quartz-Date

Gleiche US-Baureihe, aber mit Datenrückteil.
Nikon Action-Touch Quartz-Date: BCO 06 116-7.

Nikon AF-3

Objektiv 2.8/35, Blitz reduziert bei Nahaufnahmen die Helligkeit, 16-Stufen-Autofokus, Leuchtdioden im Sucher, eingebauter Objektivschutzdeckel, Filtergröße 46 mm, 280 Gramm Gewicht.
Nikon AF-3 schwarz: BCO 06 120-1.
Nikon AF-3 grau mit gelber Aufschrift: BCO 06 120-2.

Nikon New One-Touch

US-Exportversion der Mini-Autofokus-Kamera AF-3.
Nikon New One-Touch: BCO 06 120-7.

Nikon New One-Touch Quartz-Date

Gleiche Kamera, mit angebauter Datenrückwand.
Nikon New One-Touch Quartz-Date: BCO 06 120-8.

Nikon AD-3 Data

Gleiches Modell wie AF-3, aber mit Einbelichtungsmöglichkeit von Datum und Zeit.
Nikon AD-3 Data schwarz: BCO 06 120-5.
Nikon AD-3 grau mit gelber Aufschrift: BCO 06 120-6.

Nikon AF-3

Nikon AD-3

Nikon-Mini-Autofokuskameras

Nikon RF

Nikon RF-2

Nikon RF

Objektiv 3.5/35 mit automatischer Schutzvorrichtung, DX-Steuerung von 64 bis 1600 ISO, Tageslichtblitz, Speicherung der Entfernungseinstellung, zur Kontrolle grüne Leuchtdioden für optimale Schärfe, rote Blitzanzeige, Mindestaufnahmeabstand 95 cm, nur 255 Gramm Gewicht.
Nikon RF: BCO 06 130-1.

Nikon Fun-Touch

Amerikanische Ausgabe der Nikon RF.
Nikon Fun-Touch: BCO 06 130-7.

Nikon RD-Data

Wie Nikon RF, jedoch mit anderer Rückwand, die eine Einbelichtung von Aufnahmedatum und Zeit ermöglicht.
Nikon RD-Data: BCO 06 130-5.

Nikon Fun-Touch Quartz-Date

Gleiche US-Kamera, mit einer Datenrückwand (wie RD).
Nikon Fun-Touch Quartz-Date: BCO 06 130-8.

Nikon RF-2

Preisgünstige Kamera mit einer festen Weitwinkel-Brennweite und automatischer Blitzkorrektur bei Gegenlicht, Schärfespeicher, Naheinstellung bis 65 cm, Objektivabdeckung, Doppelselbstauslöser, AF-Speicher und Blitzbereitschaftsanzeige.
Nikon RF-2: BCO 06 131-1.

Nikon RD-2 Quartz-Date

RD-Version mit quarzgesteuertem Datenrückteil.
Nikon RD-2 Quartz-Date: BCO 06 131-5.

Nikon One-Touch 100

US-Version der RF-2.
Nikon One-Touch 100: BCO 06 131-7.

Nikon One-Touch 100 Quartz

Amerikanische Ausführung der RD-2 mit Datenrückteil.
Nikon One-Touch 100 Quartz: BCO 06 131-8.

Nikon TW-Zoom

Mini-AF mit herausfahrbarem Zoom von 35 bis 80 mm, Serienbildschaltung, Selbstauslöser und Doppelselbstauslöser, manuelle Belichtungskorrektur, Naheinstellung, manuelle Blitzabschaltung, Meßwertspeicherung, LCD-Anzeigeinformation mit Abbildungsgrößenhinweis und Brennweitenskala, Belichtungskorrektur, Warn- und Bereitschaftsanzeigen im Sucher, Taste für vorzeitige Filmrückspulung.
Nikon TW-Zoom: BCO 06 140-1.

Nikon TW-Zoom Quartz-Date

Ausführung der TW-Zoom mit abschaltbarer Daten-Einbelichtungsmöglichkeit.
Nikon TW-Zoom Quartz-Date: BCO 06 140-5.

Nikon Zoom-Touch 500

US-Version der Nikon TW-Zoom.
Nikon Zoom-Touch 500: BCO 06 140-7.

Nikon TW-Zoom

Nikon TW2

Bei der Vorstellung die schmalste AF-Kamera der Welt. Zwei Brennweiten mit motorischer Umschaltung vom Nikkor 3.5/35 auf das 6.8/70-Tele mit angepaßtem Blitzreflektor, zwanzigstufiges AF-System mit Meßwertspeicherung und Warnung bei zu geringer Aufnahmedistanz, schnelle Blitzfolge mit Blitzreichweiten-Warnung, eingebautes Weichzeichner-Filter, Serienbildschaltung - für zwei Bilder programmierbarer, elektronischer Doppel-Selbstauslöser, manuelle Einstellung der Filmempfindlichkeit zwischen 50 und 1600 ISO möglich, 325 g Gewicht, hervorragende Bildqualität!
Nikon TW2: BCO 06 141-1.

Nikon Tele-Touch DeLuxe

Für den amerikanischen Foto-Markt leicht abgeänderte TW-2-Kamera.
Nikon Tele-Touch DeLuxe: BCO 06 141-7.

Nikon TW2D

Gleiche Kamera wie TW2, aber mit Datenrückwand zur Einbelichtung von Jahr/Monat/Tag oder Stunde/Minute - auch als Wecker mit eingebauter Kamera zu gebrauchen!
Nikon TW2D: BCO 06 141-5.

Nikon Tele-Touch DeLuxe Data

Datenrückteil-Kamera vom Typ TW2D für die Vereinigten Staaten und Kanada.
Nikon Tele-Touch DeLuxe Data: BCO 06 141-8.

Nikon TW2

Nikon TW20

Nikon TW20

Sehr kompakte Mini-Autofokus-Nikon mit den Brennweiten 35 und 55 Millimeter, dazu Makroeinstellung. Erste Nikon mit Doppelblitzfunktion, hierbei wird zuerst ein schwacher Blitz abgegeben, damit sich die Pupillen der fotografierenden Person verengen, kurze Zeit später reagiert der Hauptblitz - dieses System vermeidet die unschönen "roten Augen".
Nikon TW20: BCO 06 150-1.

Nikon TW20 Quartz-Date

Bauartgleiche Ausführung der TW20 mit Datenrückteil.
Nikon TW20 Quartz-Date: BCO 06 150-5.

Nikon Tele-Touch 300

US- und Canada-Version der Autofokuskamera TW20.
Nikon Tele-Touch 300: BCO 06 150-7.

Nikon Tele-Touch 300 Date

Nordamerikanische Ausgabe der Tele-Touch 300 mit Datenrückteil.
Nikon Tele-Touch 300 Date: BCO 06 150-8.

Nikon TW Zoom 35-70

Nikon TW-Zoom 35-70

Kompaktkamera mit eingebautem Zoomobjektiv 4-7.6/35-70 mm (Sechslinser) und integriertem Blitz. Ausstattung: Neuartige Schnappschuß-Autofokuseinrichtung, die auch dann scharfe Bilder liefert, wenn sich das Hauptmotiv nicht in der Bildmitte befindet (Mehrfeld-Meßsystem). "Roter-Augen-Ausgleich", Makroeinstellung, Blitzbelichtung mit langen Synchrozeiten möglich. Doppelselbstauslöser, Rückspulstopp. Gewicht: 365 Gramm.
Nikon TW-Zoom 35-70 mm: BCO 06 142.

Nikon TW-Zoom 35-70 Quartz Date

Identisches Gehäuse, aber mit einer Datenrückwand ausgerüstet. Einbelichtete Datensätze: Monat/Tag/Jahr, Tag/Monat/Jahr, Jahr/Monat/Tag, Tag/Stunde/Minute und Betrieb ohne Einblichtung. Eingebaute 24-Stunden-Uhr.
Nikon TW-Zoom 35-70 Quartz Date: BCO 06 142-1.

Weitere Kameras mit fest eingebauten Nikkor-Objektiven

Konishi Lily Hand Camera

6.5x9-cm-Plattenkamera mit Anytar Anastigmat 4.5/120 mm und Compur-Verschluß. Nippon Kogaku erwarb 20 dieser Kameras und baute in diese ein schon 1929 entwickeltes Objektiv (Tessar-Typ) aus eigener Produktion mit der Bezeichnung Anytar.
Konishi Lily Hand Camera: BCO 06 800.

Konishi Idea Hand Camera

6.5x9-Plattenkamera (1933), Nikkor 4.5/105 mm mit Compur-Verschluß.
Konishi Idea Hand Camera: BCO 06 801.

Mamiya-Six III

6x6-Spreizenkamera (1946) mit Nikkor 4.5/75 mm.
Mamiya-Six III: BCO 06 810.

Airesflex-Z

Zweiäugige 6x6-Kamera (1952) mit Nikkor 3.2/75 (Sucherobjektiv) und Nikkor 3.5/75 (Aufnahmeobjektiv).
Airesflex-Z: BCO 06 820.

Aires Tower-Reflex-Automat

1952 von Aires gebaute zweiäugige 6x6-Kamera mit gleicher optischer Ausstattung wie die Airesflex-Z und Aires-Automat.
Aires Tower-Reflex-Automat: BCO 06 821.

Aires Automat

Zweiäugig 6x6-Kamera (1954) mit gleicher optischer Ausstattung wie die Airesflex-Z und Aires Tower-Automat.
Aires Automat: BCO 06 822.

Plaubel Makinette

Prototyp von 1976, mit Nikkor 2.8/80 mm.
Plaubel Makinette Prototyp: BCO 06 830.

Airesflex-Z

Plaubel Makinette Prototyp

Kameras mit fest eingebauten Nikkor-Objektiven

Plaubel Makina 67
Spreizenkamera (1979) mit Normalobjektiv Nikkor 2.8/80 mm.
Plaubel Makina 67: BCO 06 831.

Plaubel Makina W67
Spreizenkamera (1981) mit Weitwinkel-Nikkor 4.5/55 mm.
Plaubel Makina W67: BCO 06 832.

Plaubel Makinette 35P
Kleinbildkamera mit ausklappbarem Nikkor-Objektiv 2/38 mm und Seikosha MFC-E-Verschluß mit Zeiten von 1 bis 1/1000 Sekunden. Eingebauter Entfernungsmesser und TTL-Automatik. Nur Prototyp.
Plaubel Makinette 35P: BCO 06 833.

Plaubel Makina 67

Plaubel Makina W67

Plaubel Makinette 35P

Plaubel Makina 670

Spreizenkamera (1983) mit Nikkor 2.8/80 mm.
Plaubel Makina 670: BCO 06 834.

Art-Panorama 240

Rollfilm-Panoramakamera der Tomiyama Seisakusho (1977) mit einem eingebauten Großformat-Nikkor SW 8/120 mm (es gab auch Versionen mit Fuji-Linsen und einem deutschen Rodenstock-Grandagon). Aufnahmeformat 60x240 mm.
Art-Panorama 240: BCO 06 840.

Art-Panorama 170 und 170-II

Mittelformat-Panoramakamera mit einem adaptierten Nikkor-Großformatobjektiv 1:8/90 mm aus der SW-Serie. Aufnahmeformat 60x120 mm (sechs Belichtungen auf dem Rollfilm), Aufstecksucher für die Bildgestaltung. Die japanische Alternative zur Linhof Panorama-Kamera
Art-Panorama 170: BCO 06 841.
Art-Panorama 170-II: BCO 06 842.

Plaubel Makina 670

Art-Panorama 240

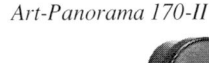

Art-Panorama 170-II

7. Lemix-Nikon: Lizenzproduktion für den südkoreanischen Markt

LemixNikon

亞南精密
니콘 카메라 기술제휴

Lemix

Nikon F-401 SQD
Totally Automatic SLR Quality

Lemix-Nikon-Kameras

Unter der Bezeichnung "Lemix-Nikon" fertigt das koreanische Unternehmen ANAM PRECISION Nikon-Kameras in Lizenz. Gebaut werden die Spiegelreflexkameras FG-20, FM2, F-301, F-401s SQD und F-801. Als weitere Baureihe erweitert Lemix das Programm mit den Kompaktkameras TW-20, TW-2D, RD und RD-2. Als Eigenentwicklung mit Nikon-Unterstützung werden - ebenfalls nur für den koreanischen Binnenmarkt - die Kleinbild-Kompaktkameras Lemix-Nikon AD301 und Lemix-Nikon AA303D angeboten.

Lemix-Nikon FM-2 (Korea)

Weitgehend baugleiche mechanische Spiegelreflex-Kamera mit fest eingebautem Pentaprismasucher und Anschlußbajonett für die Nikkor-Objektive. TTL-Messung über Leuchtdioden. Schnellste Verschlußzeit 1/4000 Sekunde, 1/250 Blitzsynchronisation wie bei der Original-Nikon FM-2. Titan-Verschluß! Motoranschlußmöglichkeit für MD-11 und MD-12. Gehäusegewicht 540 Gramm. Äußerlich an einem zusätzlich montierten Schreibschrift-L (für Lemix) oberhalb des Selbstauslöserhebels erkennbar.
Lemix-Nikon FM-2: BCO 07 431.

Lemix-Nikon FM-2

Lemix-Nikon F-801 (Korea)

Mit der japanischen F-801 AF identisch, äußerlich keine Veränderung. Hinweis "Made in Korea" statt "Made in Japan". Keine deutliche Lemix-Gravur. Die Kamera ist außerhalb des koreanischen Binnenmarktes nicht erhältlich.
Lemix-Nikon F-801: BCO 07 721.

Lemix-Nikon F-401s SQD (Korea)

Baugleich mit der japanischen Autofokuskamera F-401s. Kein Lemix-Hinweis. Wird in Korea nur mit der Datenrückwand verkauft. Kompatibel mit dem Nikon-Objektiv- und Blitzsystem.
Lemix-Nikon F-401s SQD: BCO 07 732.

Lemix-Nikon F-301 (Korea)

Automatische Spiegelreflexkamera, von der Bauart und Ausführung identisch mit der Japan-301. Lemix-Logo auf der Frontseite unterhalb der Rückwickelkurbel. Nikon-kompatibel, keine Datenrückwand.
Lemix-Nikon F-301: BCO 07 701.

Lemix-Nikon RD-2 (Korea)

Koreanische Version der Nikon-Kamera RD-2. Autofokus, eingebauter Motor und automatisch zuschaltender Blitz. Objektiv 3.5/35 mm. Kein Lemix-Logo als Produkthinweis.
Lemix-Nikon RD-2: BCO 07 131-1.

Lemix-Nikon RD Quartz-Date (Korea)

Version der RD-2 mit Datenrückteil für die automatische Einbelichtung von Tag, Monat und Jahreszahl.
Lemix-Nikon RD Quartz-Date: BCO 07 131-5.

Lemix-Nikon TW-2D (Korea)

Automatische Kompaktkamera mit zwei eingebauten Brennweiten 35 und 70 mm. Auf Wunsch Weichzeichnerzuschaltung und Makro-Einstellung. Eingebauter Blitz und motorischer Betrieb.
Baugleich mit der japanischen Nikon TW-2D. Lemix-Logo als Korea-Hinweis vor der Typenbezeichnung. Lieferung nur mit angebauter Datenrückwand.
Lemix-Nikon TW-2D: BCO 07 141-5.

Lemix-Nikon TW-20 (Korea)

Koreanische Version der TW-20 mit zwei eingebauten Brennweiten und Naheinstellung. Eingebauter Motor und automatische Blitzzuschaltung. Lemix-Logo auf der Vorderseite.
Lemix-Nikon TW-20: BCO 07 150-1.

Lemix-Auto AD301 (Korea)

Kompaktkamera mit Lemix-Objektiv 3.5/25 mm, eingebautem Filmtransport-Motor und Aufhellblitz. Lieferung nur mit einem angebauten Datenrückteil. Hinweis auf der Rückseite: "Licensed by Nikon Corporation, Japan".
Lemix-Auto AD301: BCO 07 160.

Lemix Auto Compact AA303D

Einfach konstruierte Kompaktkamera mit Filmtransport-Motor, Mini-Blitz und Datenrückwand für den koreanischen Markt. Objektiv Lemix-Lens 3.8/35 mm.
Nikon Lizenzhinweis auf der Rückseite, Lemix-Logo auf der Frontseite.
Lemix Auto Compact AA303D: BCO 07 170.

8. Nikon-Sondermodelle

Nikon Sondermodelle

Nikon FA

Zoom-Nikon 3.5/75-150 mm Series-E

Zur Demonstration von Funktion und Bauweise von Kameras und Objektiven fertigte Nikon für Fachhändler und zur Ausstellung auf Foto-Messen Schnittmodelle und Dummies von Nikon-Kameras und Nikkoren. Diese sind heute bei Sammlern sehr beliebt, aber schwierig zu bekommen. Informationen darüber sind spärlich, daher kann an dieser Stelle keine vollständige Aufzählung erfolgen.

Nikon EM Schnittmodell

Dieses bekannteste aller Nikon-Schnittmodelle wurde zur Demonstration an die Fachhändler geliefert und zeigt die Verbindung zwischen Kameraelektronik und mechanischen Elementen. Sehr gefragt bei den Nikon-Sammlern. (Bild siehe vorhergehende Seite.)
Nikon EM Schnittmodell: BCO 08 101.

Nikon FA Schnittmodell

Schnittmodell für die Demonstration von Verschlußablauf und Prismenaufbau. Angesetztes 1.4/50 mm.
Nikon FA Schnittmodell: BCO 08 102.

Nikkor 8/500 Schnittmodell

500-mm-Spiegel-Nikkor, zur Hälfte durchgetrennt und in einen Ständer aus Acrylglas eingearbeitet.
Nikkor 8/500 mm Schnittmodell: BCO 08 111.

Nikon F-Photomic TN mit einem eingesetzten Nikkor 1.4/50

Sehr seltenes Demonstrationsobjekt, steht in einem Tokioter Kameramuseum.
Nikon F Photomic TN Schnittmodell: BCO 08 121.

Nikkor 2.8/35 Schnittmodell

BCO 08 112.

Nikon-Zoom 3.5/75-150 Series-E, Schnittmodell in Acryl.
BCO 08 113.

Nikkor 4.5/80-200 Schnittmodell
BCO 08 114.

PC-Nikkor 3.5/28 Schnittmodell
BCO 08 115.

Nikon F-501 Demonstrationsmodell
Funktionsfähige Anschauungs-Kamera zur Beurteilung des Aufbaus einer elektronischen Autofokus-Kamera.
Nikon F-501 Demonstrationsmodell: BCO 08 131.

PC-Nikkor 3.5/28 mm

Nikon 501 Demonstrationsmodell

Nikon Sondermodelle

Nikon Fisheye-Kamera

Nikon Handmikroskop Modell H

Nikon Fisheye-Kamera

1960 in einer kleinen Serie gebaute Rollfilmkamera mit einem fest eingebauten Nikkor-Fischaugenobjektiv 8/16.3 mm: Bildwinkel 180°. Seikosha-Verschluß mit Zeiten von einer bis 1/500 Sekunde, dazu M und X-Synchronisation und Vorlaufwerk. Blenden 8, 11 und 16 und drei eingebaute Filter. Spezialkamera für die meteorologische Fotografie. Das eingebaute Objektiv war der Vorläufer des 1962 vorgestellten Kleinbild-Fischaugen-Nikkors 8/8 mm. Sehr seltene Kamera.
Nikon Fisheye-Kamera: BCO 08 201.

Nikon-Minikamera

Prototyp einer Kleinstbildkamera im Format 10x14 mm (ähnlich der italienischen Gami). Objektiv Nikkor 1.4/25. Die Überlegung, eine solche Kamera anzubieten, wurde nach genauen Marktanalysen fallengelassen.
Nikon Minikamera: BCO 08 205.

Nikon-Handmikroskop Modell H

Miniatur-Mikroskop für den mobilen Einsatz mit einer Beleuchtungseinrichtung. Gehörte unter anderem bei Weltraumexkursionen zur Ausstattung der Astronauten. Durch die kameraähnliche Form bei den Nikon-Sammlern gefragt. Wurde in drei Ausführungen hergestellt.
Nikon Handmikroskop, Modell H, Typ A (40x/1000x): BCO 08 301.
Nikon Handmikroskop, Modell H, Typ B (100x/1000x): BCO 08 302.
Nikon Handmikroskop, Modell H, Typ C (40x/400x): BCO 08 303.

9.
Nikkor-Objektive für Spezialaufgaben

Nikkor-Objektive für Spezialaufgaben

Nikkor-SW 4.5/90 mm

Nikkor-W 6.5/360 mm

Nikkor-Objektive für Großformat-Kameras

Parallel zur Produktion von Nikkoren für Kleinbildkameras baut Nikon in mehreren Reihen Objektive mit eingebautem Verschluß für Großformatkameras. Folgende Reihen werden geliefert:

M-Reihe: Für Aufnahmen mit dem normalen nutzbaren Bildkreis.
W-Reihe: Diese Objektive zeichnen bei Abblendung einen Bildkreis von 70 bis 73°.
AM-Reihe: Hier handelt es sich um Apo-Makros mit guter Abbildungsqualität bis zum Maßstab 1:1.
SW-Reihe: Objektive mit großem Bildwinkel (bis 106°).
T-Reihe: Diese Objektive sind besonders geeignet für Tele-Aufnahmen. Bei allen Objektiven der T-Reihe wird ED-Glas eingesetzt.

Nikkor-SW 4/65 mm: BCO 09 001.
Nikkor-SW 4.5/75 mm: BCO 09 002.
Nikkor-SW 4.5/90 mm: BCO 09 003.
Nikkor-SW 8/90 mm: BCO 09 004.
Nikkor-W 5.6/100 mm: BCO 09 101.
Nikkor 3.5/105 mm (Nippon Kogaku): BCO 09 501.
Nikkor-M 3.5/105 mm: BCO 09 201.
Nikkor-W 5.6/105 mm: BCO 09 102.
Nikkor-AM 5.6/120 mm ED: BCO 09 601.
Nikkor-SW 8/120 mm: BCO 09 005.
Nikkor-W 5.6/135 mm: BCO 09 103.
Nikkor 4.5/150 mm (Nippon Kogaku): BCO 09 502.
Nikkor-W 5.6/150 mm: BCO 09 104.
Nikkor-SW 8/150 mm: BCO 09 006.
Nikkor-W 5.6/180 mm: BCO 09 105.
Nikkor-M 8/200 mm: BCO 09 202.
Nikkor-W 5.6/210 mm: BCO 09 106.
Nikkor-AM ED 5.6/210 mm: BCO 09 602.
Nikkor-W 5.6/240 mm: BCO 09 107.
Nikkor-T 5.6/270 mm (Prototyp): BCO 09 401.
Nikkor-T ED 6.3/270 mm: BCO 09 402.
Nikkor-W 5.6/300 mm: BCO 09 108.
Nikkor-M 9/300 mm: BCO 09 203.
Nikkor-W 5.6/360 mm: BCO 09 109.
Nikkor-W 6.5/360 mm: BCO 09 110.
Nikkor-T ED 8/360 mm: BCO 09 403.
Nikkor-M 9/450 mm: BCO 09 204.
Nikkor-T ED 11/500 mm: BCO 09 404.
Nikkor-T ED 9/600 mm: BCO 09 405.
Nikkor-T ED 16/720 mm: BCO 09 406.
Nikkor-T ED 12/800 mm: BCO 09 407.
Nikkor-T ED 18/1200 mm: BCO 09 408.

Großformat Nikkor-W 5.6/105 mm

Großformat-Nikkor 3.5/105 mm an der 6x9-Press-Kamera (gekuppelt mit dem Entfernungsmesser), gebaut von den Marshal Optical Works.

Nikkor-Objektive für Spezialaufgaben

Macro-Nikkor 4.5/65 mm

Macro-Nikkor 6.3/120 mm

Nikkor-Makro-Objektive

Diese Vorsätze eignen sich hervorragend für Makroarbeiten und werden über die Adapter BR-15 oder BR-16 mit dem Balgengerät verbunden oder auch direkt an das Kamerabajonett angeschlossen und besitzen keine automatische Blendenübertragung.

Macro-Nikkor 2.8/19 mm
Vergrößerungen von 15x bis 40x.
Macro-Nikkor 2.8/19 mm: BCO 09 301.

Macro-Nikkor 4.5/35 mm
Vergrößerungen von 8x bis 20x.
Macro-Nikkor 4.5/35 mm: BCO 09 302.

Macro-Nikkor 4.5/65 mm
Vergrößerungen von 3.5x bis 10x.
Macro-Nikkor 4.5/65 mm: BCO 09 303.

Macro-Nikkor 6.3/120 mm
Vergrößerungen von 1.2x bis 4x.
Macro-Nikkor 6.3/120 mm: BCO 09 304.

Nikon-Vergrößerungsobjektive

Für die Arbeit im Heim- und Fachlabor lieferte und liefert Nippon Kogaku und Nikon eine umfangreiche Palette von Vergrößerungsobjektiven für unterschiedliche Einsatzbereiche. Zum Angebot gehört auch ein Zoom-Objektiv.

Hermes EL-Lens 3.5/55 (Nippon Kogaku): BCO 09 701.
EL-Nikkor 3.5/50 (Nippon Kogaku): BCO 09 702.
EL-Nikkor 2.8/30: BCO 09 703.
EL-Nikkor 4/40N: BCO 09 704.
EL-Nikkor 2.8/50 (Nippon Kogaku): BCO 09 705.
EL-Nikkor 2.8/50: BCO 09 706.
EL-Nikkor 2.8/50N: BCO 09 707.
EL-Nikkor 4/50: BCO 09 708.
EL-Nikkor 4/50N: BCO 09 709.
EL-Zoom-Nikkor 5.6-8.4/53-80: BCO 09 710.
EL-Zoom-Nikkor 5.6-11.4/45-91 (Prototyp): BCO 09 711.
EL-Zoom-Nikkor 5.6-9.8/77-111 (Prototyp): BCO 09 712.
EL-Nikkor 2.8/63N: BCO 09 721.
EL-Nikkor 3.5/63: BCO 09 722.
EL-Nikkor 4/75: BCO 09 723.
EL-Nikkor 4/75N: BCO 09 724.
EL-Nikkor 5.6/80: BCO 09 725.
EL-Nikkor 5.6/80N: BCO 09 726.
EL-Nikkor 5.6/95N (Prototyp): BCO 09 727.
EL-Nikkor 5.6/105: BCO 09 731.
EL-Nikkor 5.6/105N: BCO 09 732.
EL-Nikkor 5.6/135: BCO 09 733.
EL-Nikkor 5.6/135A: BCO 09 734.
EL-Nikkor 5.6/150: BCO 09 735.
EL-Nikkor 5.6/150A: BCO 09 736.
EL-Nikkor 5.6/180: BCO 09 737.
EL-Nikkor 5.6/180A: BCO 09 738.
EL-Nikkor 5.6/210: BCO 09 741.
EL-Nikkor 5.6/210A: BCO 09 742.
EL-Nikkor 5.6/240: BCO 09 743.
EL-Nikkor 5.6/300 Typ 1: BCO 09 751.
EL-Nikkor 5.6/300 Typ 2: BCO 09 752.
EL-Nikkor 5.6/360: BCO 09 753.

EL-Nikkor 5.6/300 mm

EL-Nikkor 2.8/50 mm, beliebtes Vergrößerungsobjektiv für das Heimlabor.

Nikkor-Objektive für Spezialaufgaben

Nikon-Prismenfernrohre (Fieldscopes)

Beobachtungsfernrohr mit ED-Glas für Ornithologen und Naturforscher, durch einfachen Okularwechsel werden die Vergrößerungen 15x, 20x, 30x, 40x, 60x oder 20-45x erreicht. Über einen Nikon-Kameraadapter eignet es sich auch als Teleobjektiv mit einer Brennweite von 800 Millimetern und der Lichtstärke 1:13.3. Die Fieldscopes sind robust verarbeitet, wasserabweisend, staubgeschützt und wiegen keine 1000 Gramm.

Fieldscope I mit 20x-Okular: BCO 09 801.
Fieldscope I ED mit 20x-Okular ED: BCO 09 802.
Fieldscope II mit 20x-Okular: BCO 09 803.
Fieldscope II ED mit 20x-Okular: BCO 09 804.
Fieldscope II mit Zoom-Okular: BCO 09 805.
Fieldscope II ED mit Zoom-Okular: BCO 09 806.

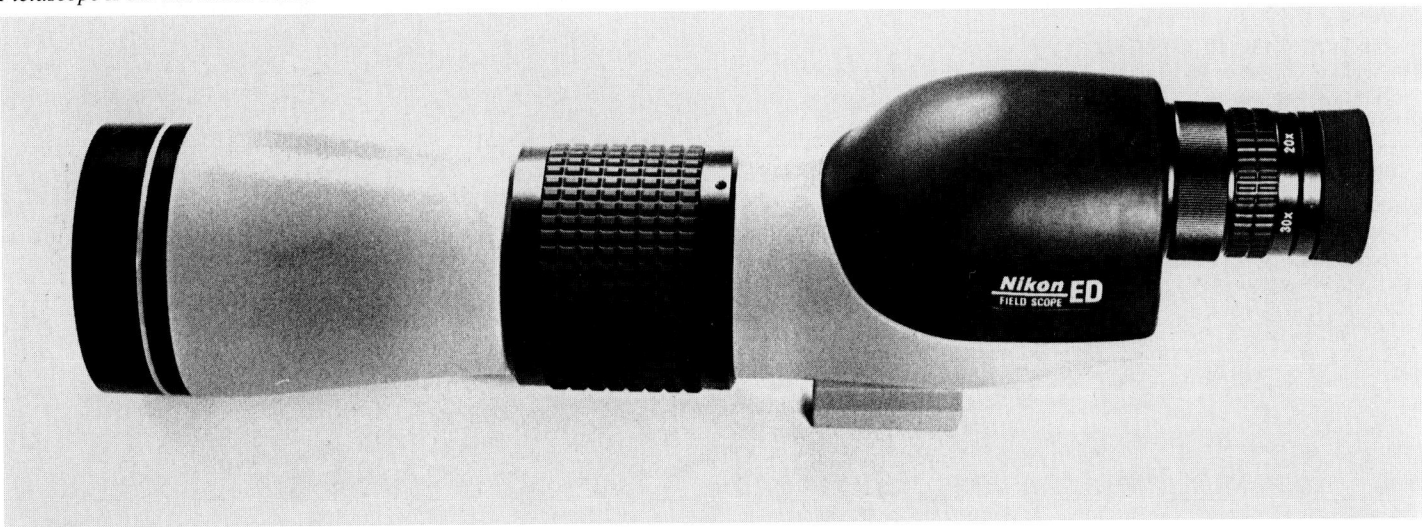

Fieldscope II ED mit Zoom-Okular

**10.
Nikon
Film und Video**

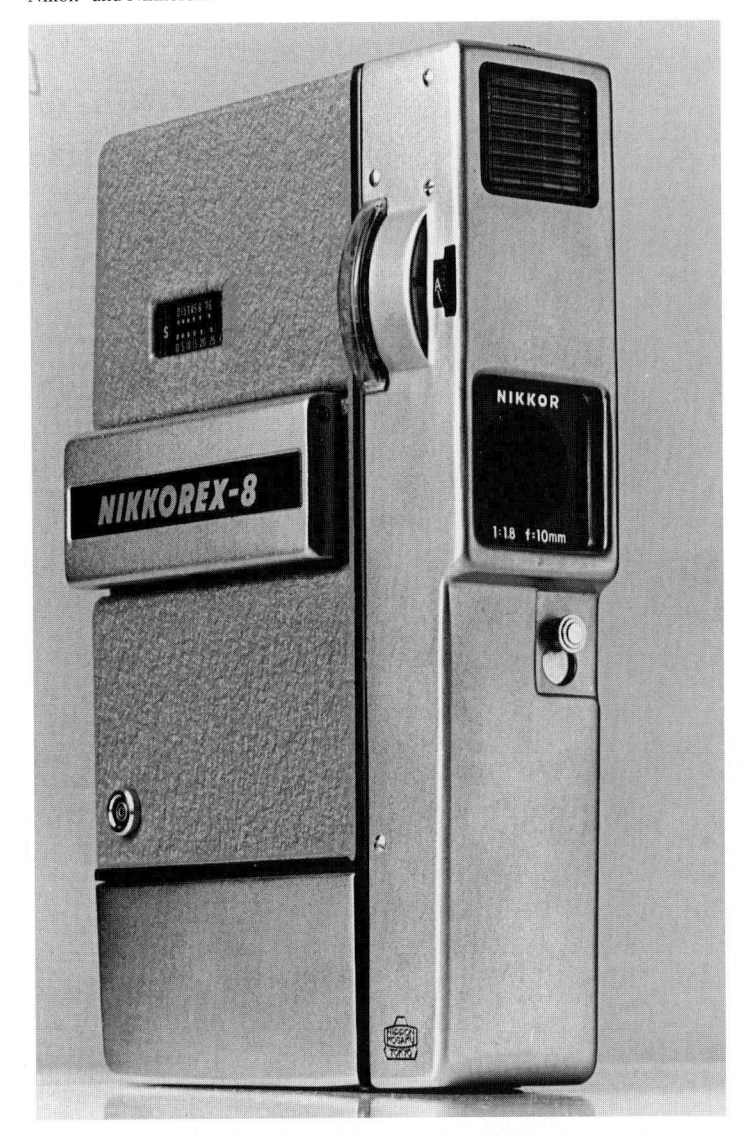

Nikkorex-8 Filmkamera

Nikon- und Nikkorex-Filmkameras

Nikkorex-8

Sehr flache Nikon-Schmalfilmkamera mit einem fest eingebauten 1.8/10-mm-Nikkor, Fixfokus-Einstellung, Ein-Knopf-Bedienung, seitlicher Klappsucher für die Motivbeurteilung, vollautomatische CdS-Belichtungsregelung von 5 bis 100 ASA, Elektromotor. Televorsatz als Zubehör - das "Filmnotizbuch" der sechziger Jahre.
Nikkorex-8 Farbe Grau: BCO 10 001-1.
Nikkorex-8 Farbe Rot: BCO 10 001-2.

Telekonverter 20 mm

Dieses einschraubbare Zubehörteil verdoppelt die Brennweite der Nikkorex-8 und Nikkor-8 auf 20 mm. Aufschrift: Nikkorex-8, Tele 2x, Nippon Kogaku und die Seriennummer. Einschraubgewinde 15 mm, Lieferung mit Lederetui und Front-/Rückdeckel mit dem Warenzeichen Nikon Kogaku.
Telekonverter 20 mm: BCO 10 010.

Nikkor-8

Baugleich mit der Nikkorex-8, gleiche optische Ausstattung - unter dieser Bezeichnung in Deutschland und der Schweiz angeboten.
Nikkor-8: BCO 10 002-1.
Nikkor-8: BCO 10 002-2.

Telekonverter 20 mm

Nikkorex-8F

Kompakte Schmalfilmkamera mit starrer Brennweite Nikkor 1.8/10 mm und Fixfokus-Einstellung, Reflexsucher, automatischer CdS-Belichtungsmesser von 5-250 ASA, Ein-Knopf-Bedienung. Geschwindigkeit: 16 Bilder pro Sekunde und Einzelbild, Elektromotor.
Nikkorex-8F: BCO 10 003.

Zoom-Konverter 8-20 mm

Einschraubbarer Konverter für eine Brennweitenbrücke von 8 bis 20 mm. Filtergewinde 40.5 mm.
Zoom-Konverter 8-20 mm: BCO 10 011.

Zoom-Konverter 8-20 mm

Nikkorex 8F Filmkamera

Nikon- und Nikkorex-Filmkameras

Nikkorex Zoom-8 Filmkamera

Nikon Super Zoom-8 Filmkamera

Nikkorex Zoom-8

Elektrisch angetriebene Schmalfilmkamera mit eingebautem CdS-Belichtungsmesser, Objektiv 1.8/8 bis 32 mm, Mindesteinstellung ein Meter, Filmempfindlichkeit von 5 bis 400 ASA, Geschwindigkeit 16 Bilder pro Sekunde und Einzelbild, Tragegriff auf der Oberseite, langer Wählhebel für Zoom-Einstellung.
Nikkorex Zoom-8: BCO 10 004.

Nikon Super-Zoom-8

Erste Schmalfilmkamera mit der Bezeichnung Nikon für das Super-Acht-Format, vorgestellt 1965. Fest angebautes Cine-Zoom-Nikkor 1.8/8.8-45 mm mit dem Filtergewinde 52 mm, Geschwindigkeiten 12, 18 und 24 Bilder, TTL-CdS-Messung von 16 bis 160 ASA, Wippschalter für Zoombetrieb von Tele- bis Weitwinkel, Mindesteinstellung 1.20 Meter, eingebauter Elektromotor, abklappbarer Handgriff, Anschluß für die Fernbedienung - Herstellerbezeichnung Nippon Kogaku K. K. auf der Bedienungsseite.
Nikon Super-Zoom-8: BCO 10 005.

Nikon-Zoom / Super-8

Baugleiche Version der Nikon Super-Zoom-8 mit der gleichen optischen Ausstattung - nur mit einer anderen Bezeichnung angeboten, unter anderem in Frankreich.
Nikon-Zoom / Super-8: BCO 10 006.

Nikon 8x Super-Zoom

1969 kam der geringfügig veränderte Nachfolge-Typ der Super-Zoom-8 mit einem angebauten Zoom-Hebel für eine schnellere manuelle Brennweitenverstellung. Objektiv Cine-Nikkor-Zoom 1.8/7.5-60 mm, 52-mm-Filtergewinde, 1.20 Meter Minimaleinstellung, Drehwähler für 12, 18 und 24 Bilder, angebauter Pistolengriff. Reichlich Zubehör für Diakopie und das Arbeiten mit dem Mikroskop.
Nikon 8x Super-Zoom: BCO 10 007.

Nikon R8 Super

Moderne Super-Acht-Nikon mit reichhaltiger Ausstattung. Objektiv Nikkor 1.8/7.5-60 mm (achtfacher Brennweitenbereich), fokussierbar von unendlich bis 1.20 Meter und Makroeinstellung, motorische Brennweitenveränderung und Handhebel, automatische Filmempfindlichkeitseinstellung von 10 bis 400 ASA für Tageslichtfilm, 16 bis 640 ASA für Kunstlicht. Reflexsucher mit Schnittbildindikator, Dioptrieneinstellung von -5 bis +3, Unter- und Überbelichtungswarnung, Filmendezeichen, eingebauter Konversionsfilter, Okularverschluß, Aufnahmegeschwindigkeiten 18, 24 und 54 Bilder/Sek., verstellbare Sektorenblende, Drahtauslöser-, Blitz-, Fernauslöse- und Tonbandanschluß, Auf-, Überblende- und Abblendeeinrichtung, Mehrfachbelichtungsmöglichkeit, Rückwärtsfilmlauf, Einzelbildstellung, angebauter Handgriff, sehr schöne Belederung und saubere Verarbeitung - Filtergewinde 52 mm, Gewicht 1.57 kg.
Nikon R8 Super: BCO 10 008.

Nikon R10 Super

Super-Acht-Schmalfilmkamera mit noch größerer Ausstattung als das Schwestermodell R8. Superlichtstarkes Zoom-Cine-Nikkor 1.4/7-70 mm mit Makroeinstellung, Filtergewinde 67 mm, normaler Mindestabstand 1.50 Meter, Gewicht 1.93 kg - reichhaliges Zubehör.
Eine der am besten ausgestatteten Super-Acht-Filmkameras der Weltproduktion - sehr gesucht bei den Nikon-Sammlern!
Nikon R10 Super: BCO 10 009

Nikon R8 Super Filmkamera

Nikon R10 Filmkamera

Nikon Video-Kameras

Nikon VN-9000 8-mm-Camcorder

Nikon Camcorder VN 3000

Nikon VN-810 8-mm-Camcorder

Nikon Video-Kameras

Nikon S-100 (VHS-Videokamera mit Recorderteil SV-100):
 BCO 10 100.
Nikon VN-800 (8-mm-Camcorder) mit 1.2/9-54 mm: BCO 10 101.
Nikon VN-810 (8-mm-Camcorder) mit 1.2/9-54 mm: BCO 10 102.
Nikon VN-8200 (8-mm-Camcorder) mit 1.6/12-72 mm: BCO 10 103.
Nikon VN-8300 (8-mm-Camcorder) mit 1.4/9-54 mm: BCO 10 104.
Nikon VN-9000 (8-mm-Camcorder) mit: BCO 10 105.
Nikon VN-9100 (Video-8-Camcorder) mit 2/11-66 mm: BCO 10 106.
Nikon VN-9500 (Hi-8-Camcorder) mit 1.4/11-88 mm: BCO 10 107.

Die Baureihen dieser Kameras haben für den Verkauf in den Vereinigten Staaten und Kanada teilweise andere Bezeichnungen (z. B. VN-910 statt VN-9100 in Europa) und können sich auch geringfügig in den technischen Daten unterscheiden.

Nikon S-100 Videokamera

Nikon VN-8200 8-mm-Camcorder

Erstmals auf der Photokina 1990 wurden die folgenden Camcorder der Öffentlichkeit präsentiert:

Nikon-Camcorder VN-9600

Für Hi-8-Metal-Band mit separatem Y/C-Ausgang, exzellente Stereo-Tonqualität durch neues Aufzeichnungsverfahren. Achtfach-Zoomobjektiv 1.4/8.5-68 mm, entspricht 46 bis 368 Millimetern Brennweite bei Kleinbild.
Nikon VN-9600 (Hi-8-Camcorder) mit 1.4/8.5-68 mm: BCO 10 108.

Nikon-Camcorder VN-3000

Sehr leichte Video-Kamera mit einem Objektiv 2.0/7-42 mm.
Nikon VN-3000 (8-mm-Camcorder) mit 2.0/7-42 mm: BCO 10 109.

Nikon-Camcorder VN-5000

Im Vergleich zum VN-3000 bauartähnliche Video-Kamera mit Objektiv 1.6/8.5-86 mm.
Nikon VN-5000 (8-mm-Camcorder) mit 1.6/8.5-86 mm: BCO 10 110.

Cine- und TV-Nikkore

TV-Nikkor R7x12A-HD2 1.8/12-84 mm

Nikon FW-ENG/EFP-Konverter

TV-Nikkor R5.5x12.5A-HD2 1.5/12.5-70 mm

Cine-Nikkor 1.9/38 mm

Nikon Cine- und TV-Nikkore

Cine-Nikkor 1.9/13 mm für 8-mm-Schmalfilm-Kameras:
  BCO 10 021.
Cine-Nikkor 1.9/38 mm für 8-mm-Schmalfilmkameras:
  BCO 10 022.
Cine-Nikkor 1.9/65 mm für 8-mm-Schmalfilmkameras:
  BCO 10 023.
Cine-Nikkor 1.4/25mm für 16-mm-Filmkameras:
  BCO 10 024.
Cine-Nikkor 1.8/65 mm für ARRI-Bajonett:
  BCO 10 025.
Cine-Nikkor-Zoom 1.8/6-120 mm f. Superacht-Schmalfilm-Kameras:
  BCO 10 026.
Cine-Nikkor-Zoom 1.8/7.5-60 mm f. Superacht-Schmalfilm-Kameras:
  BCO 10 027.
Cine-Nikkor-Zoom 1.4/7-70 mm für Superacht-Schmalfilm-Kameras:
  BCO 10 028.
Cine-Nikkor 1.8/65 mm für ARRI-Bajonett:
  BCO 10 201.
TV-Nikkor S15X8.5B 1.7-2.2/8.5-127.5 mm für 2/3-Inch TV-Kameras:
  BCO 10 301.
TV-Nikkor-Zoom ED 1.6/8.8-61.6 mm für 2/3-Inch TV-Kameras:
  BCO 10 302.
TV-Nikkor S13X9B 1.7-2/9-117mm für 2/3-Inch TV-Kameras:
  BCO 10 303.
TV-Nikkor-Zoom 1.6-1.8/10.5-105 mm für 2/3-Inch TV-Kameras:
  BCO 10 304.
TV-Nikkor-Zoom 1.4-1.6/11-88 mm für 2/3-Inch TV-Kameras:
  BCO 10 305.
TV-Nikkor-Zoom 1.6-1.8/11.5-69 mm für 2/3-Inch TV-Kameras:
  BCO 10 306.
TV-Nikkor-Zoom ED 1.8/12-84 mm für 1-Inch TV-Kameras:
  BCO 10 307.
TV-Nikkor RF15A-HD2 1.2/15 mm nach HDTV-Norm:
  BCO 10 401.
TV-Nikkor R7x12A-HD2 1.8/12-84 mm nach HDTV-Norm:
  BCO 10 402.
TV-Nikkor R5.5x12.5A-HD2 1.5/12.5-70 mm nach HDTV-Norm:
  BCO 10 403.
TV-Nikkor RF50A-HD2 1.2/50 mm nach HDTV-Norm:
  BCO 10 404.
Nikon FW-ENG/EFP-Konverter TMW-B1 mit automatischer Blendensteuerung: BCO 10 405.

Cine-Nikkor 1.9/13 mm

Nikon Still-Video Camera

Nikon Still-Video

Nikon Still-Video Camera

Erste Nikon-Kamera für die elektronische Bildaufzeichnung mit einer Zwei-Zoll-Floppy-Disk. Dieser Prototyp wurde auf der photokina 1986 vorgestellt. Graues Gehäuse und Wechselbajonett, Objektiv 1.6/6 mm.
Nikon Still-Video Camera Modell I: BCO 10 500.
Nikkor 1.6/6 mm: BCO 10 501.

Nikon QV 1000C

Einäugige Spiegelreflexkamera mit Floppy-Disc und einstellbaren Empfindlichkeiten von 400, 800 und 1600 ISO, Motorgeschwindigkeit 20 Bilder pro Sekunde, Verschlußzeiten von 1/8 bis 1/2000 Sekunde, Mittenkontakt mit Blitzbereitschaft, Programm-, Blenden- und Zeitautomatik sowie manueller Belichtungsabgleich, Memory-Lock, Belichtungskorrektur-Schalter, LCD-Display für Kamerabereitschaft und Bildanzahl, Bedienungsschalter ähnlich der F4, Anschluß von anderen Nikkoren über Anschlußadapter QM-100.
Nikon QV 1000C: BCO 10 510.

QV-Nikkor 1.4/10-40 mm

Dreh-Zoom für QV-Still-Video-Kamera mit Makroeinstellung (bis 22 Zentimeter), 15-Linser, Bildwinkel von 57° 30' bis 15° 30', Blenden von 1.4 bis 16, Filtergewinde 62 mm, Gewicht 550 g.
QV-Nikkor 1.4/10-40 mm: BCO 10 511.

QV-Nikkor 2/11-120 mm

ED-Tele-Schiebezoom (21 Linsen) mit einem Bildwinkel von 53° bis 5° für Nikon QV-1000C. Mindesteinstellentfernung 1.10 Meter. 82-mm-Filtergewinde, Blendeneinstellung von 2 bis 22, Gewicht 1.3 kg.
QV-Nikkor 2/11-120 mm: BCO 10 512.

Nikon QV 1000C Still-Video Camera

Nikkor-Objektive für die Projektion

Nikkor-Projektionsobjektive für den Nikon-Filmprojektor Super-Sound-8 (vorgestellt photokina 1966).
Pro-Nikkor 1.0/28 mm: BCO 10 601.
Pro-Nikkor 1.4/18.3 mm: BCO 10 602.

Erwähnenswert ist an dieser Stelle noch das Pro-Nikkor 3.5/4 Inch-100 mm (Nippon Kogaku) für den Diaprojektor Nikkormat-Autofocus. Dieses Gerät wurde nur in den USA vertrieben und von Sawyers gefertigt.
Pro-Nikkor 3.5/4 Inch (Nippon Kogaku): BCO 10 603.

Pro-Nikkor 3.5/4 Inch

Reproduktions-Nikkor

Spezial-Nikkor mit der Lichtstärke 1.0 bzw. 2.0 (je nach Maßstab) und der Brennweite 75 mm für Reproduktionen - eignet sich auch als Zwischenobjektiv zur Wiedergabe eines durch ein anderes System erzeugten Bildes.
Reproduktions-Nikkor: BCO 10 801.

Mikroskop-Nikkore

Die Nikon Corporation gehört auch zu den führenden Herstellern von Präzisions-Mikroskopen. Hierfür werden hochauflösende CF-Objektive mit einer Vergrößerung von 2x bis 100x hergestellt. Eine Einzelaufstellung würde den Rahmen dieses Buches sprengen.

Oszilloskop-Nikkor

Oszilloskop-Nikkor

Als Spezial-Objektiv baute Nippon Kogaku für das Nikon F-Bajonett das Oszilloskop-Nikkor 1.2/50 mit einer vollautomatischen Springblende. Wenn die Lichtstärke in der allgemein üblichen Beschreibung für ein Objektiv mit unendlicher Entfernungseinstellung angegeben würde, so ergibt sich bei diesem Nikkor eine Öffnung von 1:1.4, es wird aber für Verkleinerungen von 1.5x verwendet, daher ist die effektive Lichtstärke 1:1.2.
Oszilloskop-Nikkor: BCO 10 701.

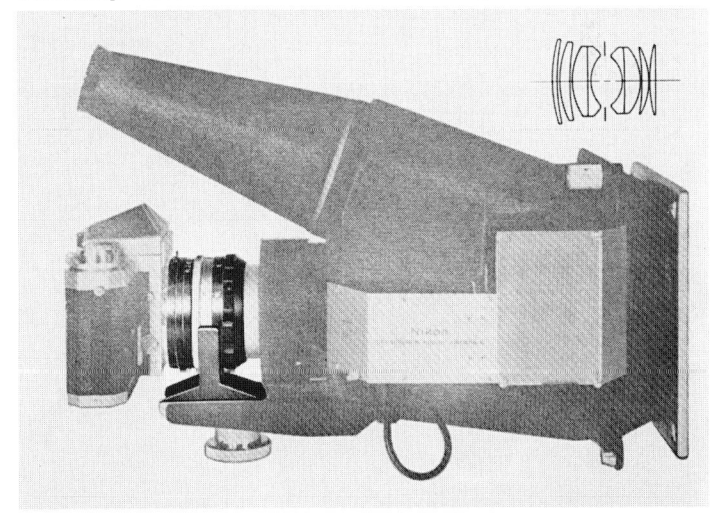

10-11

11.
Nikon-Sucher

Nikon-Sucher: Lichtschacht und Lupensucher DW-2 für die F2, F3-Lichtschacht, F-Lichtschacht und Prismensucher.

11-1

Nikon-Sucher

F2-Lichtschachtsucher DW-1

Nikon F2 mit dem Eyelevel-Finder DE-1.

F-Prismensucher

F-Standardsucher ohne Belichtungsmesser, macht die Nikon F zur kompakten "Eyelevel"-Version. Versal-F auf der Vorderseite.
F-Prismensucher chrom: BCO 11 001-1.
F-Prismensucher schwarz: BCO 11 001-2.

F-Prismensucher mit Sucherschuh

Seltene Ausführung mit einem angebauten Zubehörschuh - keine Serienproduktion.
F-Prismensucher mit Sucherschuh chrom: BCO 11 002.

F-Lichtschacht

Kompakter und faltbarer Lichtschacht mit eingebauter Klapplupe.
F-Lichtschacht mit Nippon Kogaku-Warenzeichen: BCO 11 003-1.
F-Lichtschacht mit weiß graviertem "F" auf der Vorderseite: BCO 11 003-2.
F-Lichtschacht mit glatter Belederung und F-Emblem auf der Frontleiste: BCO 11 003-3.

F-Sportsucher

"Action Finder" für Sport, wissenschaftliches Arbeiten oder das Fotografieren mit der Schutzbrille. Graviertes F-Erkennungszeichen auf der Oberseite.
F-Sportsucher chrom: BCO 11 004-1.
F-Sportsucher schwarz: BCO 11 004-2.

F2-Prismensucher DE-1

Standardsucher ohne Belichtungsmesser für die F2-Serie, mit Blitzbereitschaftskontakt ausgerüstet - markant gravierter Nikon-Schriftzug.
F2-Prismensucher DE-1 chrom: BCO 11 101-1.
F2-Prismensucher DE-1 schwarz: BCO 11 101-2.

F2-Lichtschachtsucher DW-1

Mit ausklappbarer 5x-Lupe und Nikon-Schild.
F2-Lichtschachtsucher DW-1 chrom: BCO 11 102-1.
F2-Lichtschachtsucher DW-1 schwarz: BCO 11 102-2.

F2-Lupensucher DW-2

Starrer Sucher mit sechsfacher Vergrößerungsleistung, nur in schwarz mit Nikon-Platte.
F2-Lupensucher DW-2 schwarz: BCO 11 103.

F2-Sportsucher DA-1

Läßt aus 60 Millimetern Augenabstand das Sucherbild überblicken, ideal für das Fotografieren mit der Schutzbrille - mit Nikon-Schild.
F2-Sportsucher DA-1 chrom: BCO 11 104-1.
F2-Sportsucher DA-1 schwarz: BCO 11 104-2.

F3-Sucher DE-2

Serienmäßiger Prismensucher mit Belichtungsmesser.
F3-Sucher DE-2 schwarz: BCO 11 201.

F3-Sucher DE-3

High-Eyepoint-Prismensucher für die F3, macht die Kamera zur F3HP. Ideal für Brillenträger.
F3-Sucher DE-3 schwarz: BCO 11 202.

F3-Sucher DE-4

Heller Titansucher für die Nikon F3/T, nur als HP-Ausführung gebaut.
F3-Titansucher DE-4 hell: BCO 11 203.

F3-Sucher DE-4 schwarz

HP-Titansucher für die F3/T Modell II, die als schwarze Ausführung vorgestellt wurde.
F3-Titansucher DE-4 schwarz: BCO 11 204.

F3-Lichtschachtsucher DW-3

Klappbarer Sucher mit eingebauter Lupe, erster Nikon-Lupensucher mit Belichtungskontrolle.
F3-Lichtschachtsucher DW-3: BCO 11 205.

F3-Vergrößerungssucher DW-4

Starrer 6x-Sucher mit einer Belichtungskontrollmöglichkeit - Gummi-Okular mit Schutzdeckel.
F3-Vergrößerungssucher DW-4: BCO 11 206.

F3-Sportsucher DA-2

Gleiche Bauart wie für die F und F2, aber mit der Belichtungskontrolle der F3-Daten.
F3-Sportsucher DA-2: BCO 11 207.

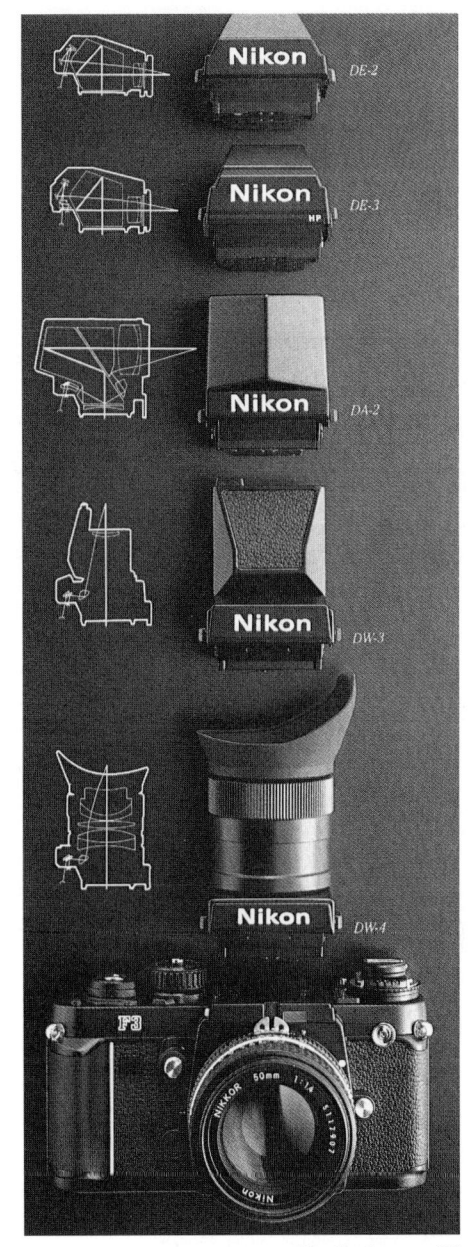

Die Sucher zur F3

Nikon-Sucher

F4-Multi-Meßsucher

Prismensucher mit eingebauter Okulareinstellung von -3 bis +1, High-Eyepoint-Konstruktion mit eingebautem ISO-Mittenkontakt und einer Korrekturskala für spezielle Einstellscheiben. Eingebauter Okularverschluß, F4-Standardsucher.
F4-Multi-Meßsucher: BCO 11 301.

F4-Sportsucher

Mit einem deutlich größeren Aufbau ideal für das Fotografieren mit Helm oder Schutzbrille, mit Korrekturskala und ISO-Schuh.
F4-Sportsucher: BCO 11 304.

F4-Lupensucher

Sechsfach-Lupensucher für präzise Einstellungen in der Mikroskop-Fotografie, ausgestattet mit einer Okularverstellung von -5 bis +3 Dioptrien.
F4-Lupensucher: BCO 11 303.

F4-Lichtschachtsucher

Kompakter Klappsucher mit Faltlichtschacht und eingebauter Fünffach-Lupe.
F4-Lichtschachtsucher: BCO 11 302.

Die Wechselsucher der F4

12.
Nikon-Motorantriebseinheiten

Nikon SP mit Motor S-36

Nikon-Motorantriebseinheiten

Nikon F mit Motorrückwand F-36

Eine Nikon F Photomic FTN mit dem Motor F36.

Kameramotor S-36

Für die Meßsucherkameras SP und S3, mit Rückwand, Energieversorgung über externes Batterieteil mit Kabelverbindung, erster serienmäßiger Kamera-Elektromotor der Weltproduktion für eine Kleinbildkamera.
Kameramotor S-36: BCO 12 001.

Kameramotor S-250

Wie S36, aber mit der Möglichkeit, Meterware für 250 Belichtungen einzulegen - sehr selten!
Kameramotor S-250: BCO 12 002.

Kameramotor F-36

Für alle gängigen Nikon F-Kameras, Rückwand wird mit ausgewechselt, erster Motorantrieb für eine 35-mm-Spiegelreflexkamera, Wählschalter für L (2 Bilder pro Sekunde), M1 (2.5 Bilder), M2 (3 Bilder) und H für 4 Bilder, hierbei nur mit hochgeklapptem Kameraspiegel. Energieversorgung über externes Batterieteil, braunes oder schwarzes Leder, frühe ovale (wie bei dem S-36) oder spätere längliche Form für acht 1.5-Volt "C"-Batterien.
F-36 Version mit Nippon Kogaku-Warenzeichen: BCO 12 101-1.
F-36 Version mit der Aufschrift Nikon: BCO 12 101-2.
F-36 Version mit der Aufschrift Nikkor: BCO 12 101-3.

F-36 Powerpack

Motoreinheit mit einem anschraubbaren Batterieteil und Handgriff mit Wählschalter für Einzel- und Dauerbelichtungen. Ermöglicht leichteres Arbeiten durch die Einheit Kamera/Motor/Batterieteil. Energie: acht 1.5-Volt Stabzellen.
F-36 Powerpack mit Nippon Kogaku-Warenzeichen: BCO 12 102-1.
F-36 Powerpack mit der Aufschrift Nikon: BCO 12 102-2.
F-36 Powerpack mit der Aufschrift Nikkor: BCO 12 102-3.

Kameramotor F-250

Gleicher Motorantrieb wie der Nikon F-36, aber mit zwei großen Spulen-Kassetten zur Aufnahme von Film-Meterware für 250 Belichtungen. Stromversorgung nur über das externe Batterieteil mit Kabelverbindung.
F-250 mit Nippon Kogaku-Warenzeichen: BCO 12 103-1.
F-250 mit der Aufschrift Nikon: BCO 12 103-2.
F-250 mit der Aufschrift Nikkor: BCO 12 103-3.

Nikon-Motorantriebseinheiten

Kameramotor S-72

Nur für die Halbformat-Meßsucherkamera S3M konstruierter Elektromotor mit einer Leistung von 4.5 Bildern pro Sekunde, externes Batterieteil erforderlich.
Kameramotor S-72: BCO 12 003.

Kameramotor MD-1

Erster Kameramotor für die Nikon F2, erkennbar an dem rechteckigen Auslöserschalter, Kupplung an der F2-Unterseite, Frequenz bis 4 Bildern/s, bei hochgeklapptem Spiegel 5 Bilder/s möglich, erster Nikon-Motor mit motorischer Rückspulung, anschraubbares Batterieteil MB-1 (10 Standard-Batterien), es paßt auch das MB-2 (8 Standardbatterien).
Kameramotor MD-1: BCO 12 201.

Kameramotor MD-2

Leicht abgewandelter MD-1 mit zusätzlich eingebauter Pilotlampe, runder Auslöser mit Fingermulde.
Kameramotor MD-2: BCO 12 202.

Kameramotor MD-3

Preiswerter und leichter, dazu schnell koppelbarer Motor für die Nikon-F2, kombinierbar mit den Batterie-Packs MB-1 und MB-2 (für Batterien und Akku-Einheiten). Einzelbildschaltung von B bis 1/2000 s, Serienbetrieb von X (1/80 s) bis 1/2000 s. Frequenz: bis zu vier Bilder in der Sekunde.
Kameramotor MD-3: BCO 12 203.

Kameramotor MD-100

Nur für die F2 HighSpeed hergestellter Spezial-Motor für Bildfreqenzen bis zu 10 Bildern pro Sekunde, von der Konstruktion mit dem MD-2 vergleichbar, aber mit zwei Batterie-Einheiten (4 Akkupacks MN-1) ausgerüstet.
Kameramotor MD-100: BCO 12 204.

Magazin-Rückwand MF-1

Langfilm-Magazinrückwand - ohne integrierten Kameramotor, aber für die Benutzung mit den Kameramotoren MD-1 oder MD-2 eingerichtet. Passend für die Meterware-Filmkassetten MZ-1.
Magazin-Rückwand MF-1: BCO 12 205.

Rückenansicht der F2 HighSpeed mit MD-100

Nikon F2S mit Blendensteuerung, Motor MD-2 und Langfilm-Rückwand MF-1.

Nikon-Motorantriebseinheiten

Speziell für die F3: der Motor MD-4.

Für die Nikkormat EL und Nikon EL-2: der Winder AW-1.

Magazin-Rückwand MF-2

Langfilm-Magazinrückteil für die F2 für 750 Aufnahmen, eingerichtet für den Betrieb mit den F2-Motoren MD-1 und MD-2. Dieses Großraum-Magazin für die Spezialkassetten MZ-2 kann Film-Meterware bis zu 30.5 Metern fassen. Belichtungen bis zu 3.7 Bildern/Sekunde möglich. Eingebautes Filmschneidemesser.
Magazin-Rückwand MF-2: BCO 12 206.

Kameramotor MD-4

Motorantrieb für die Nikon F3 mit integriertem Batterieteil (acht Standardbatterien), motorischer Rückspulung und zwei Bildzählwerken, vier Bilder/s, bei hochgeklapptem Kameraspiegel bis zu sechs Bilder pro Sekunde möglich, Belichtungsmesser-Einschalter über den Motorauslöser.
Kameramotor MD-4: BCO 12 301.

Magazin-Rückwand MF-4

Großraum-Magazinrückwand für das Arbeiten mit der F3 und dem Motor MD-4. Kapazität für 250 Aufnahmen, mit einem eigenen Auslöser versehen. Für die Filmtrommeln MZ-1.
Magazin-Rückwand MF-4: BCO 12 302.

Auto-Winder AW-1

Auto-Winder für die automatischen Nikon-Spiegelreflexkameras Nikkormat ELW und Nikon EL-2. Zusammen mit der Kamera sehr kompakt, nur 0.5 Bilder pro Sekunde, sechs Standard-Batterien, Pilotlampe. Aktivierung über den Kameraauslöser.
Auto-Winder AW-1: BCO 12 401

Kameramotor MD-11

Kompakter und schneller Kameramotor für die Nikon-Kameras FM, FE, FM-2, FE-2 und FA mit einer Leistung von 3.5 Bilder/s, automatische Bildfrequenzanpassung an die Verschlußgeschwindigkeit.
Kameramotor MD-11: BCO 12 402.

Kameramotor MD-12

Fast identischer Motorantrieb wie der MD-11, aber für die Handhabung an der Kamera geringfügig verbessert.
Kameramotor MD-12: BCO 12 403.

Motorwinder MD-14

Spezieller Motorwinder für die FG, FG-20 und EM, Höchstleistung ca. 3.2 Bilder pro Sekunde, Motoraktivierung über den Kameraauslöser, Pilot-Kontroll-Lampe, acht Standard-Batterien.
Motorwinder MD-14: BCO 12 404.

Winder MD-E

Kompakter Winder, gebaut für die EM, kann aber auch an der FG und FG-20 benutzt werden, zwei Belichtungen pro Sekunde, Betrieb über den Auslöser der Kamera.
Winder MD-E: BCO 12 405.

Kameramotor MD-15

Schneller Motorantrieb für die Techno-Kamera FA, vergleichbar dem MD-4, Batterien des Motors versorgen auch den Strombedarf der Kamera, Frequenz ca. 3.2 Bilder pro Sekunde, Meßwerkaktivierung über den Motorauslöser, acht Standard-Batterien.
Kameramotor MD-15: BCO 12 406.

Magazin-Rückwand MF-24

Langfilmmagazin für eine Aufnahmekapazität von 250 Aufnahmen, nur für die Nikon F4. Besitzt alle Steuerungs- und Sonderfunktionen der Multifunktions-Datenrückwand MF-23.
Magazin-Rückwand MF-24: BCO 12 303.

Der Motor MD-11, angebracht an einer Nikon FM.

Das Langfilmmagazin MF-24 für die F4.

Nikon EM mit dem Winder MD-E.

13.
Nikon-Blitzgeräte, Adapter und Verbindungskabel

Die Fächerblitzgeräte BC-4 (links, auf einer S2) und BC-5, mit einer S3.

Nikon-Blitzgeräte

Nikon S mit Kolbenblitzgerät BC-B1

Zum größten Kamera- und Objektivprogramm der Welt gehört auch umfangreiches Zubehör. Je nach Bedarf - für die Amateur-Fotografie oder die professionelle Arbeit - entwickelte Nikon passende Blitzgeräte. In der Anfangsphase waren dies Fächer- oder "Tellerblitzgeräte" mit Blitzbirnen, die bis zur F2-Ära angeboten wurden. Mit den Verbesserungen in der Kameraentwicklung widmete Nikon auch der Blitzgeräte-Herstellung größere Aufmerksamkeit. Besonderen Wert legten dabei die Konstrukteure auf totale Austauschbarkeit. Im Prinzip arbeitet jedes Nikon-Blitzgerät auch an jeder Nikon-Kamera. So kann z. B. das Fächerblitzgerät BC-7 auch an der Autofokuskamera F-801 verwendet werden oder arbeitet der Autofokus-Blitzer SB-24 an der Meßsucherkamera S2. Nikon bietet für die Adaption der unterschiedlichen Blitzgeräte eine außergewöhnlich große Anzahl von Flash-Adaptern, Blitzkabeln und Synchro-Verbindungen an. Für die modernen Kameras empfiehlt sich das Multi-Flash-System, mit dem sich mehrere Nikon-Blitzer an eine Kamera anschließen lassen - und das sogar TTL-gesteuert. Damit läßt sich ohne großen Aufwand ein Mini-Studio einrichten. Die modernen Nikon-Blitzgeräte erhielten größtenteils einen eingebauten Kabelanschluß für die Auslösung eines zusätzlichen Blitzgerätes, so kann z. B. bei der Ausleuchtung eines großen Raumes der Reflektor des Steuergerätes den Vorderbereich aufhellen, während das zusätzlich angeschlossene Blitzgerät indirekt den Hintergrund erleuchtet.

Grundsätzlich existieren drei verschiedene Nikon-Blitzanschlüsse. Zur ersten Nikon-Spiegelreflexkamera Nikon F gehörte eine Direktblitz-Verbindung über der Rückwickelkurbel, der gleiche Anschluß wurde auch für die F2 übernommen, hierbei wurde erstmalig mit Nikon-konformen Blitzgeräten eine Blitzbereitschaftsanzeige im Sucher erreicht - vor allem für die hektische Pressefotografie ein großer Vorteil. Mit einem ähnlichen Blitzanschluß, hier aber schon mit Steuerungskontakten für die automatische und TTL-gesteuerte Blitzfotografie wurde die Profikamera F3 ausgerüstet. Alle drei Nikon-Spitzenkameras - F, F2 und F3 - haben selbstverständlich auch einen Synchrokabel-Anschluß.

Der zweite Anschlußtyp gehört zu den älteren Nikon-Kameras ohne Mittenkontakt wie Nikkormat FTN oder Nikkorex, sie können nur den Anschluß für Blitzgeräte mit einem Kabel vorweisen.

Dritte Variante - und weltweit auch bei anderen Herstellern Standard - ist der Anschluß eines Blitzgerätes über einen Mittenkontakt im Zubehör-/Sucherschuh der Kamera.

Kolbenblitzgeräte

Stabblitzgerät BC-B1

Auffallend großes Stabblitzgerät mit einem starren Tellerreflektor für Blitzlampen, zeitlich passend zur Nikon M oder S mit den alten Blitzanschlüssen, höhere Energieleistung durch Stabverlängerung, verchromte Ausführung mit Jugendstil-Firmenzeichen.
Stabblitzgerät BC-B1: BCO 13 001.

Stabblitzgerät BC-3

Starres Stabblitzgerät mit Tellerreflektor in kompakter Bauweise, moderner Synchroanschluß, grüne Hammerschlaglackierung und Stabverchromung, deutlich markierte Blitzbereitschaftsanzeige.
Stabblitzgerät BC-3: BCO 13 002.

Fächerblitzgerät BC-4

Kompaktes Birnenblitzgerät mit ausdrehbarem Fächer und Direktanschluß für die Meßsucherkameras S2, S3, S3M, S4 und SP, Nikon-Gravur in Jugendstil-Schrift auf der Vorderseite.
Fächerblitzgerät BC-4: BCO 13 003.

Fächerblitzgerät BC-5 für Blitzlampen

Zusammenfaltbares und kabelloses Blitzgerät, indirekte Blitzführung möglich, Kontroll-Licht und Lampenauswerfer, für AG-1-, M2- und M5-Blitzbirnen, 22.5-Volt-Batterie, mit Lederetui.
Fächerblitzgerät BC-5: BCO 13 004.

Blitzlampengerät BC-6

Kleines Blitzgerät mit einem festen Reflektor und Synchro-Verbindungskabel, nur für AG 1-Blitzbirnen, mit Blitzschuh AS oberhalb der Rückwickelkurbel anzubringen.
Blitzlampengerät BC-6: BCO 13 005.

Fächerblitzgerät BC-7

Blitzlampengerät mit einem fest angebauten Sucherschuh für Nikon F und F2, für EL, FE, F4, F3 usw. über Adapter, Synchrokabel als Zubehör, Front-Aufschrift Nikkor F oder Nikon F, großer Faltreflektor mit indirekter Schwenkmöglichkeit, Lampenauswerfer, für AG 1 und M2 Lampen (mit kleinem Glassockel), PF24 und PF45 (mit großem Glassockel), 15-Volt-Batterie, Herstellerhinweis "Toshiba National Press-6" auf dem Blendenrechner, Lieferung im Lederetui.
Fächerblitzgerät BC-7: BCO 13 006.

Die Blitzgeräte BC-7 (links) und BC-3 an Nikon F-Kameras.

Das kompakte BC-6 an einer Nikon F.

Nikon-Blitzgeräte

Nikons erstes Elektronenblitzgerät SB-1 an einer F mit Sportsucher.

Elektronenblitzgeräte

Nikon-Speedlight SB-1

Erstes Profi-Stabblitzgerät für Synchro-Kabelanschluß, mit tragbarem Akku, Leitzahl 36 (angegeben LZ 14 für Kodachrome II-Filme/15 DIN), Makroblitz-Anschluß für SR-1 und SM-2, für Serienschaltung vorgesehen, indirekte Lichtführung über bewegliche Schiene, Lieferung im Koffer mit tragbarem Batterieteil (510-Volt-Batterie), Blitzbereitschaftslampe für die Nikon F2 über den Ready-Light-Adapter SC-4.
Nikon-Speedlight SB-1: BCO 13 101.

Ringblitz SR-1

Makroblitzgerät für schattenfreie Ausleuchtung, für das Filtergewinde 52 mm und für Nikkore zwischen 35 und 200 Millimetern Brennweite, Reduzierung auf 1/4 der Blitzleistung möglich, vergleichbare Baureihe wie SR-2.
Ringblitz SR-1: BCO 13 102.

Ringblitz SM-1

Makro-Blitzleuchte für Nikkor-Objektive von 24 bis 105 Millimetern Brennweite, nur in Retrostellung anschließbar, Energieversorgung zusammen mit Stabblitzgerät SB-1, Wählschalter zwischen "Full Power" und 1/4-Leistung. Vergleichbar mit SM-2.
Ringblitz SM-1: BCO 13 103.

Stroboskop-Blitzgerät Modell I

Nikon-Schnellblitzer, Arbeitseinsatz wie bei Modell II und SB-6 mit Kamerabefestigung auf dem Direktanschluß oberhalb der Rückwickelkurbel bei Nikon F und F2. Nur mit Netzteil geliefert. Leistung: drei Blitze pro Sekunde.
Stroboskop-Blitzgerät Modell I: BCO 13 111.

Stroboskop-Blitzgerät Modell II

Für die Dokumentation von Bewegungsabläufen und für motorisierte Bildserien, bestehend aus Reflektor, Netzteil und Akkupack, drei hintereinander geschaltete 510-Volt-Batterien für mehr als 1000 Blitze, Netzteil auch als Motor-Energieversorgung benutzbar. Gewicht: 4.5 kg mit Batterieteil.
Stroboskop-Blitzgerät Modell II: BCO 13 112.

Nikon-Blitz SB-2

Erstes Nikon-Elektronen-Kompaktblitzgerät, Leitzahl 25 bei 100 ASA-Filmen, mit Weitwinkel-Streuscheibe ca. LZ 20, Sockelanschluß für F2- und F-Kameras über der Rückspulkurbel, bei F2 mit Blitzbereitschaftsanzeige, nur direkte Blitzabstrahlung. Anschluß an Mittenkontaktkameras wie Nikkormat FT-3, EL-W, FE-2, F-301, F-801, F4 usw. über den Blitzkuppler AS-2.
Nikon-Blitz SB-2: BCO 13 201.

Nikon-Blitz SB-3

Gleiches Gerät wie SB-2, aber mit Mittenkontaktanschluß für die letzten Nikkormat-Kameras sowie FT-2, FT-3, EL, FE, F-301 usw., für Nikkormat spezieller Blitzbereitschaftsadapter als Zubehör, mit Kabel SC-7 auch an den Filmkameras R8 und R10 anschließbar.
Nikon-Blitz SB-3: BCO 13 202.

Nikon-Blitz SB-4

Erstes Nikon-Miniblitzgerät mit Blitzautomatik für einen Blendenwert, Leitzahl 16, gebaut mit ISO-Schuh für Mittenkontaktkameras wie FT-2, EL, FE, F-301 usw., für die F- und F2-Kameras sind die Blitzgerätekuppler AS oder AS-2 notwendig, für die F3 die Adapter AS-4 oder AS-7, R8- und R10-Filmkameras über Kabel SC-8. Energie: zwei 1.5-Volt-Stabbatterien.
Nikon-Blitz SB-4: BCO 13 203.

Nikon-Stabblitzgerät SB-5

Professionelles Elektronenblitzgerät mit Leitzahl 32, schnelle Blitzfolgezeit für Motorfrequenzen, Stabführung auch für indirekte Blitzführung für weichere Ausleuchtung, vollautomatische Aufnahmen mit Sensor SU-1 (F2-Anschlußsockel oder Kabelanschluß), Energieversorgung: Nikon-NC-Akku SN-2 oder Batterieteil SD-4.
Nikon-Stabblitzgerät SB-5: BCO 13 204.

Nikon-Stroboskopblitzgerät SB-6

Klotziges HighSpeed-Blitzgerät für die Fotografie von Bewegungsabläufen mit der Motorkamera, Anschlußsockel für die F3, bis zu 3.8 Bildern pro Sekunde synchronisierbar, 5 bis 40 Blitze in der Sekunde (Super-8-Film) möglich, robustes Schutzgitter. Mit Netzanschluß oder Batterieteil LD-1. Leitzahl 45 bei Voll-Power, auch mit F2- und F-Anschlußsockel, für andere Kameras über Adapter.
Nikon-Stroboskopblitzgerät SB-6 mit F/F2-Sockel: BCO 13 205-1.
Nikon-Stroboskopblitzgerät SB-6 mit F3-Sockel: BCO 13 205-2.
Nikon-Stroboskopblitzgerät SB-6 mit Kabel für Mittenkontakt:
  BCO 13 205-3.

Stroboskopblitzgerät SB-6 mit F2-Anschluß. Makro-Blitzvorsätze SR-2 und SM-2.

SB-7E mit F2-Schuh und SB-10 im Mittenkontakt einer Nikon FE.

Der Kompaktblitz SB-E auf einer Nikkormat FT-3.

Nikon-Blitz SB-7E

Nur direkt abstrahlendes Blitzgerät für die F- und F2-Kameras mit Anschluß über der Rückwickelkurbel, bei Mittenkontaktkameras über Adapter AS-2, bei F3 mit LZ 25, mit Weitwinkel-Streuscheibe Leitzahl 20, vier 1.5-Volt-Stabbatterien.
Nikon-Blitz SB-7E: BCO 13 206.

Nikon-Blitz SB-8E

Baugleiches Gerät wie SB-7E, aber mit Anschluß für Kameras mit Mittenkontakt - für F, F2 und F3 über Adapterschuhe.
Nikon-Blitz SB-8E: BCO 13 207.

Nikon-Miniblitzgerät SB-9

Extrem flaches Miniblitzgerät für direkte Lichtführung, Leitzahl 14, für Mittenkontakt (F, F2, und F3 über Adapter), zwei 1.5-Volt-Stabbatterien.
Nikon-Miniblitzgerät SB-9: BCO 13 208.

Nikon-Blitz SB-E

Sehr kompaktes Blitzgerät mit Leitzahl 17 für Kameras mit Mittenkontakt, vier Microzellen 1.5 Volt, vorgestellt für das EM-System, nur direkte Blitzführung.
Nikon-Blitz SB-E: BCO 13 209.

Ringblitz SR-2

Makroblitzleuchte für schattenfreie Ausleuchtung im Nahbereich, Anschluß über das 52-mm-Filtergewinde, für Nikkore von 35 bis 200 Millimetern Brennweite, ideal für Aufnahmeabstände von 20 bis 60 Zentimetern, Energieversorgung über Spannungsquelle LD-1 oder Netzteil LA-1, Leistungsreduzierung schaltbar.
Ringblitz SR-2: BCO 13 301.

Ringblitz SM-2

Für Nikkore in Retrostellung und das Arbeiten mit dem Balgengerät, erlaubt Abbildungsmaßstäbe von 1:1 und größer, Energieversorgung wie bei der größeren SR-2-Leuchte.
Ringblitz SM-2: BCO 13 302.

Nikon-Blitz SB-10

Kompaktblitzgerät für Nikon-Kameras mit einem Kontakt im Zubehörschuh (Mittenkontakt), Leitzahl 25 (mit WW-Scheibe 17), nur direkte Abstrahlung, baugleich - bis auf den Anschlußsockel - mit dem Nikon F- und F2-Blitzer SB-7E.
Nikon-Blitz SB-10: BCO 13 210.

Nikon-Stabblitzgerät SB-11

Professionelles Stabblitzgerät für direkte und indirekte Lichtführung, Leitzahl 36 (25 mit Streuscheibe), acht 1.5-Volt-Stabzellen, externes Batterieteil SD-7, TTL-Kabel für F3, alle anderen über Adapterkabel.
Nikon-Stabblitzgerät SB-11: BCO 13 211.

Nikon-Blitz SB-12

Kompaktes Elektronenblitzgerät mit dem Anschlußsockel für die F3, nur direkte Lichtführung, Leitzahl 25, mit Weitwinkelvorsatzscheibe SW-4 Reduzierung auf Leitzahl 18, erkennbar an der Frontaufschrift "Nikon Speedlight SB-12".
Nikon-Blitz SB-12: BCO 13 212.

SB-13

Diese Bezeichnung ist nicht belegt.

Nikon-Stabblitzgerät SB-14

Reportage-Blitzgerät (direkt/indirekt) mit Seitenakku und Leitzahl 32 (mit WW-Streuscheibe 22), Batterieteil SD-7 für sechs Batterien der Größe C, Direktanschlußkabel für F3, mit SC-12-Kabel Synchrobuchsen-Anschluß für F3, FE, FM-2, FM und alle Kameras mit Kabelblitzanschluß.
Nikon-Stabblitzgerät SB-14: BCO 13 214.

Nikon-Infrarot-Blitzgerät SB-140

Spezialblitz mit einem separaten Energieteil für die Ultraviolett- und Infrarot-Fotografie, von der Bauart mit SB-14 vergleichbar, Leitzahl 32 mit Vorsatz-Streuscheibe SW-5V, Batterieteil SD-7.
Nikon-Infrarot-Blitzgerät SB-140: BCO 13 215.

Der Nikon-Blitz SB-14 mit dem Sensor SU-2 und dem Batterieteil SD-7 an einer FA mit dem Motor MD-15.

Nikon-Blitzgeräte

Nikon-Speedlight SB-16B an einer motorisierten FA.

Speedlight SB-19, montiert auf einer motorisierten FE-2.

Nikon-Kompaktblitzgerät SB-15

Gleiche Bauart wie SB-17, aber mit Mittenkontakt-Anschluß, für F3 Blitzkuppler AS-4 oder AS-7 notwendig, über AS-1 auch an F- und F2-Kameras ansetzbar, LZ 25 (mit Streuscheibe LZ18), direkte und indirekte Lichtführung, vier 1.5-Volt-Stabbatterien.
Nikon-Kompaktblitzgerät SB-15: BCO 13 216.

F3-Blitz SB-16A

Reportage-Blitzgerät mit einem eingebauten Zweitblitz für den Direkt-Anschluß an die Profi-Kamera F3, Leitzahl 32 (LZ 19 mit Streuscheibe), nach allen Seiten beweglicher Weitwinkel- und Telereflektor, Unterseite austauschbar.
F3-Blitz SB-16A: BCO 13 217.

Nikon-Blitz SB-16B

Gleiches Modell wie SB-16A, aber für Kameras mit Mittenkontakt, schnell zu Modell 16A ausbaubar über Unterseitenauswechselung.
Nikon-Blitz SB-16B: BCO 13 218.

F3-Blitzgerät SB-17

Version des SB-15 mit Sockel für die Nikon F3, über Adapter auch an Kameras mit Mittenkontakt benutzbar.
F3-Blitzgerät SB-17: BCO 13 219.

Nikon-Blitz SB-18

Für Mittenkontakt-Kameras wie z. B. 301, FA oder FE-2, vier Batterien 1.5 Volt, Leitzahl 20, nur direkte Lichtführung.
Nikon-Blitz SB-18: BCO 13 220.

Nikon-Blitz SB-19

Speziell für die Möglichkeiten der Nikon FG empfohlenes Blitzgerät mit einem Mittenkontakt-Anschluß, nur direkte Lichtführung, Leitzahl 20.
Nikon-Blitz SB-19: BCO 13 221.

Nikon AF-Blitzgerät SB-20

Autofokus-Blitzer mit Meßlicht für AF-Betrieb, Mittenkontaktanschluß, direkte und indirekte Blitzführung, Leitzahl 30.
Nikon AF-Blitzgerät SB-20: BCO 13 222.

Die Nikon-Autofokus-Blitzgeräte SB-22 (oben) und SB-23.

Makroblitzgerät SB-21

Automatisch arbeitendes Nikon-Blitzgerät für die schattenlose Ausleuchtung bei Nahaufnahmen bis in den Makrobereich, Anschluß über das Filtergewinde des Objektives, Steuerung über den Adapter AS-12 für die F3 oder AS-14 für Nikon-Kameras mit einem Mittenkontakt, manuelle Arbeitsweise möglich, vier normale 1.5-Volt-Stabbatterien, auch externe Stromquelle über LD-2 (Medical-Nikkor) anschließbar.
Makroblitzgerät SB-21: BCO 13 303.

Nikon AF-Blitzgerät SB-22

Blitzgerät mit Meßlicht für AF-Betrieb, Leitzahl 25 (18 mit Streuscheibe), direkte und indirekte Blitzführung, Motor-Drive-Schaltung, ideal mit 801, 401s oder 501.
Nikon AF-Blitzgerät SB-22: BCO 13 224.

Nikon AF-Blitzgerät SB-23

Autofokus-Kompaktblitzgerät mit Meß-Illuminator, Leitzahl 20, vier 1.5-Volt-Standard-Stabbatterien, Motor-Drive-Schaltung.
Nikon AF-Blitzgerät SB-23: BCO 13 225.

Nikon AF-Blitzgerät SB-24

Der Autofokus-Superblitzer für fast alle Möglichkeiten (Matrix-Aufhellblitz, mittenbetonter Aufhellblitz, TTL-Blitzautomatik, manuelle Steuerung und Stroboskop-Dauerfeuer), direkte und indirekte Lichtführung, Meßlicht, Leitzahl 42 (mit 50-mm-Objektiv), vier 1.5-Volt-Stabbatterien.
Nikon AF-Blitzgerät SB-24: BCO 13 226.

Makro-Speedlight SB-21 mit dem Steuerteil AS-14 an einer Nikon F-501.

Blitzadapter

F-Blitzschuh grau
Kuppelt alte Fächerblitzgeräte und Elektronenblitzer an der F und F2.

AS-1
Läßt Blitzgeräte mit einem Mittenkontakt-Anschluß wie z. B. SB-16B oder SB-20 an einer F und F2 erstrahlen.

AS-2
Verbindungsteil zwischen einem Gerät mit F- oder F2-Sockel an einer Kamera mit ISO-Mittenkontakt.

AS-3
Für den Anschluß eines Nikon-Blitzers mit festem F2-Sockel - wie das Fächerblitzgerät BC-7 oder den SB-7E - an einer Nikon F3.

AS-4
Verbindet Blitzgeräte ohne Kabel, aber für den Mittenkontakt (ISO-Anschluß) - wie SB-3, SB-E oder SB-24 - an einer Nikon F3.

AS-5
Ermöglicht das Arbeiten eines F3-Blitzers wie SB-12 oder SB-16A an einer Nikon F oder F2.

AS-6
Damit läßt sich ein spezielles F3-Blitzgerät, wie SB-12 oder SB-17, an Kameras mit Mittenkontakt, wie FE oder F-801 anbringen.

AS-7
Nur für die F3, hiermit kann trotz Ansatz eines Blitzers mit ISO-Schuh der Film mit der Hand zurückgespult werden.

AS-10
Blitzschuh mit Mittenkontakt und Anschlüssen für drei weitere Blitzgeräte über die TTL-Multiblitz-Verbindungskabel SC-18, zusätzlich mit einem Stativgewinde ausgerüstet.

AS-11

F3-Blitzschuh mit einem Stativgewinde für "entfesselten Blitz".

AS-12

Blitz-Steuerkopf mit F3-Sockel, notwendig für das Arbeiten mit dem Makroblitzvorsatz SB-21.

AS-14

Wie AS-12, aber mit einem Anschluß für Mittenkontaktkameras wie F-501, F-801 oder F4.

AS-15

Macht Stabblitzgeräte an Kameras, die nur mit einem Mittenkontakt eingerichtet sind, mit Kabel verwendbar.

Zwei miteinander verbundene AS-Adapter können immer noch arbeiten, so z. B. kann ein F2-Blitzgerät wie das SB-7E über den Adapter AS-2 und einen AS-4 an der F3 funktionieren. Hierbei sind allerdings Testaufnahmen sinnvoll.

Damit alles paßt: Nikon-Blitzadapter.

Blitzverbindungskabel

SC-1
Kurzes Zusatzverbindungskabel (ca. 15 cm) zum Fächerblitzgerät BC-7 für Kameras mit Synchroanschluß.

SC-2
Wie SC-1, aber einen Meter lang.

SC-3
Weitere Verlängerung für SB-1.

SC-4
Bereitschaftslampen-Adapterkabel für die Anzeige der Blitzbereitschaft bei der F2, wenn das Blitzgerät von der Kamera entfernt benutzt wird.

SC-5
15 cm langes Synchrokabel zwischen SB-1 und Nikon F oder andere Kameras mit Kabelanschluß.

SC-6
Spiralverbindungskabel für das Arbeiten mit den SB-2 und SB-3 von der Kamera entfernt.

SC-7
Ermöglicht eine Synchronisation des SB-2 und des SB-3 mit Kameras ohne F2-Direktkontakt.

SC-8
Damit Anschlußmöglichkeit des Mini-Blitzers SB-4 an Kameras, die nur einen Kabel-Synchroanschluß besitzen.

SC-9
Verlängerungskabel für Stroboskop-Blitz SB-6.

SC-12
Ein Meter langes Verbindungskabel zwischen Stabgeräten wie SB-11 oder SB-14 an der F3 - überträgt die Innen-Blitzmessung.

SC-13

Kabelverbindung zwischen Nikon-Stabgeräten und dem externen Sensor SU-2 in Kameras mit Mittenkontakt-Anschluß wie FE-2 oder F-801. Länge 1 Meter.

SC-14

Mit diesem TTL-Kabel lassen sich F3-Blitzgeräte einen Meter entfernt von der Kamera einsetzen - mit Stativanschluß.

SC-17

Langes Spiralkabel für "entfesselte" Arbeitsweise mit Mittenkontakt-Blitzgeräten an einer F-401s oder F-801. Weitere zusätzliche Anschlüsse.

SC-18/SC-19

Multiblitz-Verbindungskabel über AS-10.

SC-24

Für die F4.

Erläuterungen zu den Abkürzungen

AD	Mini-AF-Kamera; Version mit Datenrückwand
AF	Autofokus
AI	Automatic Indexing. Bei Nikkoren für Kameras ab FM, FE, F2AS, F-3.
AIS	Steuerung an Nikkor-Objektiven für Kameras mit der (in der Amateurfotografie beliebten) Programmautomatik, wie bei der F-301, F-801, F-4 und so weiter.
A	Amberfilter (wie in A2)
AF	Gelatinefilterhalter (wie in AF-1)
AN	Schulterriemen (wie in AN-1)
AR	Draht- oder Doppeldrahtauslöser (wie in AR-3)
AS	Blitz-Aufsteckschuh (wie in AS-7)
ACT	Bereitschaftstasche für F-Photomic
AW	Winder für EL-Kameras (wie AW-1)
B	Blaufilter (wie in B2)
B	Zweilinser (wie Nikkor-B)
BC	Fächerblitz für ältere Nikon-Kameras (wie in BC-7)
BIM	Built-in-Meter, eingebauter Belichtungsmesser.
BR	Umkehrring (wie BR-4)
BT	Bereitschaftstasche. Es existieren Kürzel wie CF (halbhart), CH (weich), CS (weich) und CB (Luxus).
CE	Behälter für Nikon-Kameras mit angesetztem Tele (wie CE-7)
CL	Objektivköcher (wie CL-36)
CP	Kunststoffbehälter für Nikkore (wie CP-1)
CRF	Coupled Rangefinder, gekuppelter Entfernungsmesser.
CTT	Hartledertasche (Nikon F)
CTTZ	wie CTT
CZ	wie CE
DA	Sportsucher (wie DA-1)
DE	Prismensucher ohne Belichtungsmesser (wie DE-1)
DG	Sucherlupe (wie DG-2)
DH	Ladegerät für NC-Zellen (wie DH-1)
DK	Augenmuschel oder Okularzubehör (wie DK-6)
DL	Photomic-Beleuchter (wie DL-1)
DP	F2-Photomic-Aufsatz (wie DP-12)
DR	Winkelsucher (wie DR-3)
DW	Vergrößerungs- oder Lichtschachtsucher (wie DW-2)
DX	Bezeichnung für AF-Sucheraufsatz der F3AF (1982)
E	Preisgünstige Nikon-Objektive der Serie E
ED	Extra Low Dispersion. Nikkore mit abbildungsqualitätssteigernden Sondergläsern.
EL	Nikkormat EL, erste elektronische Nikon-Kamera.
EL	Enlarging, Vergrößerungsobjektiv (wie EL-Nikkor).
ELW	Nikkormat EL mit Winderanschluß
EM	Preisgünstige Nikon-Kamera (1979)
exp.	exposure, Belichtung.
F	Nikon F (nach Chefkonstrukteur Fuketa benannte erste Nikon-Spiegelreflexkamera)
FB	Nikon-Kombitaschen (wie FB-8)
FG	Erste Nikon-Kamera mit Programmautomatik (1982)
FT, FTN	Nikkormat- und Nikon F-Photomic-Typen
FP	focal plane, Schlitzverschluß.
FS	Nikkormat ohne Belichtungsmesser (1965)
Geli	Sonnenblende
GN	Nikkor mit Blitzleitzahlsteuerung
H	Sechslinser, wie in Nikkor-H.
HK	Sonnenblende mit Aufsteckfassung (wie HK-4)
HN	Sonnenblende mit Einschraubfassung (wie HN-7)
HR	Sonnenblende mit Gummi-Einschraubfassung (wie HR-2)
HS	Sonnenblende mit Schnappfassung (wie HS-7)
IF	Innenfokussierung (Nikkore mit schneller Einstellung)
L	UV- oder Sky-Filter (wie L37 oder L1B)
LF	Schutzdeckel hinten (wie LF-1)
M	Dritte Nikon-Meßsucherkamera (1950)
MB	Batterieteil für F4 (wie MB-21)

MC	Fernauslösekabel	**SB**	Sonnenblende
MD	Motordrive (wie MD-12)	**SD**	Blitz-Batterieteil (wie SD-7)
MF	Nikon-Datenrückwand	**SK**	Blitzschiene (wie SK-4)
MK	Frequenzwähler (wie MK-1)	**SLR**	Single Lens Reflex, Spiegelreflexkamera.
MS	Batterieeinsatz für Nikon-Elektronenblitzgeräte (wie MS-5)	**SM**	Ringblitzleuchte
		SP	Legendäre Nikon-Meßsucherkamera (1957)
MT	Intervalometer (wie MT-2)	**SR**	Ringblitzleuchte
MW	Funkfernsteuerung	**SU**	Blitzsensor (wie SU-2)
N	Neunlinser (wie Nikkor-N)	**T**	Symbol für Zeitverschluß
NCD	Nikkor-Club Deutschland	**T**	Dreilinser (wie Nikkor-T)
ND	Graufilter (wie ND-2)	**TN, T**	Nikon F-Photomic-Bezeichnungen
NIC	Nikon Integrating Coating, Nikon-Objektiv-Mehrfachbeschichtung.	**T**	Nikon F3 in Titanausführung
		TC	Teleconverter
NN	Nikon-News	**TLR**	Twin Lens Reflex, zweiäugige Spiegelreflexkamera.
		TTL	Through-the-Lens, Messung durch das Objektiv.
O	Orangefilter (wie O56)	**TV**	Nikkor-Objektive für professionelle Video-Kameras
O	Achtlinser (wie Nikkor-O)	**TW**	Tele-Weitwinkel (Mini-AF-Kamera mit zwei Brennweiten)
OP	Fisheye mit orthographischer Projektion (wie OP-Nikkor)		
ovp	mit Nikon-Originalverpackung		
		U	Einlinsiges Nikkor-Objektiv (Nikkor-U)
P	Fünflinser (wie Nikkor-P)	**UD**	Elflinser, zusammengesetzt aus U (eine Linse) und D (zehn Linsen).
PB	Balgengerät und -zubehör		
PC	Nikkor-Shiftobjektiv (wie 3.5/28 PC)	**UW**	Unterwasser (wie UW-Nikkor 2.8/15 N)
PC	Tischklemme (wie PC-3)		
PF	Reprogerät (wie PF-4)	**WL**	Waist-level, Aufsichtssucher.
PFMF	Mikroskopadapter Microflex		
PH	Kamerahalterung (wie PH-4)	**X**	Grünfilter (wie X1)
PK	Zwischenring (wie PK-13)		
PN	Zwischenring	**Y**	Gelbfilter (wie Y48)
PS	Diakopieransatz (wie PS-6)		
		ZB	Zenza-Bronica (6x6-cm-Mittelformatkamera)
Q	Vierlinser (wie Nikkor-Q)	**Zoom**	Objektiv mit variabler Brennweite
R	Rotfilter (wie R60)		
RF	Rangefinder, Meßsucherkamera		
S	Erste erfolgreiche Nikon-Meßsucherkamera (1951)		
S	Siebenlinser (wie Nikkor-S)		
SB	Nikon-Elektronenblitzer (wie SB-16)		

Peter Braczko

Nikon Faszination

Geschichte – Technik – Mythos von 1917 bis heute

299 Seiten, 350 Abbildungen, 16 Tabellen. Leinen mit Schutzumschlag, Format 24×21,5 cm. ISBN 3-88984-047-7. DM 68,–.

Inhalt

Zeittafel
1. Die Gründung von Nippon Kogaku
2. Die ersten Nikon-Kleinbildkameras
3. Die Nikon S2 – der Sprung zur komfortablen Qualitätskamera
4. SP – die erste professionelle Nikon-Meßsucherkamera
5. Die Nikon-Spiegelreflexkameras
6. Die Nikkorex-Serie
7. Nikonos – die Allwetter-Nikon
8. Die mechanischen Nikkormat-Kameras
9. Nikon F – F wie Fotomaschine
10. Die zweite F macht Geschichte
11. EL – Abschied von der Mechanik
12. Die Kompakten kommen
13. Der neue Superstar – die Nikon F3
14. High-Tech für Freaks
15. Die neue Generation
16. Andere Produkte aus dem Hause Nikon
17. Rund um die Nikon

Tabellen
Adressen
Erläuterung der Abkürzungen
Literatur
Bildquellen

**Verlag Rita Wittig, Chemnitzer Straße 10
D-5142 Hückelhoven, Telefon (0 24 33) 8 44 12**

Nikon-Kameras haben sich bei Presse- und Werbefotografen, aber auch bei zahllosen anspruchsvollen Amateuren etabliert. Sie sind seit Jahren Standard für den Fotografen, der mit Kleinbildkameras arbeitet. Mit keiner anderen Kamera wurden weltweit so viele Bildveröffentlichungen erreicht. Aber die wenigsten Nikon-Fotografen wissen, daß ihre Marke eine lange Geschichte hinter sich hat, die noch vor der legendären Nikon F (1959) begann. Wer in Europa kennt schon die Nikon SP (1957), eine Meßsucherkamera mit Titanverschluß und eingebautem Weitwinkelsucher, oder den Lichtriesen Nikkor 1,1/50 mm für die Nikon-Sucherkameras (1956)?

Nikon Faszination berichtet über alle optischen Höchstleistungen und kameratechnischen Entwicklungen, beginnend bei der ersten Objektivproduktion im Jahre 1917 über die Ära der Meßsucherkameras, die robusten Profi-Nikons F, F2, F3 bis hin zur aktuellen Autofokustechnologie. Beschrieben werden in dem Buch auch die Erfahrungen berühmter Fotografen mit „ihrer Marke".

Testberichte, ausführliche Beschreibungen und Tabellen informieren über das größte Kamera- und Objektivprogramm, das je produziert wurde.

Der Autor, von Beruf Pressefotograf, kann auf langjährige Erfahrungen mit Nikon-Kameras verweisen und gilt als einer der besten Kenner der japanischen Kamera- und Objektivproduktion.

Brian Tompkins: Leica Cameras Pocket Book - Deutsche Ausgabe
124 Seiten, zahlreiche Fotos und Tabellen. Fester Einband. Format 10 x 19,5 cm. ISBN 3-88984-000-0. DM 39,80.

Dennis Laney: Leica Cameras Zubehör
124 Seiten, ca. 500 Fotos, 17 Tabellen. Fester Einband, Format 10 x 19,5 cm. ISBN 3-88984-015-9. DM 39,80.

Leica Price Guide. 4. Auflage 1990.
98 Seiten. DM 22,80.

Friedrich-W. Rüttinger: Leica in der Werbung 1925-1950
Zweisprachig deutsch/englisch. 160 Seiten, 140 Abbildungen, Broschur, Format 15 x 21 cm. ISBN 3-88984-018-3. DM 38,-.

Gianni Rogliatti: Leica - die ersten 60 Jahre
Zweite, erweiterte Auflage 1990. 244 Seiten, 252 Abbildungen, 15 Farbfotos, zahlreiche Tabellen, Leinen mit Schutzumschlag, Format 15 x 21,5 cm. ISBN 3-88984-028-2. DM 78,-.

Gianni Rogliatti: Objektive für Leica und Leicaflex Kameras
(Neuauflage in Vorbereitung.)
180 Seiten, 155 SW-Fotos, 122 Diagramme, zahlreiche Tabellen, Leinen mit Schutzumschlag, Format 15 x 21,5 cm. ISBN 3-88984-10-8. DM 68,-.

Peter Braczko: Nikon Faszination. Geschichte - Technik - Mythos von 1917 bis heute.
299 Seiten, 350 Abbildungen, 16 Tabellen. Leinen mit Schutzumschlag, Format 24 x 21,5 cm. ISBN 3-88984-047-7. DM 68,-.

Peter Braczko: Das Nikon Handbuch. Die gesamte Nikon-Produktion: Kameras, Objektive, Motoren und Blitzgeräte.
420 Seiten, 470 Abbildungen, 8 Farbfotos. Leinen mit Schutzumschlag, Format 24 x 21,5 cm. ISBN 3-88984-111-2. Mit separater Sammler-Preisliste. DM 92,-.

Hans-Jürgen Kuc: Auf den Spuren der Contax. Contax-Geschichte von 1932 bis 1945.
(Erscheint Ende 1990.)
Ca. 300 Seiten, 250 Abbildungen, Leinen mit Schutzumschlag, Format 21,5 x 26 cm. ISBN 3-88984-118-X. Ca. DM 78,-.

Ernst Wildi: Das offizielle Hasselblad-Handbuch
454 Seiten, 210 Diagramme, 22 Tabellen, 28 Farb- und 55 SW-Fotos. Leinen mit Schutzumschlag. Format 16,5 x 23,5 cm. ISBN 3-88984-055-8. DM 98,-.

Dieter Lorenz: Das Stereobild in Wissenschaft und Technik - Ein dreidimensionales Bilderbuch
2. Auflage, 115 Seiten, 34 3-D-Fotografien, Format DIN A4 quer. Mit Stereobrille. ISBN 3-88984-065-5 und 3-89100-009-X. DM 34,80.

Peter Heiß: Holographie-Fibel - Hologramme verstehen und selbermachen
3. Auflage. 121 Seiten, 15 SW-Fotos, 1 Filmhologramm, 29 Diagramme, 4 Tabellen. Broschur, Format 15,5 x 20,5 cm. ISBN 3-88984-029-9. DM 29,80.

Bruno Ernst: Holographie - zaubern mit Licht
139 Seiten, 104 Abbildungen, 1 Hologramm. Broschur, Format 16,5 x 23,5 cm. ISBN 3-88984-040-X. DM 29,80.

Heiß, Lauk, Unbehaun, Wittig: Holographie-Jahrbuch 1989/90
625 Seiten, DIN A5, mit zahlreichen Farb- und SW-Bildern sowie Hologrammen. ISBN 3-88984-89-2. DM 98,-.

Hans Lauwerier: Fraktale verstehen und selbst programmieren
187 Seiten, 140 Abbildungen in SW und Farbe, Format 24 x 17 cm, fester Einband. Inklusive Diskette mit 40 Fraktalprogrammen. DM 39,80.

Dieter Lorenz, Max Miller: Das 3-D-Wolkenbuch
Erscheint im Frühjahr 1990. Einführung in die Wolken- und Wetterkunde anhand von mehr als 70 Stereobildpaaren. Mit Stereobrille.
ISBN 3-88984-077-9.

Ferner liefern wir:

Jim McKeown: Price Guide to Antique & Classic Cameras 1990/91
800 Seiten, Format A5, mehr als 2500 SW-Fotos. Broschur. Beschreibt mehr als 7000 Sammler-Kameras. In engl. Sprache, mit englisch/deutscher Fachwörterliste. DM 89,-.

Aguila, Rouah: Exakta Cameras 1933-1978
In englischer Sprache. DM 59,-.

Evans: Collector's Guide to Rollei Cameras
In englischer Sprache. DM 58,-.

Rotoloni: Nikon Rangefinder Camera
In englischer Sprache, mit deutschen Bildtexten. DM 59,-.

Kuc: Contaflex & Contarex. DM 59,-.

Kuc: Contax-Photographie. DM 32,-.

Kuc: Contaxgeschichte, Teil 2. DM 32,-.

Bitte fordern Sie unseren Gesamtkatalog an.

**Rita Wittig Fachbuchverlag
Chemnitzer Straße 10, D-5142 Hückelhoven
Telefon 02433-84412, Telefax 02433-86356**

Die Geschichte der Nikon Kameras in 19 farbigen Fotos
hat Peter Braczko, Autor des "Nikon Handbuchs" und des inzwischen zum Standard gewordenen Buches "Nikon Faszination" in einem attraktiven Poster der Größe 60 x 80 cm zusammengestellt. Die 19 Original-Fotos sind chronologisch angeordnet und dokumentieren mit ausführlichen Texten die historische Entwicklung der Nikon-Meßsucher- und Spiegelreflexkameras. Dieses informative Poster erhalten Sie nur über den Verlag, und zwar gegen Vor-Überweisung von DM 20,- (Poster inkl. stabiler Verpackung und Porto) auf das Postgirokonto Köln Nr. 3250 88-508 oder gegen Voreinsendung eines Schecks (Stichwort: Nikon-Poster).

Rita Wittig Fachbuchverlag, Chemnitzer Straße 10, D-5142 Hückelhoven